全国第四次中药资源普查（河北省）系列丛书

河北药用植物名录

执行主编　李　琳
主　　编　赵建成　李　琳　裴　林

科学出版社
北　京

内 容 简 介

本书是全国第四次中药资源普查（河北省）工作（2013—2023）的成果总结之一。基于野外调查、标本采集、室内标本整理鉴定，结合对文献资料的查阅与整理，本书记录了河北省分布的具有明确药用价值的中药材基源植物，具体包含中文名、学名、药用价值、生境及分布及主要特征等内容，并附有常见种类的生境照片。全书共收录河北省药用植物126科562属1 073种（含种下分类的单位）。

作为全国第四次中药资源普查（河北省）系列成果的重要组成部分，对于促进中药产业的发展以及药用植物资源的保护与利用具有重要的应用价值和指导意义。本书可供药用植物资源调查、中药材种植、自然保护区珍稀植物资源保护与利用，以及植物学和自然资源等相关领域的科研、生产和管理部门参考使用。

图书在版编目（CIP）数据

河北药用植物名录 / 赵建成，李琳，裴林主编．北京：科学出版社，2025. 7. - -（全国第四次中药资源普查（河北省）系列丛书）. - - ISBN 978-7-03-082716-6

Ⅰ. Q949.95-62

中国国家版本馆CIP数据核字第20259GD707号

责任编辑：谭宏宇 / 责任校对：严　娜
责任印制：黄晓鸣 / 封面设计：殷　靓

科学出版社 出版
北京东黄城根北街16号
邮政编码：100717
http: // www. sciencep. com
南京展望文化发展有限公司排版
上海锦佳印刷有限公司印刷
科学出版社发行　各地新华书店经销
*
2025年7月第　一　版　开本：787×1092　1/16
2025年7月第一次印刷　印张：22　插页 12
字数：478 000

定价：180.00 元

（如有印装质量问题，我社负责调换）

《河北药用植物名录》
编委会

执行主编　李　琳

主　　编　赵建成　李　琳　裴　林

副 主 编　万萍萍　赵　耀　石　硕　李　敏

编　　委（按姓氏笔画排序）

万萍萍　牛玉璐　石　硕　任　磊　刘凯良

李　敏　李　琳　何　培　张　涛　赵　涛

赵　耀　赵建成　赵恒成　段绪红　黄士良

黄丽君　梁红柱　裴　林

摄　　影　李　琳　赵建成　任　磊　赵　涛　梁红柱

前　言
Foreword

中医药作为中华民族的一大瑰宝，是中华优秀传统文化的重要组成部分。药用植物资源是人类生存和发展过程中必不可少的物质基础。随着“回归自然”理念的日益流行，大家普遍更加重视中医药在疾病治疗和保健养生方面的疗效和特色，中药材用量需求不断增长，药用植物资源的保护意义和作为国家重要战略资源之一的价值愈加得到政府部门的重视和社会公众的高度关注。

长期以来，传统中医药多以野生植物资源入药，但当下受到环境变化等多种因素的影响，我国自然分布的野生药用植物资源在种类、分布、蕴藏量和功效质量等方面发生了明显或巨大的变化。中医药的传承和发展需要丰富优质的药用植物资源作为支撑，因此急需开展全面系统的调查工作，以便摸清“家底”和现状，为中医药的传承与发展奠定坚实可靠的基础，为推进中医药事业的创新注入新的活力。

截至2010年，我国共开展过三次全国性的药用植物资源普查工作，最近一次（1983—1987）即第三次全国中药资源普查，距第四次普查已相隔三十多年，药用植物资源“家底”和现状发生了很大变化、中药资源种类分布等信息的偏差比较突出。为促进中药资源的保护、开发和合理利用，国家中医药管理局自2011年开始，陆续组织展开了对全国31个省（自治区、直辖市）的中药资源调查工作。河北省作为全国第四次中药资源普查第二批启动的试点省份之一，于2013年启动了普查试点工作，共启动4批112个县（区/市）的普查工作（79个县开展了野外样地样方调查）。

第四次全国中药资源普查河北省普查工作旨在摸清河北省范围内中药资源种类、分布、生物量及资源变化趋势等情况，为国家掌握基本药物所需中药材资源提供第一手资料，为建立全国中药材资源数据库、动态检测网络和预警体系奠定基础，同时也为国家及河北省药用植物资源的保护、开发和持续利用提供科学决策的依据。

根据第四次全国中药资源普查河北省普查工作（2013—2023）预设的野外样地进行了样方调查、标本采集、室内标本整理鉴定、影像记录、数据上传等工作，最终本次普查工作发现并填报数据信息系统的植物共计1 914种（含种下分类单位，下同），其中，藻类3科3属3种，菌类8科12属19种，苔藓6科6属6种，蕨类植物24科32属

70种，裸子植物6科13属32种，被子植物126科648属1 784种。本书对其中具有确切药用价值的被子植物部分进行了整理：共计126科562属1 073种，记录每种的基源植物中文名及学名，药用价值，生境及分布（基于本次普查工作和河北师范大学生命科学学院系统与进化植物学实验室对河北省植物资源多样性近30年的调查结果），主要特征等内容；对其中的常见药用植物附以生境照片，编辑成为资料翔实、图文并茂的《河北药用植物名录》。本书是全国第四次中药资源普查（河北省）系列成果之一，对于摸清河北省药用植物资源"家底"和现状，促进河北中医药产业发展，以及药用植物资源保护、利用具有重要的应用价值。

本书由河北师范大学李琳担任执行主编，万萍萍、赵耀、石硕、李敏为副主编，李琳、赵建成、石硕、李敏、万萍萍、赵耀、梁红柱、黄丽君、裴林（河北省中医药科学院）、牛玉璐、张涛、刘凯良、赵涛、赵恒成（河北北方学院）等执笔编写，第四次全国中药资源普查河北省普查工作各普查队、河北师范大学生命科学学院植物学专业历届研究生（2014届刘凯良、闫晓敏、周鹏鹏、石露露、高文学，2015届赵耀、蔡百惠、李倩云、鲍远毅、张乐，2016届耿静、李潇潇、王晓莎，2017届张涛、杨佳丽、耿江婷、陈倩、索晓娜、李慧、李玉鑫、李梦飞，2018届万萍萍、沈风娇、王丹、王荣，2019届李腾、王江敏、张毅杰、张薇，2020届李岩、高爽、豆建丛、张士佳、孙佳星、王凯欣，2021届付丽琴、王云晓，2022届李双玲、崔梦伟、张学文、魏博嘉、敦雁婷，2023届王玲玲、赵依琳、宋一帆、赵晓彤、苏杨）和部分本科生参加室内标本整理鉴定或数据资料整理的工作，同时还参考了《河北植物志》（1989—1991）、《河北高等植物名录》（2005）、《小五台山植物志》（2011）、《河北木兰围场植物志》（2008），以及多个自然保护区考察等的部分数据。在此一并表示诚挚的谢意！

本书的编写和出版得到了中医药公共卫生专项"国家基本药物所需中药资源资料调查和监测项目"（财社〔2011〕76号）中医药行业科研专项"我国代表性区域特色中药资源保护利用"（201207002）等的经费支持。在编辑、出版过程中，得到了河北省中医药管理局、河北省中药资源普查试点工作领导小组办公室和河北师范大学生命科学学院等的大力支持和帮助，在此致以衷心感谢！对于本书存在的缺点和错误，敬请读者给予批评指正。

凡　例

General Rules

1. 本书共收载河北省内有分布的临床常用中药材之基源植物 1 073 种，隶属于 126 科 562 属。本书以基源植物为纲，科的排序顺序采用 APGⅣ的分类系统。

2. 每种收载的内容有：

（1）基源植物中文名：参考《中国植物志》全文电子版 iPlant。

（2）基源植物学名及引证文献：参考《中国植物志》全文电子版 iPlant，TROPICOS（https: //tropicos.org/）。

（3）植物生活型：根据基源植物茎的质地、生长习性，如草本植物、木本植物、藤本植物等。

（4）主要特征：参考《中国植物志》《河北植物志》中的描述并加以总结。

（5）药用价值：介绍药材名、药用部位、主要功效等。参考资料首选《中华人民共和国药典》（2020 年版）。药典未收录者则参考《中药大辞典》《中华本草》等书籍。

（6）产地与生境：以本次普查所得地点为主，以县、地、市级为主，分布数据稀少或特有、珍稀种亦可到乡镇一级；亦包含以往野外调查资料，如保护区生物多样性考察报告、区域性植物志、药物志、树木志及植物名录，相关论文报告及标本记载等；生境参照植物志的表述词语。

（7）国内分布：从北向南，依次为东北、华北、西北、西南、华中、华东、华南。

3. 照片：为便于读者使用，本书附有重要药材之基源植物生境照片或典型特征照片。

4. 索引：本书附有全书基源植物中文名索引、基源植物学名索引。

目 录

Contents

睡莲科

Nymphaeaceae Salisb.

植物名 芡实（睡莲科，芡属）

学名及出处： *Euryale ferox* Salisb. ex Konig & Sims, Ann. Bot. 2: 74. 1805.

药材名： 芡实

生活型及简要特征： 多刺一年生水生草本。叶柄具刺，叶面皱曲，脉上有刺；果实鸡头状，多刺。

药用部位及功效： 干燥成熟种仁入药，益肾固精、补脾止泻、祛湿止带。

产地和生境： 产安新。生湖塘、池沼中。

分布： 我国南北各省均有分布。

植物名 白睡莲（睡莲科，睡莲属）

学名及出处： *Nymphaea alba* L., Sp. Pl. 510. 1753.

药材名： 睡莲

生活型及简要特征： 水生草本。叶柄光滑；花直径 10～13 cm，萼片 4，绿色；花瓣白色；根状茎横生。

药用部位及功效： 花入药，消暑、解酒、定惊。

产地和生境： 产安新。生池沼中。

分布： 我国陕西、山东、浙江。印度、俄罗斯高加索及欧洲有分布。

植物名 睡莲（睡莲科，睡莲属）

学名及出处： *Nymphaea tetragona* Georgi, Bemerk. Reise Russ. Reiche 1: 220. 1775.

药材名： 睡莲

生活型及简要特征： 水生草本。叶柄光滑；花直径 3～7 cm；根状茎短粗，直立。

药用部位及功效： 花入药，消暑、解酒、定惊。

产地和生境： 产安新。生湖塘、池沼中。

分布： 我国东北、内蒙古、新疆、湖北、江苏、浙江、湖南、广东。朝鲜、日本、俄罗斯、越南、美国均有分布。

五味子科

Schisandraceae Blume

植物名 五味子（五味子科，五味子属）

学名及出处： *Schisandra chinensis* (Turcz.) Baill., Hist. Pl. 1: 148. 1868-1869.

药材名：五味子
生活型及简要特征：木质藤本。雌雄异株；雄蕊 5 枚；聚合浆果。
药用部位及功效：果实入药，收敛固涩、益气生津、宁心安神。
产地和生境：产隆化、平泉、承德县、宽城、兴隆、尚义、万全、涿鹿、蔚县、遵化、迁安、乐亭、涞源、阜平、井陉、赞皇、内丘。生山地灌丛中。
分布：我国东北、华北、陕西、甘肃、山东、湖北、江西、湖南。

马兜铃科

Aristolochiaceae Juss.

植物名 **北马兜铃（马兜铃科，马兜铃属）**
学名及出处：*Aristolochia contorta* Bunge, Mem. Acad. Sci Petersb. Sav. Etrung 2: 132. 1833.
药材名：天仙藤
生活型及简要特征：草质藤本。叶心形；花被裂片先端长渐尖成尾状。
药用部位及功效：地上部分入药，行气活血、利水消肿。
产地和生境：产河北各地。生山坡路旁草丛或小树林中。
分布：我国东北至华北。朝鲜、日本及俄罗斯也有分布。

植物名 **马兜铃（马兜铃科，马兜铃属）**
学名及出处：*Aristolochia debilis* Siebold et Zucc., Abh. Bayer. Akad. Wiss. Math. Phys. 4(3): 197. 1864.
药材名：天仙藤
生活型及简要特征：草质藤本。叶三角心形或三角阔披针形；花被裂片先端长急尖。
药用部位及功效：地上部分入药，行气活血、利水消肿。
产地和生境：河北南部有栽培。
分布：我国黄河流域以南各省。日本有分布。

木兰科

Magnoliaceae Juss.

植物名 **天女花（木兰科，天女花属）**
学名及出处：*Oyama sieboldii* (K. Koch) N. H. Xia & C. Y. Wu, Fl. China 7: 67–68. 2008.
药材名：木兰花
生活型及简要特征：小乔木。花开于叶后，萼片粉红色 3 枚，花瓣白色 6 枚。

药用部位及功效：花蕾入药，利尿消肿、润肺止咳。
产地和生境：产宽城、青龙。生阴坡土壤肥沃、湿润的山谷杂木林中。
分布：我国辽宁、安徽、江西、福建、广西有分布。朝鲜、日本也有分布。

植物名 **玉兰（木兰科，木兰属）**
学名及出处：*Yulania denudata* (Desr.) D. L. Fu, J. Wuhan Bot. Res. 19(3): 198. 2001.
药材名：辛夷
生活型及简要特征：落叶乔木。花萼与花瓣无明显区别，共 9 枚。
药用部位及功效：花蕾入药，散风寒、通鼻窍。
产地和生境：河北各地均有栽培。
分布：原产我国贵州、浙江、江西、湖南。现全国各地广泛栽培。

植物名 **紫玉兰（木兰科，木兰属）**
学名及出处：*Yulania liliiflora* (Desr.) D. L. Fu, J. Wuhan Bot. Res. 19(3): 198. 2001.
药材名：辛夷
生活型及简要特征：落叶灌木。花先叶开放，萼片绿色 3 枚，花瓣 6 枚外侧紫色里侧白色。
药用部位及功效：花蕾入药，散风寒、通鼻窍。
产地和生境：河北各地均有栽培。
分布：原产我国云南、四川、湖北、福建。

蜡梅科

Calycanthaceae Lindl.

植物名 **蜡梅（蜡梅科，蜡梅属）**
学名及出处：*Chimonanthus praecox* (L.) Link, Enum. Pl. Hort. Berol. 2: 66. 1822.
药材名：蜡梅花、铁筷子
生活型及简要特征：落叶灌木。花瓣分外、中、内层；果托半木质化，坛状、椭圆状卵形或梨形，上部有棱角，口部收缩。
药用部位及功效：花蕾入药（蜡梅花），解毒清热、理气开郁。根及根皮入药（铁筷子），祛风止痛、理气活血、止咳平喘。
产地和生境：产河北中部和南部。生向阳山坡或沟谷。
分布：我国西南、华东、福建有野生，华南栽培。朝鲜、日本、欧洲、美洲有引种栽培。

金粟兰科

Chloranthaceae R. Br. ex Sims

植物名 银线草（金粟兰科，金粟兰属）

学名及出处： *Chloranthus quadrifolius* (A. Gray) H. Ohba & S. Akiyama, J. Jap. Bot. 89 (4): 239. 2014.

药材名： 银线草

生活型及简要特征： 多年生草本。叶在茎顶呈 4 叶轮状排列；雄蕊 3，花丝基部合生为一体，中间的雄蕊无花药。

药用部位及功效： 全草入药，活血行瘀、祛风除湿、解毒。

产地和生境： 产隆化、平泉、承德县、赤城、青龙、内丘、武安。生山沟背阴及林荫下。

分布： 我国东北、西北、西南及华中。朝鲜、日本也有分布。

天南星科

Araceae Juss.

植物名 东北天南星（天南星科，天南星属）

学名及出处： *Arisaema amurense* Maxim., Prim. Fl. Amur. 264. 1859.

药材名： 天南星

生活型及简要特征： 多年生草本。块茎小近球形；叶片鸟足状分裂，裂片 5，裂片边缘具不规则粗锯齿。

药用部位及功效： 块茎入药，祛风止痉、化痰散结。

产地和生境： 产承德县、青龙、行唐。生于林下和沟旁。

分布： 分布于东北、内蒙古、北京、山西、陕西、宁夏、山东至河南信阳。俄罗斯、朝鲜、日本也有分布。

植物名 一把伞南星（天南星科，天南星属）

学名及出处： *Arisaema erubescens* (Wall.) Schott, Melet. Bot. 1: 17. 1832.

药材名： 天南星

生活型及简要特征： 多年生草本。块茎扁球形；叶 1，稀 2，放射状分裂；佛焰苞绿色，背面有白色条纹；浆果红色。

药用部位及功效： 块茎入药，燥湿化痰、祛风定惊、消肿散结。

产地和生境： 产尚义、阜平、灵寿、赞皇、井陉、临城、武安。生林下、灌丛、草坡、荒地。

分布： 除东北、内蒙古、新疆、山东、江苏外，我国各省区都有分布。自印度北部和东北部、尼泊尔，缅甸、泰国北部也有分布。

植物名 浮萍（天南星科，浮萍属）

学名及出处： *Lemna minor* L., Sp. Pl. 2: 970. 1753.

药材名： 浮萍

生活型及简要特征： 漂浮植物。叶状体对称，表面绿色，全缘，根白色，叶状体背面一侧具囊；果实无翅，近陀螺状。

药用部位及功效： 全草入药，利水、消肿解毒。

产地和生境： 产昌黎、遵化、曹妃甸、涿州、冀州、隆尧。生于水田、池沼或其他静水水域。

分布： 分布于南北各省。全球温暖地区广布，但不见于印度尼西亚爪哇。

植物名 虎掌（天南星科，半夏属）

学名及出处： *Pinellia pedatisecta* Schott, Oesterr. Bot. Wochenbl. 7: 341. 1857.

药材名： 虎掌

生活型及简要特征： 多年生草本。块茎近圆球形；叶 1～3，足状分裂，裂片 6～11；佛焰苞淡绿色；肉穗花序；浆果绿色至黄白色。

药用部位及功效： 块茎入药，恶痢冷漏疮、恶疮疠风。

产地和生境： 产定兴、顺平、阜平、曲阳、望都、博野、平山、灵寿、正定、元氏、赞皇、辛集、井陉、邢台县、沙河、武安。生于林下、山谷或河谷阴湿处。

分布： 我国特有，分布于北京、山西、陕西、云南东北部、贵州、四川、山东、河南、安徽、湖北、江苏、浙江、上海、湖南、福建、广西。

植物名 半夏（天南星科，半夏属）

学名及出处： *Pinellia ternata* (Thunb.) Ten. ex Breitenb., Bot. Zeitung (Berlin) 37: 687. 1879.

药材名： 半夏

生活型及简要特征： 多年生草本。块茎圆球形；叶 2～5 枚，有时 1 枚；佛焰苞绿色或绿白色；浆果卵圆形，黄绿色。

药用部位及功效： 块茎入药，燥湿化痰、降逆止呕、消痞散结。

产地和生境： 产隆化、宽城、卢龙、遵化、曹妃甸、涿州、顺平、阜平、曲阳、望都、满城、清苑、博野、平山、行唐、新乐、赞皇、晋州、井陉、鹿泉、安平、隆尧、内丘、沙河、武安。常生于草坡、荒地、玉米地、田边或疏林下，为旱地中的杂草之一。

分布： 除内蒙古、青海、新疆、西藏尚未发现野生的外，全国各地广布。朝鲜、日本也有分布。

植物名 独角莲（天南星科，斑龙芋属）

学名及出处： *Sauromatum giganteum* (Engl.) Cusimano & Hett., Taxon 59(2): 445. 2010.

药材名： 独角莲

生活型及简要特征： 多年生草本。通常只有 1 叶，3～4 年的有 3～4 叶，叶与花序同时抽出；佛焰苞紫色，附属器紫色。
药用部位及功效：块茎入药，能祛风痰、逐寒湿、镇痉。
产地和生境：产平山、武安。生于荒地、山坡、水沟旁。
分布：我国特有，分布于吉林、辽宁、陕西、甘肃、四川至西藏南部、山东、河南、湖北。

植物名 **紫萍（天南星科，紫萍属）**
学名及出处：*Spirodela polyrhiza* (L.) Schleid., Linnaea 13(4): 392. 1839.
药材名：紫萍
生活型及简要特征：漂浮植物。叶状体扁平，表面绿色，背面紫色，背面中央生 5～11 条根，白绿色，根冠尖。
药用部位及功效：全草入药，发汗、利尿。
产地和生境：河北各地均有分布。生于水田、湖湾、水沟。
分布：分布于南北各地。全球温带及热带地区广布。

泽泻科

Alismataceae Vent.

植物名 **草泽泻（泽泻科，泽泻属）**
学名及出处：*Alisma gramineum* Lej., Fl. Spa 1: 175. 1811.
药材名：草泽泻
生活型及简要特征：多年生草本。块茎较小；叶多数，丛生；花两性；种子紫褐色。
药用部位及功效：块茎入药，利水渗湿、泄热通淋。
产地和生境：产平泉、阳原、蔚县、迁西、丰南、固安、霸州。生于湖边、水塘、沼泽、沟边及湿地。
分布：分布于东北、内蒙古、山西、甘肃、宁夏、青海、新疆等省区。亚洲、欧洲、北美洲和非洲均有分布。

植物名 **东方泽泻（泽泻科，泽泻属）**
学名及出处：*Alisma orientale* (Sam.) Juz., Fl. SSSR 1: 281. 1934.
药材名：泽泻
生活型及简要特征：水生草本。叶多数；花两性；种子紫红色。
药用部位及功效：块茎入药，利水渗湿、泄热、化浊降脂。
产地和生境：产张家口地区。生于湖泊、水塘、沟渠、沼泽中。
分布：分布于我国东北、内蒙古、山西、西北、云南、贵州、四川、山东、河南、安徽、湖北、江苏、浙江、江西、湖南、福建、广东、广西等省区。俄罗斯、日本、蒙古国亦有分布。

植物名 泽泻（泽泻科，泽泻属）

学名及出处： *Alisma plantago-aquatica* L., Sp. Pl. 1: 342. 1753.

药材名： 泽泻

生活型及简要特征： 多年生水生或沼生草本。叶通常多数；花两性；瘦果椭圆形；种子紫褐色。

药用部位及功效： 干燥块茎入药，利水渗湿、泄热、化浊降脂。

产地和生境： 产平泉、行唐、赞皇、晋州、武强、临城、邯山。生于湖泊、河湾、溪流、水塘的浅水带，沼泽、沟渠及低洼湿地亦有生长。

分布： 分布于我国东北、内蒙古、山西、陕西、新疆、云南等省区。俄罗斯、日本、欧洲、北美洲、大洋洲等均有分布。

植物名 野慈姑（泽泻科，慈姑属）

学名及出处： *Sagittaria trifolia* L., Sp. Pl. 2: 993. 1753.

药材名： 野慈姑

生活型及简要特征： 多年生水生或沼生草本。根状茎横走；花单性；瘦果两侧压扁；种子褐色。

药用部位及功效： 全草入药，解毒疗疮、清热利胆。

产地和生境： 产平泉、蔚县、昌黎、迁西、乐亭、定兴、顺平、阜平、肥乡、大名、魏县。常生于水边、湖边、河湾池塘、沟渠边、稻田中和沼泽地。

分布： 中国各地均有分布。

植物名 慈姑（泽泻科，慈姑属）

学名及出处： *Sagittaria trifolia* subsp. *leucopetala* (Miq.) Q. F. Wang, Fl. China 23: 85. 2010.

药材名： 慈姑

生活型及简要特征： 多年生水生或沼生草本。叶片变异大；花序总状或圆锥状；种子褐色。

药用部位及功效： 球茎入药，活血凉血、止咳通淋、散结解毒。

产地和生境： 产涿州。生于湖泊、池塘、沼泽、沟渠、水田等水域。

分布： 我国长江流域及其以南各省，太湖沿岸及珠江三角洲为主产区，北方有少量栽培。亚洲、欧洲、非洲的温带和热带均有分布。

水鳖科

Hydrocharitaceae Juss.

植物名 黑藻（水鳖科，黑藻属）

学名及出处： *Hydrilla verticillata* (L. f.) Royle, Ill. Bot. Himal. Mts. 1: 376. 1839.

药材名：黑藻

生活型及简要特征：多年生沉水草本。叶 3～8 枚轮生；花单性，雌雄同株或异株；种子茶褐色。

药用部位及功效：全草入药，清热解毒、利尿祛湿。

产地和生境：产涿州、定兴、顺平。生于淡水中。

分布：分布于我国黑龙江、陕西、云南、贵州、四川、山东、河南、安徽、湖北、江苏、浙江、江西、湖南、福建、广东、广西、海南、台湾等省区。欧亚大陆热带至温带地区也有分布。

植物名 **水鳖（水鳖科，水鳖属）**

学名及出处：*Hydrocharis dubia* (Blume) Backer, Handb. Fl. Java 1: 64. 1925.

药材名：水鳖

生活型及简要特征：浮水草本。叶簇生，多漂浮；花瓣 3，黄色；果实浆果状。

药用部位及功效：全草入药，清热利湿。

产地和生境：产曹妃甸、涿州、安新、临漳。生于静水池沼中。

分布：分布于东北、陕西、云南、四川、华中、山东、安徽、江苏、浙江、福建、广东、广西、海南、台湾等省区。亚洲其他地区和大洋洲也有分布。

植物名 **苦草（水鳖科，苦草属）**

学名及出处：*Vallisneria natans* (Lour.) Hara, J. Jap. Bot. 49(5): 136. 1974.

药材名：苦草

生活型及简要特征：沉水草本。叶基生；花单性，雌雄异株；种子倒长卵形，有腺毛状凸起。

药用部位及功效：全草入药，清热解毒、止咳祛痰、养筋和血。

产地和生境：产定兴、安新。生于溪沟、河流、池塘、湖泊之中。

分布：分布于我国吉林、陕西、云南、贵州、四川、山东、安徽、湖北、江苏、浙江、江西、湖南、福建、广东、广西、台湾等省区。日本、印度、伊拉克、中南半岛、马来西亚和澳大利亚也有分布。

水麦冬科

Juncaginaceae Rich.

植物名 **海韭菜（水麦冬科，水麦冬属）**

学名及出处：*Triglochin maritima* L., Sp. Pl. 1: 339. 1753.

药材名：海韭菜

生活型及简要特征： 多年生草本。花两性，花被片 6 枚，绿色；蒴果 6 棱状椭圆形或卵形。
药用部位及功效： 全草入药，清热生津、解毒利湿、健脾止泻。
产地和生境： 产沽源、张北。生于湿砂地。
分布： 分布于东北、华北、西北、西南各省区。也广布于北半球温带及寒带。

植物名 **水麦冬（水麦冬科，水麦冬属）**
学名及出处： *Triglochin palustris* L., Sp. Pl. 1: 338–339. 1753.
药材名： 水麦冬
生活型及简要特征： 多年生湿生草本。花被片 6 枚；蒴果棒状条形。
药用部位及功效： 果实入药，消炎、止泻。
产地和生境： 产康保、沽源、张北、崇礼、万全、阳原、武强。常生于咸湿地或浅水处。
分布： 分布于东北、华北、西北、西南。也分布于亚洲、欧洲及北美洲。

眼子菜科

Potamogetonaceae Bercht. & J. Presl

植物名 **菹草（眼子菜科，眼子菜属）**
学名及出处： *Potamogeton crispus* L., Sp. Pl. 1: 126. 1753.
药材名： 菹草
生活型及简要特征： 多年生沉水草本。叶条形，无柄；穗状花序顶生；果实卵形。
药用部位及功效： 全草入药，清热解毒、消肿止痛。
产地和生境： 产张家口地区、无极、武强、冀州、隆尧、肥乡、魏县、邯山。生于池塘、水沟、水稻田、灌渠及缓流河水中，水体多呈微酸至中性。
分布： 分布于我国南北各省区。世界广布种。

植物名 **眼子菜（眼子菜科，眼子菜属）**
学名及出处： *Potamogeton distinctus* A. Benn., J. Bot. 42(9): 72–73. 1904.
药材名： 眼子菜
生活型及简要特征： 多年生水生草本。浮水叶革质；穗状花序顶生，具花多轮；果实宽倒卵形。
药用部位及功效： 全草入药，清热解毒、利湿通淋、止血、驱蛔。
产地和生境： 产张家口、肥乡、魏县、邯山。生于池塘、水田和水沟等静水中，水体多呈微酸性至中性。
分布： 广布于我国南北大多数省区。俄罗斯、朝鲜及日本也有分布。

植物名 **浮叶眼子菜（眼子菜科，眼子菜属）**

学名及出处： *Potamogeton natans* L., Sp. Pl. 1: 126. 1753.

药材名： 浮叶眼子菜

生活型及简要特征： 多年生水生草本。浮水叶革质，沉水叶质厚；果实倒卵形，外果皮常为灰黄色。

药用部位及功效： 全草入药，解热、利水、止血、补虚、健脾。

产地和生境： 产承德、秦皇岛、唐山、保定、石家庄等地。生于湖泊、沟塘等静水或缓流等微酸性水体中。

分布： 东北、新疆及西藏有分布。北半球广布种。

植物名 **穿叶眼子菜（眼子菜科，眼子菜属）**

学名及出处： *Potamogeton perfoliatus* L., Sp. Pl. 1: 126. 1753.

药材名： 酸水草

生活型及简要特征： 多年生沉水草本。具发达的根茎；穗状花序顶生，具花 4～7 轮。

药用部位及功效： 全草入药，渗湿解表。

产地和生境： 产张家口地区、涿州、顺平、隆尧。生于湖泊、池塘、灌渠、河流等水体，水体多为微酸至中性。

分布： 分布于东北、华北、西北各省区及山东、河南、湖南、湖北、贵州、云南等省。广布亚洲、欧洲、北美洲、南美洲、大洋洲和非洲。

植物名 **小眼子菜（眼子菜科，眼子菜属）**

学名及出处： *Potamogeton pusillus* L., Sp. Pl. 1: 127. 1753.

药材名： 小眼子菜

生活型及简要特征： 沉水草本。无根茎；叶线形；穗状花序顶生，具花 2～3 轮，间断排列。

药用部位及功效： 全草可入药，清热解毒。

产地和生境： 产万全、青龙、北戴河、迁西、肃宁、黄骅、东光、吴桥、衡水地区、成安、磁县。生于池塘、湖泊、沼地、水田及沟渠等静水或缓流之中。

分布： 我国南北各省区均有分布，但以北方更为多见。本种分布甚广，尤以北半球温带水域常见。

植物名 **竹叶眼子菜（眼子菜科，眼子菜属）**

学名及出处： *Potamogeton wrightii* Morong, Bull. Torrey Bot. Club 13: 158. 1886.

药材名： 马来眼子菜、箬叶藻

生活型及简要特征： 多年生沉水草本。根茎发达，白色；叶条形或条状披针形，具长柄；花小，被片 4，绿色。

药用部位及功效： 全草入药，清热解毒、利尿、消积。

产地和生境：产保定、衡水、邢台县、邯郸等地区。生于灌渠、池塘、河流等微酸性水体。
分布：分布于我国南北各省区。俄罗斯、朝鲜、日本、印度及东南亚各国也有分布。

植物名 **篦齿眼子菜（眼子菜科，篦齿眼子菜属）**
学名及出处：*Stuckenia pectinata* (L.) Börner, Fl. Deut. Volk 713. 1912.
药材名：龙须眼子菜、红线儿菹
生活型及简要特征：沉水草本。叶线形；穗状花序顶生，具花4～7轮，雌蕊4枚，通常仅1～2枚可发育为成熟果实。
药用部位及功效：全草入药，清热解毒。
产地和生境：产顺平、安新。生于河沟、水渠、池塘等各类水体，水体多呈微酸性或中性。
分布：我国南北各省区均有分布。全球分布，尤以两半球温带水域较为习见。

薯蓣科

Dioscoreaceae R. Br.

植物名 **甘薯（薯蓣科，薯蓣属）**
学名及出处：*Dioscorea esculenta* (Lour.) Burkill, Gard. Bull. Straits Settlem. 1: 396. 1917.
药材名：甘薯
生活型及简要特征：一年生草本。单叶互生，阔心形；雄花常单生，稀2～4朵簇生，雌穗状花序单生于上部叶腋；蒴果。
药用部位及功效：茎叶、块根入药，补虚乏、益气力、健脾胃、强肾阴。
产地和生境：河北有栽培。
分布：广东、广西、海南有栽培。分布于亚洲东南部，栽培及野生均有。

植物名 **穿龙薯蓣（薯蓣科，薯蓣属）**
学名及出处：*Dioscorea nipponica* Makino, Ill. Fl. Jap. 1(7): 2. 1891.
药材名：穿龙薯蓣
生活型及简要特征：缠绕草质藤本。根状茎横生，茎左旋，近无毛；单叶互生；雌雄异株；蒴果成熟后枯黄色，三棱形。
药用部位及功效：根、茎入药，祛风除湿、舒筋通络、活血止痛、止咳平喘。
产地和生境：产河北山区各县。常生于山腰的河谷两侧半阴半阳的山坡灌木丛中和稀疏杂木林内及林缘。
分布：分布于东北、华北、山东、河南、安徽、浙江北部、江西（庐山）、陕西（秦岭以北）、甘肃、宁夏、青海南部、四川西北部。也产于日本本州以北及朝鲜和俄罗斯远东地区。

植物名 薯蓣（薯蓣科，薯蓣属）

学名及出处： *Dioscorea polystachya* Turcz., Bull. Soc. Imp. Naturalistes Moscou 10(7): 158. 1837.

药材名： 薯蓣

生活型及简要特征： 缠绕草质藤本。茎带紫红色，右旋，无毛；叶在茎下部互生，中部以上对生；雌雄异株；蒴果。

药用部位及功效： 根茎入药，健脾胃、益肺肾、补虚羸。

产地和生境： 产河北低山地区，并常有栽培。生于山坡草丛或林中。

分布： 分布于我国南北各省。朝鲜、日本也有分布。

藜芦科

Melanthiaceae Batsch ex Borkh.

植物名 北重楼（藜芦科，重楼属）

学名及出处： *Paris verticillata* M. Bieb., Fl. Taur.-Caucas. 3: 287. 1819.

药材名： 北重楼

生活型及简要特征： 多年生草本。叶 6～8 枚轮生；外轮花被片绿色，内轮花被片黄绿色，条形；蒴果浆果状。

药用部位及功效： 根入药，清热解毒、散瘀消肿。

产地和生境： 产围场、崇礼、阳原、蔚县、武安。生于山坡林下、草丛、阴湿地或沟边。

分布： 分布于东北、内蒙古、山西、陕西、甘肃、四川、安徽、浙江。俄罗斯、朝鲜、日本也有分布。

植物名 藜芦（藜芦科，藜芦属）

学名及出处： *Veratrum nigrum* L., Sp. Pl. 2: 1044. 1753.

药材名： 藜芦

生活型及简要特征： 多年生草本。叶薄革质；圆锥花序密生黑紫色花；蒴果。

药用部位及功效： 根及根茎入药，涌吐风痰、杀虫。

产地和生境： 产承德、张家口、秦皇岛多数县区，迁西、遵化、迁安、涞源、涞水、易县、阜平、平山、灵寿、元氏、赞皇、井陉、临城、内丘、邢台县、沙河、武安、涉县。生于山坡林下或草丛中。

分布： 分布于东北、内蒙古、山西、陕西、甘肃、贵州、四川、山东、河南、湖北。亚洲北部和欧洲中部也有分布。

秋水仙科

Colchicaceae DC.

植物名 **少花万寿竹（秋水仙科，万寿竹属）**

学名及出处： *Disporum uniflorum* Baker ex S. Moore, J. Bot. 13(152): 230. 1875.

药材名： 宝铎草

生活型及简要特征： 多年生草本。根状茎肉质；花黄色、绿黄色或白色；种子深棕色。

药用部位及功效： 根状茎入药，益气补肾、润肺止咳。

产地和生境： 产兴隆、迁西、邢台县。生林下或灌木丛中。

分布： 分布于陕西、云南、贵州、四川、山东、河南、安徽、江苏、浙江、江西、湖南、福建、广东、广西和台湾。朝鲜、日本也有分布。

菝葜科

Smilacaceae Vent.

植物名 **短梗菝葜（菝葜科，菝葜属）**

学名及出处： *Smilax scobinicaulis* C. H. Wright, Bull. Misc. Inform. Kew 1895(100-101): 117. 1895.

药材名： 短梗菝葜

生活型及简要特征： 灌木。茎和枝条通常疏生刺；叶卵形或椭圆状卵形；雌花具 3 枚退化雄蕊；浆果。

药用部位及功效： 根和根茎入药，祛风除湿、散瘀、解毒。

产地和生境： 产赞皇、井陉、临城、内丘、邢台县、武安、涉县、峰峰矿区。生于林下、灌丛下或山坡阴处。

分布： 分布于山西（中南部）、陕西（秦岭以南）、甘肃（东南部）、云南（东南部至西北部）、贵州、四川、河南（西部）、湖北、江西、湖南。

植物名 **鞘柄菝葜（菝葜科，菝葜属）**

学名及出处： *Smilax stans* Maxim., Bull. Acad. Imp. Sci. Saint-Pétersbourg, sér. 3 17(2): 170-171. 1872.

药材名： 鞘柄菝葜

生活型及简要特征： 灌木，藤本。叶纸质；花序具 1～3 朵或更多的花，花绿黄色，有时淡红色；浆果熟时黑色，具粉霜。

药用部位及功效： 块茎及根入药，祛风除湿、活血顺气、止痛。

产地和生境： 产涞水、易县、平山、灵寿、赞皇、井陉、临城、内丘、武安、峰峰矿区。生于林下、灌丛中或山坡阴处。

分布：分布于山西（中南部）、陕西（中南部）、甘肃（平凉、天水、夏河一带）、四川（西北部至东南部）、河南、安徽、湖北、浙江和台湾。也分布于日本。

百合科

Liliaceae Juss.

植物名 **轮叶贝母（百合科，贝母属）**

学名及出处：*Fritillaria maximowiczii* Freyn, Oesterr. Bot. Z. 53(1): 21–22. 1903.

药材名：轮叶贝母

生活型及简要特征：多年生草本。叶条状或条状披针形；花单朵，少有 2 朵，紫色，稍有黄色小方格；蒴果。

药用部位及功效：干燥鳞茎入药，清热润肺、化痰止咳。

产地和生境：产丰宁、承德县、滦平、兴隆、青龙、遵化。生于草地及林缘。

分布：分布于东北地区。也分布于俄罗斯。

植物名 **平贝母（百合科，贝母属）**

学名及出处：*Fritillaria ussuriensis* Maxim., Decas. Pl. Nov. 9. 1882.

药材名：平贝母

生活型及简要特征：多年生草本。叶轮生或对生，条形至披针形；花 1～3 朵，紫色而具黄色小方格。

药用部位及功效：干燥鳞茎入药，清热润肺、化痰止咳。

产地和生境：承德地区、怀安、安国等地有栽培。

分布：分布于东北地区。也分布于俄罗斯。

植物名 **百合（百合科，百合属）**

学名及出处：*Lilium brownii* var. *viridulum* Baker, Gard. Chron. n.s., 24: 134. 1885.

药材名：百合

生活型及简要特征：多年生草本。叶倒披针形至倒卵形。

药用部位及功效：干燥肉质鳞叶入药，养阴润肺、清心安神。

产地和生境：产灵寿等太行山区，但少见。生于山坡草丛中、疏林下、山沟旁、地边或村旁，也有栽培。

分布：分布于山西、陕西、华中、安徽、浙江。

植物名 **渥丹（百合科，百合属）**

学名及出处：*Lilium concolor* Salisb., Parad. Lond. 1: pl. 47. 1806.

药材名：渥丹

生活型及简要特征：多年生草本。叶散生，条形；花 1～5 朵排成近伞形或总状花序，深红色；蒴果矩圆形。

药用部位及功效：鳞茎入药，滋补、强壮止咳。

产地和生境：产丰宁、隆化、平泉、滦平、宽城、兴隆、沽源、青龙、抚宁、卢龙、遵化、滦县、三河、邢台县、武安。生山坡草丛、路旁，灌木林下。

分布：分布于吉林、山西、陕西、山东、河南。

植物名 **有斑百合（百合科，百合属）**

学名及出处：*Lilium concolor* var. *pulchellum* (Fisch.) Baker, J. Linn. Soc., Bot. 14: 237. 1874.

药材名：百合

生活型及简要特征：多年生草本。本变种与渥丹的区别为花被片有斑点。

药用部位及功效：鳞茎入药，滋补、强壮止咳。

产地和生境：产围场、隆化、滦平、宽城、兴隆、康保、沽源、张北、赤城、怀安、青龙、迁安、涞源、易县、阜平、邢台县。生阳坡草地和林下湿地。

分布：分布于东北、内蒙古、山西、山东。俄罗斯和朝鲜也有分布。

植物名 **卷丹（百合科，百合属）**

学名及出处：*Lilium lancifolium* Thunb., Trans. Linn. Soc. London 2: 333. 1794.

药材名：卷丹

生活型及简要特征：多年生草本。鳞茎近宽球形；叶散生；花 3～6 朵或更多，花被片反卷，橙红色；蒴果。

药用部位及功效：鳞茎入药，养阴润肺、清心安神。

产地和生境：产丰宁、隆化、康保、灵寿、新乐。生山坡灌木林下、草地，路边或水旁。

分布：分布于吉林、山西、陕西、甘肃、青海、四川、西藏、山东、河南、安徽、湖北、江苏、浙江、江西、湖南、广西等省区。各地有栽培。朝鲜、日本也有分布。

植物名 **大花卷丹（百合科，百合属）**

学名及出处：*Lilium leichtlinii* var. *maximowiczii* (Regel) Baker, Gard. Chron. 1871: 1422. 1871.

药材名：大花卷丹

生活型及简要特征：多年生草本。鳞茎球形；叶散生，窄披针形；花下垂，花被片反卷，红色，具紫色斑点。

药用部位及功效：鳞茎可入药，滋养强壮、镇静、祛痰。

产地和生境：产兴隆、河北南部太行山区，较少见。生谷底沙地。

分布：分布于东北、华北和陕西。

植物名 **细叶百合（百合科，百合属）**

学名及出处： *Lilium pumilum* Redouté, Liliac. 7: t. 378. 1812.

药材名： 山丹

生活型及简要特征： 多年生草本。鳞茎卵形或圆锥形；叶条形；花单生或数朵，鲜红色，通常无斑点；蒴果。

药用部位及功效： 鳞茎入药，润肺止咳、清心安神。

产地和生境： 产平泉、承德县、宽城、双滦、康保、崇礼、万全、怀来、阳原、青龙、遵化、迁安、曹妃甸、顺平、满城、灵寿、行唐、井陉、武安、峰峰矿区。生山坡草地或林缘。

分布： 分布于东北、内蒙古、山西、陕西、甘肃、宁夏、青海、山东、河南。俄罗斯、朝鲜、蒙古国也有分布。

植物名 **黄花油点草（百合科，油点草属）**

学名及出处： *Tricyrtis pilosa* Wallich, Tent. Fl. Napal. 2: 62. 1826.

药材名： 黄花油点草

生活型及简要特征： 多年生草本。花通常黄绿色，花被片向上斜展或近水平伸展，但不向下反折。

药用部位及功效： 根和根茎入药，补虚止咳。

产地和生境： 产隆化、平泉、滦平、兴隆、康保、沽源、赤城、崇礼、宣化、青龙、抚宁、卢龙、迁西、遵化、阜平、灵寿、元氏、赞皇、井陉、临城、内丘、沙河、武安。生于山坡林下、路旁等处。

分布： 分布于陕西、甘肃、云南、贵州、四川、河南、湖北和湖南。也分布于印度东北部、尼泊尔和不丹。

兰科

Orchidaceae Juss.

植物名 **白及（兰科，白及属）**

学名及出处： *Bletilla striata* (Thunb.) Rchb. f., Bot. Zeitung (Berlin) 36: 75. 1878.

药材名： 白及

生活型及简要特征： 多年生草本。假鳞茎扁球形；叶 4～6 枚，狭长形或披针形；花序具 3～10 朵花，紫红色或粉红色，唇瓣白色带紫红色，具紫色脉。

药用部位及功效： 块茎入药，收敛止血、消肿生肌。

产地和生境： 河北有栽培。

分布： 分布于陕西南部、甘肃东南部、贵州、四川、安徽、湖北、江苏、浙江、江西、湖南、福建、广东、广西。朝鲜半岛和日本也有分布。

植物名 火烧兰（兰科，火烧兰属）

学名及出处： *Epipactis helleborine* (L.) Crantz, Stirp. Austr. Fasc. 2: 467. 1769.

药材名： 膀胱七

生活型及简要特征： 地生草本。叶4～7枚，互生；总状花序常具3～40朵花，花绿色或淡紫色；蒴果倒卵状椭圆状，具极疏的短柔毛。

药用部位及功效： 根入药，理气行血。

产地和生境： 产怀来、涿鹿、蔚县、赞皇、内丘。生于山坡林下、草丛或沟边。

分布： 分布于辽宁、山西、陕西、甘肃、青海、新疆、云南、贵州、四川、西藏、安徽、湖北。俄罗斯、不丹、印度、尼泊尔、阿富汗、伊朗、欧洲以及北美（引入逸为野生）、北非也有分布。

植物名 手参（兰科，手参属）

学名及出处： *Gymnadenia conopsea* (L.) R. Br., Hort. Kew. 5: 191. 1813.

药材名： 手参

生活型及简要特征： 多年生草本。具4～5枚叶，叶片线状披针形、带形；总状花序具多数密生的花，花粉红色，罕为粉白色。

药用部位及功效： 块根入药，补肾益气、生精润肺。

产地和生境： 产兴隆、沽源、阳原、蔚县、遵化、涞源、灵寿。生于山坡林下、草地或砾石滩草丛中。

分布： 分布于东北、华北、陕西、甘肃东南部、云南西北部、四川西部至北部、西藏东南部（察隅）。俄罗斯西伯利亚、朝鲜半岛、日本、欧洲一些国家也有分布。

植物名 角盘兰（兰科，角盘兰属）

学名及出处： *Herminium monorchis* (L.) R. Br., Hort. Kew., 5: 191. 1813.

药材名： 角盘兰

生活型及简要特征： 多年生草本。茎直立；叶片狭椭圆状披针形；总状花序具多数花，花小，黄绿色，垂头，花瓣近菱形。

药用部位及功效： 带根全草入药，滋阴补肾、养胃、调经。

产地和生境： 产赤城、蔚县、遵化、涞水、涞源。生于山坡阔叶林至针叶林下、灌丛下、山坡草地或河滩沼泽草地中。

分布： 分布于东北、华北、陕西、甘肃、宁夏、青海、云南（西北部）、四川（西部）、西藏（东部至南部）、山东、河南、安徽。俄罗斯的西伯利亚、朝鲜半岛、日本、蒙古国、亚洲中部至西部、喜马拉雅地区（克什米尔地区至尼泊尔和印度东北部）、欧洲也有分布。

植物名 原沼兰（兰科，原沼兰属）

学名及出处： *Malaxis monophyllos* (L.) Sw., Kongl. Svenska Vetensk. Acad. Handl. 21: 234. 1800.

药材名：羊耳蒜

生活型及简要特征：多年生草本。叶 2 枚，膜质或草质；总状花序具数朵至 10 余朵花，花通常淡绿色，萼片线状披针形；蒴果。

药用部位及功效：带根全草入药，活血调经、止血、止痛、强心、镇静。

产地和生境：产兴隆、蔚县、灵寿、赞皇、井陉、内丘、武安。生于林下、灌丛中或草地荫蔽处。

分布：分布于东北、华北、陕西南部、甘肃、云南、贵州、四川、西藏、山东、河南、安徽、湖北。俄罗斯远东地区、朝鲜半岛和日本也有分布。

植物名 **二叶舌唇兰（兰科，舌唇兰属）**

学名及出处：*Platanthera chlorantha* (Custer) Rchb. f., Handb. Nat. Pfl.-Syst. 2: 1565. 1828 (1829).

药材名：二叶舌唇兰

生活型及简要特征：多年生草本。块茎纺锤形，肉质；大叶片椭圆形或倒披针状椭圆形；总状花序具 12～32 朵花，花较大，绿白色或白色。

药用部位及功效：块茎入药，补肺生肌、化瘀止血。

产地和生境：产围场、兴隆、崇礼、蔚县、平山。生于山坡林下或草丛中。

分布：分布于东北、内蒙古、山西、陕西、甘肃、青海、云南、四川、西藏。亚洲至欧洲广布，从朝鲜半岛至英格兰也有分布。

植物名 **绶草（兰科，绶草属）**

学名及出处：*Spiranthes sinensis* (Pers.) Ames, Orchidaceae 2: 53. 1908.

药材名：盘龙参

生活型及简要特征：多年生草本。叶片宽线形或宽线状披针形；总状花序具多数密生的花，花小，紫红色、粉红色或白色。

药用部位及功效：根和全草入药，益气养阴、清热解毒。

产地和生境：产丰宁、平泉、兴隆、张家口、青龙、易县、平山、临城、内丘、沙河、武安。生于山坡林下、灌丛下、草地或河滩沼泽草甸中。

分布：分布于全国各省区。俄罗斯（西伯利亚）、朝鲜半岛、日本、印度、蒙古国、阿富汗、克什米尔地区至不丹、缅甸、越南、泰国、菲律宾、马来西亚、澳大利亚也有分布。

鸢尾科

Iridaceae Juss.

植物名 **射干（鸢尾科，射干属）**

学名及出处：*Belamcanda chinensis* (L.) Redouté, Liliac. 3(21): pl. 121. 1805.

药材名：射干

生活型及简要特征：多年生草本。叶互生，嵌迭状排列，剑形；顶生数朵花，橙红色，散生紫褐色斑点；蒴果。

药用部位及功效：干燥根茎入药，清热解毒、消痰、利咽。

产地和生境：产围场、丰宁、隆化、平泉、承德县、宽城、兴隆、康保、阳原、蔚县、遵化、滦南、丰南、曹妃甸、定兴、曲阳、望都、满城、清苑、博野、平山、行唐、新乐、正定、晋州、安平、枣强、邢台县、任泽、沙河、武安、肥乡、大名、魏县、邯山、峰峰矿区。生于林缘或山坡草地，大部分生于海拔较低的地方。

分布：分布于吉林、辽宁、山西、陕西、甘肃、云南、贵州、四川、西藏、华中、山东、安徽、江苏、浙江、福建、广东、广西、台湾。也分布于俄罗斯、朝鲜、日本、印度、越南。

植物名 **野鸢尾（鸢尾科，鸢尾属）**

学名及出处：*Iris dichotoma* Pall., Reise Russ. Reich. 3: 712. 1776.

药材名：白射干

生活型及简要特征：多年生草本。叶剑形；花序生于分枝顶端，花蓝紫色或浅蓝色，有棕褐色斑纹；蒴果。

药用部位及功效：根状茎入药，清热解毒、活血消肿。

产地和生境：产丰宁、平泉、滦平、宽城、双滦、康保、沽源、张北、尚义、赤城、崇礼、怀安、万全、青龙、卢龙、昌黎、遵化、滦南、涞源、易县、顺平、满城、博野、平山、灵寿、赞皇、晋州、井陉、鹿泉、内丘、邢台县、沙河、武安。生于砂质草地、山坡石隙等向阳干燥处。

分布：分布于东北、内蒙古、山西、陕西、甘肃、宁夏、青海、山东、河南、安徽、江苏、江西。也分布于俄罗斯、蒙古国。

植物名 **马蔺（鸢尾科，鸢尾属）**

学名及出处：*Iris lactea* Pall., Reise Russ. Reich. 3: 713. 1776.

药材名：马蔺

生活型及简要特征：多年生草本。叶条形或狭剑形；苞片 3～5 枚，内含 2～4 花，花乳白色；种子棕褐色。

药用部位及功效：全草入药，清热解毒、利尿通淋、活血消肿。

产地和生境：产滦平、康保、沽源、万全、阳原、涿鹿、遵化、丰南、曹妃甸、涿州、易县、定兴、顺平、望都、博野、灵寿、正定、深泽、元氏、栾城、衡水、邢台、武安、肥乡、魏县、邯山、峰峰矿区。生于荒地、路旁及山坡草丛中。

分布：分布于吉林、内蒙古、青海、新疆、西藏。

植物名 紫苞鸢尾（鸢尾科，鸢尾属）

学名及出处： *Iris ruthenica* Ker.-Gawl., Bot. Mag. 28: pl. 1123. 1808.

药材名： 矮紫苞鸢尾

生活型及简要特征： 多年生草本。叶条形；花淡蓝色或蓝紫色；蒴果。

药用部位及功效： 根茎及根入药，清热解毒。种子入药，养血安胎。

产地和生境： 产平泉、滦平、沽源、涞源。生于向阳砂质地或山坡草地。

分布： 分布于东北、内蒙古、山西、陕西、甘肃、宁夏、云南、四川、西藏、山东、河南、江苏、浙江。

植物名 鸢尾（鸢尾科，鸢尾属）

学名及出处： *Iris tectorum* Maxim., Bull. Acad. Imp. Sci. Saint-Pétersbourg, sér. 3 15(3): 380–381. 1871.

药材名： 鸢尾

生活型及简要特征： 多年生草本。叶基生，宽剑形；花蓝紫色；蒴果，有 6 条明显的肋。

药用部位及功效： 根茎入药，消积、行水、解毒、活血祛瘀。

产地和生境： 产承德县、双桥、双滦、康保、怀来、遵化、曹妃甸、涿州、定兴、望都、满城、安新、博野、行唐、正定、深泽、元氏、晋州、栾城、冀州、隆尧。生于向阳坡地、林缘及水边湿地。

分布： 分布于山西、陕西、甘肃、云南、贵州、四川、西藏、安徽、湖北、江苏、浙江、江西、湖南、福建、广西。

植物名 细叶鸢尾（鸢尾科，鸢尾属）

学名及出处： *Iris tenuifolia* Pall., Reise Russ. Reich. 3: 714, pl. C, f. 2. 1776.

药材名： 细叶鸢尾

生活型及简要特征： 多年生密丛草本。叶丝状或狭条形；苞片 4 枚，内含 2～3 花，花蓝紫色；蒴果倒卵形。

药用部位及功效： 根及种子入药，安胎养血。

产地和生境： 产沽源、怀来、涿鹿、涞源。生于固定沙丘或砂质地上。

分布： 分布于东北、内蒙古、山西、西北、西藏。也分布于俄罗斯、蒙古国、阿富汗、土耳其。

阿福花科

Asphodelaceae Juss.

植物名 黄花菜（阿福花科，萱草属）

学名及出处： *Hemerocallis citrina* Baroni, Nouv. Giorn. Bot. Ital., n. s. 4: 305. 1897.

药材名：黄花菜

生活型及简要特征：多年生草本。根近肉质，中下部常有纺锤状膨大；花被淡黄色；种子黑色，有棱。

药用部位及功效：全草入药，散瘀消肿、祛风止痛、生肌疗疮。

产地和生境：产张北、万全、抚宁、昌黎、遵化。生于山坡、山谷、荒地或林缘。

分布：分布于秦岭以南各省区（包括陕西的南部和甘肃，不包括云南）以及山西和山东。

植物名 **萱草（阿福花科，萱草属）**

学名及出处：*Hemerocallis fulva* (L.) L., Sp. Pl. (ed. 2) 1: 462. 1762.

药材名：萱草

生活型及简要特征：多年生草本。根近肉质，中下部有纺锤状膨大；花橘红色至橘黄色。

药用部位及功效：根入药，清热利尿、凉血止血。

产地和生境：产双桥、双滦、崇礼、万全、遵化、滦南、丰南、曹妃甸、涿州、望都、满城、博野、平山、新乐、深泽、南和、肥乡、魏县、邯山、峰峰矿区。生于草坡等地。

分布：分布于我国秦岭以南各省区。俄罗斯、日本和东南亚也有分布。

植物名 **北黄花菜（阿福花科，萱草属）**

学名及出处：*Hemerocallis lilioasphodelus* L., Sp. Pl. 1: 324. 1753.

药材名：北黄花菜

生活型及简要特征：多年生草本。根稍肉质；花被淡黄色；蒴果椭圆形。

药用部位及功效：根入药，清热利尿、凉血、止血。

产地和生境：产宽城、兴隆、沽源、昌黎、望都、平山、灵寿。生于草甸、湿草地、荒山坡或灌丛下。

分布：分布于黑龙江、辽宁、山西、陕西、甘肃、山东、江苏。也分布于俄罗斯和欧洲。

植物名 **大苞萱草（阿福花科，萱草属）**

学名及出处：*Hemerocallis middendorffii* Trautv. & C. A. Mey., Reise Sibir. 1(2): 94. 1856.

药材名：大苞萱草

生活型及简要特征：多年生草本。根多少呈绳索状；花被金黄色或橘黄色；蒴果。

药用部位及功效：全草入药，清热解毒、补肝益肾。

产地和生境：产遵化、曹妃甸。生于较低海拔的林下、湿地、草甸或草地上。

分布：分布于黑龙江（带岭至镜泊湖）、吉林（通化、抚松、临江）和辽宁（连山关）。也分布于俄罗斯、朝鲜和日本。

石蒜科

Amaryllidaceae J. St.-Hil.

植物名 **洋葱（石蒜科，葱属）**

学名及出处： *Allium cepa* L., Sp. Pl. 1: 300–301. 1753.

药材名： 洋葱

生活型及简要特征： 多年生草本。伞形花序球状，具多而密集的花，花粉白色。

药用部位及功效： 鳞茎入药，健胃理气、解毒杀虫、降血脂。

产地和生境： 河北各地均有栽培。

分布： 国内外均广泛栽培，原产亚洲西部。

植物名 **薤头（石蒜科，葱属）**

学名及出处： *Allium chinense* G. Don, Mem. Wern. Nat. Hist. Soc. 6: 83. 1827.

药材名： 薤头

生活型及简要特征： 多年生草本。鳞茎数枚聚生；叶 2～5 枚，中空；伞形花序近半球状，花淡紫色至暗紫色。

药用部位及功效： 鳞茎入药，健脾消食、开胃止呕、安神除烦、止咳安胎、抗癌防癌。

产地和生境： 产承德县、双桥、遵化、曹妃甸、满城、井陉、隆尧。广泛栽培，也有野生。

分布： 原产我国，现长江流域和以南各省区广泛栽培，也有野生。日本、越南、老挝、柬埔寨和美国也有栽培。

植物名 **野葱（石蒜科，葱属）**

学名及出处： *Allium chrysanthum* Regel, Trudy Imp. S.-Peterburgsk. Bot. Sada 3(2): 91. 1875.

药材名： 野葱

生活型及简要特征： 多年生草本。叶圆柱状，中空；伞形花序球状，具多而密集的花。

药用部位及功效： 全草入药，发汗、散寒、消肿、健胃。

产地和生境： 产承德县、怀来。生于山坡草地上。

分布： 分布于陕西（南部）、甘肃、青海（东部）、云南（西北部）、四川、西藏（东南部）、湖北（西部）。

植物名 **天蓝韭（石蒜科，葱属）**

学名及出处： *Allium cyaneum* Regel, Trudy Imp. S.-Peterburgsk. Bot. Sada 3(2): 174. 1875.

药材名： 天蓝韭

生活型及简要特征： 多年生草本。鳞茎数枚聚生；花天蓝色，花柱伸出花被外。

药用部位及功效： 全草入药，散寒解表、温中益胃、散瘀止痛。

产地和生境： 产崇礼。生于山坡、草地、林下或林缘。

分布：分布于陕西、甘肃、宁夏、青海、四川、西藏和湖北（西部）。

植物名　葱（石蒜科，葱属）

学名及出处：*Allium fistulosum* L., Sp. Pl. 1: 301. 1753.

药材名：葱

生活型及简要特征：多年生草本。鳞茎单生；伞形花序球状，多花，较疏散，花白色。

药用部位及功效：鳞茎和种子入药，发汗解表、散寒通阳、解毒、驱虫。

产地和生境：河北普遍栽培。

分布：全国各地广泛栽培，国外也有栽培。

植物名　薤白（石蒜科，葱属）

学名及出处：*Allium macrostemon* Bunge, Enum. Pl. China Bor. 65−66. 1833.

药材名：薤白

生活型及简要特征：多年生草本。鳞茎近球状；花淡紫色或淡红色，花柱伸出花被外。

药用部位及功效：全草入药，降血脂、抗凝血、抑菌。

产地和生境：产河北各地。生于山坡、丘陵、山谷或草地上。

分布：除青海、新疆外，全国各省区均有分布。俄罗斯、朝鲜和日本也有分布。

植物名　蒙古韭（石蒜科，葱属）

学名及出处：*Allium mongolicum* Turcz. ex Regel, Trudy Imp. S.-Peterburgsk. Bot. Sada 3(2): 160. 1875.

药材名：蒙古韭

生活型及简要特征：多年生草本。鳞茎密集地丛生；花淡红色、淡紫色至紫红色。

药用部位及功效：全草入药，开胃、消食、杀虫。

产地和生境：产尚义。生于荒漠、砂地或干旱山坡。

分布：分布于辽宁（西部）、内蒙古、陕西（北部）、甘肃、宁夏（北部）、青海（北部）和新疆（东北部）。蒙古国西南部也有分布。

植物名　长梗韭（石蒜科，葱属）

学名及出处：*Allium neriniflorum* (Herb.) G. Don, Encycl. Pl. (new ed., 1855) 1342. 1855.

药材名：长梗韭

生活型及简要特征：多年生草本。鳞茎单生；花红色至紫红色，柱头 3 裂。

药用部位及功效：鳞茎入药，通阳散结、下气。

产地和生境：产隆化、平泉、沽源、赤城、崇礼、青龙、涞源、满城、沙河。生于山坡、湿地、草地。

分布：分布于东北。俄罗斯和蒙古国也有分布。

植物名 野韭（石蒜科，葱属）

学名及出处： *Allium ramosum* L., Sp. Pl. 1: 296. 1753.

药材名： 野韭

生活型及简要特征： 多年生草本。具横生的粗壮根状茎；花白色，稀淡红色。

药用部位及功效： 全草入药，温中下气、补肾益阳、调整脏腑、理气降逆、暖胃除湿、散血行瘀。

产地和生境： 产丰宁、康保、沽源、赤城、崇礼、怀来、阳原、青龙、卢龙、曹妃甸、涞源、顺平、曲阳、平山、赞皇、栾城。生于向阳山坡、草坡或草地上。

分布： 分布于东北、内蒙古、山西、陕西、甘肃、宁夏、青海、新疆和山东。俄罗斯以及蒙古国也有分布。

植物名 蒜（石蒜科，葱属）

学名及出处： *Allium sativum* L., Sp. Pl. 1: 296–297. 1753.

药材名： 大蒜

生活型及简要特征： 多年生草本。鳞茎球状至扁球状；伞形花序密具珠芽，间有数花，花常为淡红色。

药用部位及功效： 鳞茎入药，解毒消肿、杀虫、止痢。

产地和生境： 河北各地有栽培。

分布： 我国南北普遍栽培。原产亚洲西部或欧洲，世界上已有悠久的栽培历史。

植物名 山韭（石蒜科，葱属）

学名及出处： *Allium senescens* L., Sp. Pl. 1: 299–300. 1753.

药材名： 山韭

生活型及简要特征： 多年生草本。鳞茎单生或数枚聚生；叶狭条形至宽条形；伞形花序具多而稍密集的花，花紫红色至淡紫色。

药用部位及功效： 全草入药，健脾开胃、补肾缩尿。

产地和生境： 产围场、丰宁、承德县、康保、沽源、张北、赤城、崇礼、万全、怀来、阳原、涿鹿、蔚县、青龙、卢龙、遵化、涞源、易县、满城、博野、灵寿、行唐、井陉、临城、内丘。生于草原、草甸或山坡上。

分布： 分布于东北、内蒙古、山西、甘肃（东部）、新疆（西北部）和河南。俄罗斯、欧洲都有分布。

植物名 球序韭（石蒜科，葱属）

学名及出处： *Allium thunbergii* G. Don, Mem. Wern. Nat. Hist. Soc. 6: 84. 1827.

药材名： 山韭

生活型及简要特征： 多年生草本。鳞茎常单生；花红色至紫色，花柱伸出花被外。

药用部位及功效：全草入药，健脾开胃、补肾缩尿。
产地和生境：产丰宁、隆化、承德县、滦平、兴隆、康保、赤城、崇礼、怀安、怀来、阳原、涿鹿、蔚县、抚宁、迁西、迁安、阜平、平山、内丘。生于山坡、草地或林缘。
分布：分布于东北、山西、陕西（南部）、山东、河南、湖北（东部）、江苏和台湾。俄罗斯、朝鲜、日本、蒙古国也有分布。

植物名 **韭（石蒜科，葱属）**
学名及出处：*Allium tuberosum* Rottler ex Spreng., Syst. Veg. 2: 38. 1825.
药材名：韭菜
生活型及简要特征：多年生草本。鳞茎簇生；伞形花序半球状或近球状，花白色。
药用部位及功效：种子入药，温补肝肾、壮阳固精。
产地和生境：河北各地有栽培。
分布：全国广泛栽培。原产亚洲东南部。

植物名 **欧洲山葱（茖葱）（石蒜科，葱属）**
学名及出处：*Allium victorialis* L., Sp. Pl. 1: 295. 1753.
药材名：茖葱
生活型及简要特征：多年生草本。鳞茎单生或 2～3 枚聚生；花白色或带绿色，偶带红色。
药用部位及功效：鳞茎入药，散瘀、止血、解毒。
产地和生境：产赤城、宽城、蔚县、阳原、邢台县。生于阴湿坡山坡、林下、草地或沟边。
分布：分布于东北、内蒙古、山西、陕西、甘肃（东部）、四川（北部）、河南、湖北和浙江（天目山）。广泛分布于北温带。

天门冬科

Asparagaceae Juss.

植物名 **知母（天门冬科，知母属）**
学名及出处：*Anemarrhena asphodeloides* Bunge, Enum. Pl. China Bor. 66. 1833.
药材名：知母
生活型及简要特征：多年生草本。叶具多条平行脉，没有明显的中脉；总状花序，花粉红色、淡紫色至白色；蒴果，顶端有短喙。
药用部位及功效：干燥根茎入药，清热泻火、滋阴润燥。
产地和生境：产围场、丰宁、隆化、承德县、滦平、康保、沽源、赤城、崇礼、怀来、万全、阳原、涿鹿、青龙、抚宁、卢龙、昌黎、迁西、遵化、曹妃甸、定兴、顺平、阜平、曲阳、望都、清苑、博野、行唐、新乐、元氏、井陉、正定、无极、深泽、赞皇、晋州、鹿泉、武强、临城、邢台县、大名、峰峰矿区。生于山坡、草地或路旁较干燥或向阳的地方。

分布： 分布于山西、山东（山东半岛）、陕西（北部）、甘肃（东部）、内蒙古（南部）、辽宁（西南部）、吉林（西部）和黑龙江（南部）。也分布于朝鲜。

植物名 **攀援天门冬（天门冬科，天门冬属）**

学名及出处： *Asparagus brachyphyllus* Turcz., Bull. Soc. Imp. Naturalistes Moscou 13: 78. 1840.

药材名： 攀援天门冬

生活型及简要特征： 多年生草本。块根肉质，近圆柱状；鳞片状叶；花常 2～4 朵腋生，淡紫褐色；浆果红色。

药用部位及功效： 根入药，滋补、敛黄水。

产地和生境： 产尚义、怀来、蔚县。生于山坡、田边或灌丛中。

分布： 分布于吉林、辽宁、山西（中部至北部）、陕西（北部）和宁夏（贺兰山以东）。也分布于朝鲜。

植物名 **天门冬（天门冬科，天门冬属）**

学名及出处： *Asparagus cochinchinensis* (Lour.) Merr., Fl. Indo-Chine 6: 780. 1908.

药材名： 天门冬

生活型及简要特征： 多年生草本。根纺锤状膨大；叶状枝；花通常每 2 朵腋生，淡绿色；浆果熟时红色，有 1 颗种子。

药用部位及功效： 块根入药，滋阴润燥、清火止咳。

产地和生境： 产河北南部。生于山坡、路旁、疏林下、山谷或荒地上。

分布： 山西、陕西、甘肃等省的南部至华东、中南、西南各省区都有分布。也见于朝鲜、日本、老挝和越南。

植物名 **石刁柏（天门冬科，天门冬属）**

学名及出处： *Asparagus officinalis* L., Sp. Pl. 1: 313. 1753.

药材名： 石刁柏

生活型及简要特征： 多年生草本，半灌木。叶状枝；雄花每 2～4 朵腋生，黄绿色；浆果有 2～3 颗种子。

药用部位及功效： 嫩茎入药，清热利湿、活血散结。

产地和生境： 河北有栽培。

分布： 我国新疆西北部（塔城）有野生，其他地区多为栽培，少数也有变为野生的。

植物名 **南玉带（天门冬科，天门冬属）**

学名及出处： *Asparagus oligoclonos* Maxim., Mém. Acad. Imp. Sci. St.-Pétersbourg Divers Savans 9: 286. 1859.

药材名： 南玉带

生活型及简要特征： 多年生草本。叶状枝通常5～12枚成簇；花每1～2朵腋生，黄绿色；浆果。

药用部位及功效： 块根入药，滋阴润燥、清肺生津。

产地和生境： 产承德县、青龙、遵化、滦南、邢台县、永年。生于海拔较低的草原、林下或潮湿地上。

分布： 分布于东北、内蒙古（锡林浩特）、山东（北部至东部）和河南（西部）。也分布于俄罗斯、朝鲜和日本。

植物名 **龙须菜（天门冬科，天门冬属）**

学名及出处： *Asparagus schoberioides* Kunth, Enum. Pl. 5: 70. 1850.

药材名： 龙须菜

生活型及简要特征： 多年生草本。叶状枝通常每3～4枚成簇；花每2～4朵腋生，黄绿色；浆果熟时红色，常有1～2颗种子。

药用部位及功效： 根状茎和根入药，清热、化痰软坚、利水。

产地和生境： 产承德县、赤城、万全、青龙、易县、行唐、井陉、武安。生于草坡或林下。

分布： 分布于东北、山西、陕西（中南部）、甘肃（东南部）、山东、河南（西部）。也分布于俄罗斯、朝鲜和日本。

植物名 **曲枝天门冬（天门冬科，天门冬属）**

学名及出处： *Asparagus trichophyllus* Bunge, Enum. Pl. China Bor. 65. 1833.

药材名： 曲枝天门冬

生活型及简要特征： 多年生草本。茎分枝近基部强烈弧曲；花每2朵腋生；浆果熟时红色。

药用部位及功效： 块根入药，祛风除湿。

产地和生境： 产平泉、双桥、康保、沽源、赤城、怀安、万全、怀来、阳原、涿鹿、蔚县、抚宁、卢龙、迁安、定兴、灵寿、新乐、正定、元氏、井陉、宁晋、临城、南宫、内丘、邢台县。生于山地、路旁、田边或荒地上。

分布： 分布于辽宁（西南部）、内蒙古（南部）和山西（中部至北部）。

植物名 **绵枣儿（天门冬科，绵枣儿属）**

学名及出处： *Barnardia japonica* (Thunb.) Schult. & Schult. f., Syst. Veg. (ed. 15 bis) 7(1): 555. 1829.

药材名： 绵枣儿

生活型及简要特征：多年生草本。基生叶狭带状；总状花序具多数花，花紫红色、粉红色至白色；种子黑色。

药用部位及功效：鳞茎或全草入药，活血止痛、解毒消肿、强心利尿。

产地和生境：产河北燕山、太行山区大部分县区。生于山坡、草地、路旁或林缘。

分布：分布于东北、华北、华中以及云南（洱源、中甸）、四川（木里）、江苏、浙江、江西、广东（北部）和台湾。也分布于俄罗斯、朝鲜、日本。

植物名 **吊兰（天门冬科，吊兰属）**

学名及出处：*Chlorophytum comosum* (Thunb.) Jacques, J. Sco. Imp. Centr. Hort. 8: 345. 1862.

药材名：吊兰

生活型及简要特征：多年生草本。叶剑形；花白色，常 2～4 朵簇生；蒴果三棱状扁球形，每室具种子 3～5 颗。

药用部位及功效：全草或根入药，化痰止咳、散瘀消肿、清热解毒。

产地和生境：河北各地普遍栽培。

分布：全国各地广泛栽培。原产非洲南部，供观赏。

植物名 **欧铃兰（天门冬科，铃兰属）**

学名及出处：*Convallaria majalis* L., Sp. Pl. 1: 314–315. 1753.

药材名：铃兰

生活型及简要特征：多年生草本。叶椭圆形或卵状披针形；花白色；种子扁圆形或双凸状。

药用部位及功效：全草入药，温阳利水、活血祛风。

产地和生境：产承德地区、张家口地区、唐山地区、保定地区、石家庄地区和邢台县、邯郸山区各县。生阴坡林下潮湿处或沟边。

分布：分布于东北、内蒙古、山西、陕西、甘肃、宁夏、山东、河南、浙江和湖南。朝鲜、日本、欧洲、北美洲也很常见。

植物名 **紫玉簪（天门冬科，玉簪属）**

学名及出处：*Hosta albomarginata* (Hook.) Ohwi, Acta Phytotax. Geobot. 11(4): 265. 1942.

药材名：紫玉簪

生活型及简要特征：多年生草本。叶狭椭圆形或卵状椭圆形；花葶具几朵至十几朵花，紫色。

药用部位及功效：花入药，凉血止血、解毒。

产地和生境：石家庄、衡水等地有栽培。

分布：我国北京和江西有栽培。原产日本，有叶子具白边和不具白边的品种。

植物名 **玉簪（天门冬科，玉簪属）**

学名及出处：*Hosta plantaginea* (Lam.) Asch., Bot. Zeitung (Berlin) 21(7): 53. 1863.

药材名：玉簪

生活型及简要特征：多年生草本。叶卵状心形、卵形或卵圆形；花单生或2～3朵簇生，白色；蒴果圆柱状，有三棱。

药用部位及功效：叶或全草入药，清热解毒、散结消肿。

产地和生境：各地常见栽培，公园尤多，供观赏。

分布：分布于四川（峨眉山至川东）、安徽、湖北、江苏、浙江、湖南、福建和广东。

植物名 **禾叶山麦冬（天门冬科，山麦冬属）**

学名及出处：*Liriope graminifolia* (L.) Baker, J. Linn. Soc., Bot. 14(79): 538. 1875.

药材名：山麦冬

生活型及简要特征：多年生草本。有纺锤形小块根；花常簇生，白色或淡紫色；种子初期绿色，成熟时蓝黑色。

药用部位及功效：块根入药，清心润肺、养胃生津。

产地和生境：产易县、深泽、元氏、赞皇、井陉、鹿泉、内丘、邢台县、沙河。生于山坡、山谷林下、灌丛中或山沟阴处、石缝间及草丛中。

分布：分布于山西、陕西、甘肃、贵州、四川、河南、安徽、湖北、江苏、浙江、江西、福建、广东和台湾。

植物名 **山麦冬（天门冬科，山麦冬属）**

学名及出处：*Liriope spicata* (Thunb.) Lour., Fl. Cochinch. 1: 201. 1790.

药材名：山麦冬

生活型及简要特征：多年生草本。根末端常膨大成纺锤形肉质小块根；花簇生于苞片腋内，淡紫色或淡蓝色；种子近球形。

药用部位及功效：干燥块根入药，养阴生津、润肺清心。

产地和生境：产满城、新乐、正定、井陉、临西、磁县。生于山坡、山谷林下、路旁或湿地。

分布：除东北、内蒙古、青海、新疆、西藏各省区外，其他地区广泛分布和栽培。也分布于日本、越南。

植物名 **舞鹤草（天门冬科，舞鹤草属）**

学名及出处：*Maianthemum bifolium* (L.) F. W. Schmidt, Fl. Boëm. 4: 55. 1794.

药材名：舞鹤草

生活型及简要特征：多年生草本。分基生叶和茎生叶；总状花序，花白色；浆果。

药用部位及功效：全草入药，凉血、止血。

产地和生境：产围场、丰宁、滦平、崇礼、怀安、青龙、满城。生高山阴坡林下。

分布：分布于东北、内蒙古、山西、陕西、甘肃、青海和四川。俄罗斯、朝鲜、日本和北美也有分布。

植物名 鹿药（天门冬科，舞鹤草属）

学名及出处： *Maianthemum japonicum* (A. Gray) LaFrankie, Taxon. 35(3): 588. 1986.

药材名： 鹿药

生活型及简要特征： 多年生草本。根状茎横走；叶纸质；圆锥花序 10～20 余朵花，花单生，白色；浆果熟时红色。

药用部位及功效： 根状茎和根入药，补气益肾、祛风除湿、活血调经。

产地和生境： 产承德县、滦平、兴隆、尚义、赤城、青龙、迁西、灵寿。生于林下阴湿处或岩缝中。

分布： 分布于东北、山西、陕西、甘肃（东部）、贵州、四川（东部）、山东、河南、安徽、湖北、江苏、浙江（北部）、江西（北部至西部）、湖南和台湾。俄罗斯远东地区、朝鲜和日本也有分布。

植物名 沿阶草（天门冬科，沿阶草属）

学名及出处： *Ophiopogon bodinieri* H. Lév., Mem. Pontif. Accad. Romana Nuovi Lincei 23: 343. 1905.

药材名： 沿阶草

生活型及简要特征： 多年生草本。根具膨大成纺锤形块根；叶基生成丛；总状花序具几朵至十几朵花，白色或稍带紫色；果实蓝色。

药用部位及功效： 全草入药，养阴、生津、润肺、止咳。

产地和生境： 产遵化、滦南、丰南、曹妃甸、博野、无极、武强、冀州、枣强、宁晋。生于山坡、山谷潮湿处、沟边、灌木丛下或林下。

分布： 分布于陕西、甘肃、云南、贵州、四川、西藏、河南、湖北和台湾。

植物名 麦冬（天门冬科，沿阶草属）

学名及出处： *Ophiopogon japonicus* (L. f.) Ker Gawl., Bot. Mag. 27: pl. 1063. 1807.

药材名： 麦冬

生活型及简要特征： 多年生草本。根中间或近末端常膨大纺锤形块根；花单生或成对着生于苞片腋内，白色或淡紫色。

药用部位及功效： 块根入药，滋阴润肺、益胃生津、清心除烦。

产地和生境： 产遵化、顺平、新乐、正定、无极、井陉、武强、肥乡、魏县、邯山。生于山坡阴湿处、林下或溪旁。

分布： 分布于陕西、云南、贵州、四川、华中、安徽、江苏、浙江、福建、广东、广西、台湾。也分布于日本、印度、越南。

植物名 多花黄精（天门冬科，黄精属）

学名及出处： *Polygonatum cyrtonema* Hua, J. Bot. (Morot) 6(21): 393-394. 1892.

药材名：黄精
生活型及简要特征：多年生草本。根状茎肥厚，通常连珠状或结节成块；叶互生；花被黄绿色；浆果黑色。
药用部位及功效：根状茎入药，补气养阴、健脾、润肺、益肾。
产地和生境：产兴隆。生林下、灌丛或山坡阴处。
分布：分布于贵州、四川、河南（南部和西部）、安徽、湖北、江苏（南部）、浙江、江西、湖南、福建、广东（中部和北部）、广西（北部）。

植物名 **小玉竹（天门冬科，黄精属）**
学名及出处：*Polygonatum humile* Fisch. ex Maxim., Mém. Acad. Imp. Sci. St.-Pétersbourg Divers Savans 9: 275. 1859.
药材名：小玉竹
生活型及简要特征：多年生草本。根状茎细圆柱形；叶互生；花序通常仅具 1 花，花被白色，顶端带绿色；浆果蓝黑色。
药用部位及功效：根茎入药，补精髓、养胃生津、滋润心肺。
产地和生境：产宽城、赤城、崇礼、灵寿。生林下或山坡草地。
分布：分布于东北、山西。俄罗斯、朝鲜、日本也有分布。

植物名 **二苞黄精（天门冬科，黄精属）**
学名及出处：*Polygonatum involucratum* (Franch. & Sav.) Maxim., Mélanges Biol. Bull. Phys.-Math. Acad. Imp. Sci. Saint-Pétersbourg 11: 844–845. 1883.
药材名：二苞黄精
生活型及简要特征：多年生草本。根状茎细圆柱形；叶互生；花序具 2 花，花被绿白色至淡黄绿色；浆果。
药用部位及功效：根茎入药，生精养胃、滋补强壮。
产地和生境：产涞源、平山、赞皇。生林下或阴湿山坡。
分布：分布于东北、山西、河南（西北部）。俄罗斯远东地区、朝鲜、日本也有分布。

植物名 **热河黄精（天门冬科，黄精属）**
学名及出处：*Polygonatum macropodum* Turcz., Bull. Soc. Imp. Naturalistes Moscou 5: 205. 1832.
药材名：热河黄精
生活型及简要特征：多年生草本。根状茎圆柱形；叶互生；花近伞房状，花被白色或带红点；浆果深蓝色。
药用部位及功效：根茎入药，滋肾润肺、补脾益气。
产地和生境：产围场、丰宁、平泉、承德县、宽城、兴隆、双桥、双滦、尚义、赤城、怀安、青龙、遵化、满城、内丘。生林下或阴坡。

分布：分布于辽宁、山西、山东。

植物名　大苞黄精（天门冬科，黄精属）

学名及出处：*Polygonatum megaphyllum* P. Y. Li, Acta Phytotax. Sin. 11(3): 252. 1966.

药材名：黄精

生活型及简要特征：多年生草本。根状茎常具瘤状结节而呈不规则的连珠状或为圆柱形；花序通常具 2 花，花被淡绿色。

药用部位及功效：根茎入药，滋肾润肺、补脾益气。

产地和生境：产赞皇。生山坡或林下。

分布：分布于山西（西部）、陕西（秦岭）、甘肃（东南部）。

植物名　玉竹（天门冬科，黄精属）

学名及出处：*Polygonatum odoratum* (Mill.) Druce, Ann. Scott. Nat. Hist. 60: 226. 1906.

药材名：玉竹

生活型及简要特征：多年生草本。根状茎圆柱形；叶互生；花序具 1～4 花，花被黄绿色至白色；浆果蓝黑色。

药用部位及功效：干燥根茎入药，养阴润燥、生津止渴。

产地和生境：产河北南北山区。生林下或山野阴坡。

分布：分布于东北、内蒙古、山西、甘肃、青海、山东、河南、安徽、湖北、江苏、江西、湖南、台湾。欧亚大陆温带地区广布。

植物名　黄精（天门冬科，黄精属）

学名及出处：*Polygonatum sibiricum* Delar. ex Redoute, Liliac. 6: pl. 315. 1812.

药材名：黄精

生活型及简要特征：多年生草本。根状茎圆柱状；叶轮生；花序常具 2～4 朵花，呈伞形状，花被乳白色至淡黄色；浆果黑色。

药用部位及功效：干燥根茎入药，补气养阴、健脾、润肺、益肾。

产地和生境：产河北南北山区。生林下、灌丛或山坡阴处。

分布：分布于东北、内蒙古、山西、陕西、甘肃（东部）、宁夏、山东、河南、安徽（东部）、浙江（西北部）。俄罗斯西伯利亚东部地区、朝鲜、蒙古国也有分布。

鸭跖草科

Commelinaceae Mirb.

植物名　饭包草（鸭跖草科，鸭跖草属）

学名及出处：*Commelina benghalensis* L., Sp. Pl. 1: 41. 1753.

药材名：饭包草

生活型及简要特征：多年生披散草本。叶片卵形；总苞片漏斗状，与叶对生；花序具1～3不孕花。

药用部位及功效：全草入药，清热解毒、利湿消肿。

产地和生境：产顺平、冀州、定兴、邯山、魏县、肥乡、正定、新乐、晋州、隆尧、望都、行唐。生湿地。

分布：分布于陕西、云南、四川、山东、河南、安徽、湖北、江苏、浙江、江西、湖南、福建、广东、广西、海南和台湾。亚洲和非洲的热带、亚热带广布。

植物名 **鸭跖草（鸭跖草科，鸭跖草属）**

学名及出处：*Commelina communis* L., Sp. Pl. 1: 40–41. 1753.

药材名：鸭跖草

生活型及简要特征：一年生披散草本。叶披针形至卵状披针形；总苞片佛焰苞状；聚伞花序，花瓣深蓝色；蒴果。

药用部位及功效：干燥地上部分入药，清热泻火、解毒、利水消肿。

产地和生境：产承德县、宽城、兴隆、双桥、沽源、赤城、怀来、涿鹿、青龙、抚宁、卢龙、昌黎、曹妃甸、易县、顺平、曲阳、望都、清苑、高阳、博野、平山、灵寿、行唐、正定、无极、赞皇、晋州、栾城、冀州、枣强、临城、南宫、内丘、邢台县、沙河、武安、永年、大名、峰峰矿区。生于湿地。

分布：分布于甘肃以东、云南、四川各省区。俄罗斯、朝鲜、日本、越南以及北美也有分布。

植物名 **竹叶子（鸭跖草科，竹叶子属）**

学名及出处：*Streptolirion volubile* Edgew., Proc. Linn. Soc. London. 1: 254. 1845.

药材名：竹叶子

生活型及简要特征：多年生攀援草本。叶片心状圆形；聚伞花序有花1至数朵，花白色、淡紫色而后变白色；蒴果；种子褐灰色。

药用部位及功效：全草入药，清热、利水、解毒、化瘀。

产地和生境：产滦平、兴隆、赤城、万全、遵化、涞源、易县、顺平、灵寿、无极、赞皇、井陉、衡水、临城、武安。常生于山地。

分布：分布于辽宁、北京、山西、陕西、甘肃、云南、贵州、四川、西藏东南部、河南西部、湖北、浙江、湖南西部和广西。朝鲜、日本、印度东北部至越南、不丹、老挝、柬埔寨也有分布。

植物名 **紫露草（鸭跖草科，紫露草属）**

学名及出处：*Tradescantia ohiensis* Raf., Precis Decouv. Somiol. 45. 1814.

药材名：紫鸭跖草
生活型及简要特征：一年生草本。叶互生，叶状披针形或条形；聚伞花序顶生或腋生，花蓝紫色；蒴果；种子淡棕色。
药用部位及功效：全草入药，活血、利水、消肿、散结、解毒。
产地和生境：各地有栽培。
分布：我国庭园和温室有栽培。原产北美。

雨久花科

Pontederiaceae Kunth

植物名 **雨久花（雨久花科，梭鱼草属）**
学名及出处：*Pontederia korsakowii* (Regel & Maack) M. Pell. & C. N. Horn, Phytokeys 108: 59. 2018.
药材名：雨久花
生活型及简要特征：水生草本。叶基生和茎生，基生叶宽卵状心形；总状花序顶生，花被片蓝色；蒴果；种子有纵棱。
药用部位及功效：全草入药，清热解毒。
产地和生境：产北戴河、丰南、曹妃甸、定兴、曲周、肥乡、成安、邯山。生于池塘、湖沼靠岸的浅水处和稻田中。
分布：分布于东北、华北、华中、华东和华南。俄罗斯、朝鲜、日本也有分布。

植物名 **鸭舌草（雨久花科，梭鱼草属）**
学名及出处：*Pontederia vaginalis* Burm. f., Fl. Ind. 80. 1768.
药材名：鸭舌草
生活型及简要特征：水生草本。叶基生和茎生；花通常3～5朵（稀有10余朵），蓝色；蒴果；种子灰褐色，具8～12纵条纹。
药用部位及功效：全草入药，清热、凉血、利尿、解毒。
产地和生境：产蔚县、丰南、曲阳、肥乡、邯山。生沼泽湿地、浅水池塘。
分布：分布于我国南北各省区。日本、印度、马来西亚、菲律宾、尼泊尔、不丹也有分布。

美人蕉科

Cannaceae Juss.

植物名 **美人蕉（美人蕉科，美人蕉属）**
学名及出处：*Canna indica* L., Sp. Pl. 1: 1. 1753.

药材名：美人蕉根、美人蕉花
生活型及简要特征：多年生草本。叶片卵状长圆形；总状花序疏花，花冠裂片绿色或红色；蒴果绿色，长卵形，有软刺。
药用部位及功效：根茎入药（美人蕉根），清热解毒、调经、利水。花入药（美人蕉花），活血止血。
产地和生境：河北有栽培。
分布：我国南北各地常有栽培。原产印度。

姜科

Zingiberaceae Martinov

植物名 **姜（姜科，姜属）**
学名及出处：*Zingiber officinale* Roscoe, Trans. Linn. Soc. London. 8: 348. 1807.
药材名：干姜
生活型及简要特征：多年生草本。根茎有芳香及辛辣味；叶披针形或线状披针形；穗状花序球果状，花冠黄绿色。
药用部位及功效：干燥根茎入药，温中散寒、回阳通脉、燥湿消痰。
产地和生境：河北有栽培。
分布：我国中部、东南部至西南部各省区广为栽培。亚洲热带地区亦常见栽培。

香蒲科

Typhaceae Juss.

植物名 **黑三棱（香蒲科，黑三棱属）**
学名及出处：*Sparganium stoloniferum* (Buch.-Ham. ex Graebn.) Buch.-Ham. ex Juz., Fl. SSSR. 1: 219–220, pl. 11, f. 2a, b. 1934.
药材名：三棱
生活型及简要特征：多年生水生草本。块茎膨大，挺水；叶呈三棱形；圆锥花序；果实具棱，褐色。
药用部位及功效：块茎入药，破瘀、行气、消积、止痛、通经、下乳。
产地和生境：产万全、定兴、井陉、隆尧、涉县、临漳。通常生于湖泊、河沟、沼泽、水塘边浅水处。
分布：分布于东北、内蒙古、山西、陕西、甘肃、新疆、云南、湖北、江苏、江西等省区。俄罗斯、朝鲜、日本、阿富汗、中亚地区亦有分布。

植物名 **水烛（香蒲科，香蒲属）**

学名及出处： *Typha angustifolia* L., Sp. Pl. 2: 971. 1753.

药材名： 蒲黄

生活型及简要特征： 多年生水生或沼生草本。叶上部扁平，中部以下腹面微凹，下部呈海绵状，叶鞘抱茎；雌雄花序相距 2.5～6.9 cm；种子深褐色。

药用部位及功效： 花粉入药，行血、止血、止痛。

产地和生境： 产怀安、万全、抚宁、涿州、顺平、安新、深泽、隆尧、内丘、肥乡、魏县、邯山、峰峰矿区。生于湖泊、河流、池塘浅水处，沼泽、沟渠亦常见，当水体干枯时可生于湿地及地表龟裂环境中。

分布： 分布于东北、内蒙古、陕西、甘肃、新疆、云南、山东、河南、湖北、江苏、台湾等省区。俄罗斯、日本、印度、巴基斯坦、尼泊尔、欧洲、美洲及大洋洲等亦有分布。

植物名 **达香蒲（香蒲科，香蒲属）**

学名及出处： *Typha davidiana* (Kronf.) Hand.-Mazz., Bot. Zeitung (Berlin) 87: 133. 1938.

药材名： 蒲黄

生活型及简要特征： 多年生草本。地上茎直立；叶质地较硬，下部背面呈凸形；雌雄花序远离；种子纺锤形。

药用部位及功效： 花粉入药，行血、止血、止痛。

产地和生境： 产万全。生于湖泊、河流近岸边。

分布： 分布于内蒙古、新疆、江苏、浙江等省区。亚洲北部有分布。

植物名 **长苞香蒲（香蒲科，香蒲属）**

学名及出处： *Typha domingensis* Pers., Syn. Pl. 2: 532. 1807.

药材名： 蒲黄

生活型及简要特征： 多年生水生或沼生草本。叶片上部扁平，中部以下背面逐渐隆起，叶鞘长，抱茎；雌雄花序远离；种子黄褐色。

药用部位及功效： 花粉入药，行血、止血、止痛。

产地和生境： 产抚宁、卢龙、北戴河。生于湖泊、河流、池塘浅水处，沼泽、沟渠亦常见。

分布： 分布于东北、内蒙古、山西、陕西、甘肃、新疆、云南、贵州、山东、河南、江苏、江西等省区。俄罗斯、日本、印度及亚洲其他地区亦有分布。

植物名 **宽叶香蒲（香蒲科，香蒲属）**

学名及出处： *Typha latifolia* L., Sp. Pl. 2: 971. 1753.

药材名： 蒲黄

生活型及简要特征： 多年生水生或沼生草本。叶条形，叶鞘抱茎；雌雄花序紧密相接；种子褐色。

药用部位及功效：花粉入药，行血、止血、止痛。

产地和生境：产保定。生池塘和低温浅水处或沼泽中。

分布：分布于东北、内蒙古、陕西、甘肃、新疆、贵州、四川、西藏、河南、浙江等省区。俄罗斯、日本、巴基斯坦、亚洲其他地区、欧洲、美洲、大洋洲均有分布。

植物名 **无苞香蒲（香蒲科，香蒲属）**

学名及出处：*Typha laxmannii* Lepech., Nova Acta Acad. Sci. Imp. Petrop. Hist. Acad. 12: 84. 1801.

药材名：蒲黄

生活型及简要特征：多年生沼生或水生草本。叶窄条形，叶鞘抱茎较紧；雌雄花序远离；果实椭圆形；种子褐色。

药用部位及功效：花粉入药，行血、止血、止痛。

产地和生境：产昌黎。生于湖泊、池塘、河流的浅水处。

分布：分布于东北、内蒙古、山西、陕西、甘肃、宁夏、青海、四川、山东、河南、江苏等省区。巴基斯坦及亚洲北部、欧洲等地亦有分布。

植物名 **短序香蒲（香蒲科，香蒲属）**

学名及出处：*Typha lugdunensis* P. Chabert, Bull. Soc. Hort. Prat. Dep. Rhone 1850: 149. 1850.

药材名：蒲黄

生活型及简要特征：多年生沼生或水生草本。鞘状叶基生，叶鞘较长；雌雄花序远离；小坚果椭圆形；种子椭圆形，褐色。

药用部位及功效：花粉入药，行血、止血、止痛。

产地和生境：产万全。生于沟边、沼泽、低洼湿地等。

分布：分布于内蒙古、新疆、山东等省区。亚洲北部及欧洲有分布。

植物名 **小香蒲（香蒲科，香蒲属）**

学名及出处：*Typha minima* Funck ex Hoppe, Bot. Taschenb. Anfanger Wiss. Apothekerkunst 5: 187. 1794.

药材名：蒲黄

生活型及简要特征：多年生沼生或水生草本。叶常基生，鞘状；雌雄花序远离；小坚果椭圆形；种子黄褐色。

药用部位及功效：花粉入药，行血、止血、止痛。

产地和生境：产遵化、滦南、丰南、曹妃甸、定兴、容城、顺平、安新、清苑、高阳、元氏、肥乡、魏县、邯山。生于池塘、水沟边浅水处，亦常见于一些水体干枯后的湿地及低洼处。

分布：分布于东北、内蒙古、山西、陕西、甘肃、新疆、四川、山东、河南、湖北等省区。俄罗斯、巴基斯坦、亚洲北部、欧洲等均有分布。

植物名 **香蒲（香蒲科，香蒲属）**
学名及出处： *Typha orientalis* C. Presl, Abh. Königl. Böhm. Ges. Wiss., ser. 5, 6: 599. 1851.
药材名： 蒲黄
生活型及简要特征： 多年生水生或沼生草本。叶条形，叶鞘抱茎；雌雄花序紧密连接；小坚果椭圆；种子褐色，微弯。
药用部位及功效： 花粉入药，行血、止血、止痛。
产地和生境： 产围场、隆化、宽城、崇礼、昌黎、丰南、容城、宁晋、邢台县、涉县、临漳。生于湖泊、池塘、沟渠、沼泽及河流缓流带。
分布： 分布于东北、华北、陕西、云南、河南、湖南、华东、广东、台湾。俄罗斯、日本、菲律宾均有分布。

灯芯草科

Juncaceae Juss.

植物名 **灯芯草（灯芯草科，灯芯草属）**
学名及出处： *Juncus effusus* L., Sp. Pl. 1: 326. 1753.
药材名： 灯心草
生活型及简要特征： 多年生草本。茎内充满白色的髓心；叶呈鞘状或鳞片状；聚伞花序假侧生，花淡绿色。
药用部位及功效： 干燥茎髓入药，清心火、利小便。
产地和生境： 产沽源、曲阳、赞皇、晋州、南宫。生于河边、池旁、水沟、草地及沼泽湿处。
分布： 分布于东北、陕西、甘肃、云南、贵州、四川、西藏、山东、安徽、江苏、浙江、福建、广东、广西、台湾。全世界温暖地区均有分布。

植物名 **笄石菖（灯芯草科，灯芯草属）**
学名及出处： *Juncus prismatocarpus* R. Br., Prodr. Fl. Nov. Holland. 259. 1810.
药材名： 江南灯心草、水茅草
生活型及简要特征： 多年生草本。茎丛生；叶片线形常扁平；有 8～15 花，花被片绿色或淡红褐色；蒴果；种子蜡黄色。
药用部位及功效： 全株入药，降心火、清肺热、利小便。
产地和生境： 产遵化、滦南、曹妃甸。生田地、溪边、路旁沟边、疏林草地以及山坡湿地。

分布：分布于云南、贵州、四川、西藏、山东、安徽、湖北、江苏、浙江、江西、湖南、华南、台湾等省区。俄罗斯东部、日本、印度、马来西亚、泰国、斯里兰卡、澳大利亚和新西兰均有分布。

莎草科

Cyperaceae Juss.

植物名 **扁秆荆三棱（莎草科，三棱草属）**

学名及出处：*Bolboschoenus planiculmis* (F. Schimidt) T. V. Egorova, Trudy Bot. Inst. Akad. Nauk S. S. S. R., Ser. 1, Fl. Sist. Vyssh. Rast. 3: 210. 1967.

药材名：扁秆藨草

生活型及简要特征：多年生草本。具匍匐根状茎和块茎；叶扁平；长侧枝聚伞花序短缩成头状，通常具1～6个小穗，小穗具多数花；小坚果扁，两面稍凹。

药用部位及功效：块茎入药，祛瘀通经、行气消积。

产地和生境：产康保、涿州、定兴、容城、曲阳、博野、行唐、深泽、冀州、隆尧、肥乡。生长于湖、河边近水处。

分布：分布于我国东北、华北、甘肃、青海、云南、山东、河南、江苏、浙江。也分布于朝鲜、日本及其琉球岛。

植物名 **荆三棱（莎草科，三棱草属）**

学名及出处：*Bolboschoenus yagara* (Ohwi) Y. C. Yang & M. Zhan, Sosud. Rast. Sovetsk. Dal'nego Vostoka 3: 187. 1988.

药材名：荆三棱

生活型及简要特征：多年生草本。叶扁平，线形；长侧枝聚伞花序简单，每辐射枝具1～3（～4）小穗，小穗具多数花；小坚果倒卵形，三棱形，黄白色。

药用部位及功效：块茎入药，破血行气、消积止痛。

产地和生境：产遵化、滦南、丰南、曹妃甸。生于湖、河浅水中。

分布：分布于我国东北、贵州、江苏、浙江、台湾。朝鲜、日本也有分布。

植物名 **球柱草（莎草科，球柱草属）**

学名及出处：*Bulbostylis barbata* (Rottb.) C. B. Clarke, Fl. Brit. India 6(19): 651. 1893.

药材名：球柱草

生活型及简要特征：一年生草本。无根状茎；叶纸质，线形；长侧枝聚伞花序头状；小坚果倒卵形，三棱形，白色或淡黄色。

药用部位及功效：全草入药，凉血、止血。

产地和生境：产秦皇岛、灵寿。生长于河滩沙地上，有时亦生长于田边、沙田中的湿地上。

分布：分布于辽宁、山东、河南、湖北、浙江、江西、福建、广东、广西、海南、台湾等省区。亦分布于朝鲜、日本、印度、菲律宾、老挝、越南、柬埔寨、泰国。

植物名 **白颖薹草（莎草科，薹草属）**

学名及出处：*Carex duriuscula* subsp. *rigescens* (Franch.) S. Yun Liang & Y. C. Tang, Acta Phytotax. Sin. 28(2): 155. 1990.

药材名：白颖薹草

生活型及简要特征：与原种区别在于雌花鳞片具宽的白色膜质边缘，叶片平张，其他相同。

药用部位及功效：全草入药，清热、利尿、通淋。

产地和生境：产望都、石家庄、冀州。生山坡、半干旱地区或草原上。

分布：分布于吉林、辽宁、内蒙古、山西、陕西、甘肃、宁夏、青海、山东、河南。俄罗斯（远东地区）也有分布。

植物名 **翼果薹草（莎草科，薹草属）**

学名及出处：*Carex neurocarpa* Maxim., Mém. Acad. Imp. Sci. St.-Pétersbourg Divers Savans 9: 306–307. 1859.

药材名：翼果薹草

生活型及简要特征：多年生草本。叶短于或长于秆，平张；小穗多数，雄雌顺序；小坚果疏松地包于果囊中，平凸状。

药用部位及功效：全草入药，凉血、止血、解表透疹。

产地和生境：产万全、青龙、抚宁、遵化、滦南、丰南、曹妃甸、涿州、定兴、容城、博野、深泽、元氏。生于水边湿地或草丛中。

分布：分布于东北、内蒙古、山西、陕西、甘肃、山东、河南、安徽、江苏。亦分布于俄罗斯（远东地区）、朝鲜、日本。

植物名 **阿穆尔莎草（莎草科，莎草属）**

学名及出处：*Cyperus amuricus* Maxim., Mém. Acad. Imp. Sci. St.-Pétersbourg Divers Savans 9: 296–297. 1859.

药材名：阿穆尔莎草

生活型及简要特征：多年生草本。叶短于秆，平张；穗状花序，具 8～20 朵花；小坚果三棱形，黑褐色。

药用部位及功效：全草入药，疏表解热、调经止痛。

产地和生境：产蔚县、青龙、灵寿、赞皇、东光、井陉、安平、武强、内丘、沙河。生长于草坡、河边沙地、河谷草甸、荒地、林缘开阔地草丛等地。

分布：分布于吉林、辽宁、山西、陕西、云南、四川、安徽、浙江等省。此外在俄罗斯亦有分布。

植物名 **扁穗莎草（莎草科，莎草属）**

学名及出处：*Cyperus compressus* L., Sp. Pl. 1: 46. 1753.

药材名：扁穗莎草

生活型及简要特征：多年生草本。叶短于秆，折合或平张；穗状花序，具 3～10 个小穗，小穗具 8～20 朵花；小坚果三棱形。

药用部位及功效：全草入药，养心、调经行气。

产地和生境：产赞皇、安平、冀州、大名。多生长于空旷的田野里。

分布：分布于贵州、四川、安徽、湖北、江苏、浙江、江西、湖南、福建、广东、海南、台湾。亦分布于日本、印度、喜马拉雅山区、越南。

植物名 **异型莎草（莎草科，莎草属）**

学名及出处：*Cyperus difformis* L., Cent. Pl. II. 2: 6. 1756.

药材名：异型莎草

生活型及简要特征：多年生草本。叶短于秆，平张或折合；小穗密聚，具 8～28 朵花；小坚果三棱形，淡黄色。

药用部位及功效：带根全草入药，行气活血、利尿通淋。

产地和生境：产秦皇岛、乐亭、武强、永年、成安、大名。常生长于稻田中或水边潮湿处。

分布：分布于东北、山西、陕西、甘肃、云南、四川、安徽、湖北、江苏、浙江、湖南、福建、广东、广西、海南。亦分布于俄罗斯、朝鲜、日本、印度、喜马拉雅山区、中美、非洲。

植物名 **褐穗莎草（莎草科，莎草属）**

学名及出处：*Cyperus fuscus* L., Sp. Pl. 1: 46–47. 1753.

药材名：褐穗莎草

生活型及简要特征：一年生草本。叶短于秆或近等长，平张或内折；小穗 5～10，密聚成近头状花序；小坚果三棱形，淡黄色。

药用部位及功效：全草入药，发散风寒、退热止咳。

产地和生境：产曲阳、正定、肥乡、魏县、邯山。多生长于稻田中、沟边或水旁。

分布：分布于黑龙江、辽宁、内蒙古、山西、陕西、甘肃、新疆。此外在俄罗斯、印度、越南、喜马拉雅山西北部、欧洲亦见分布。

植物名 **风车草（莎草科，莎草属）**

学名及出处：*Cyperus involucratus* Rottb., Descr. Pl. Rar. 22. 1772.

药材名：风车草

生活型及简要特征：多年生草本。叶顶生为伞状；花两性；小坚果椭圆形，近于三棱形，褐色。

药用部位及功效：地上部分入药，凉血、止血、祛瘀。

产地和生境：河北有栽培。

分布：中国南北各省均见栽培。原产非洲。

植物名 **碎米莎草（莎草科，莎草属）**

学名及出处：*Cyperus iria* L., Sp. Pl. 1: 45. 1753.

药材名：碎米莎草

生活型及简要特征：一年生草本。叶短于秆，平张或折合；穗状花序，具 5～22 个小穗，小穗具 6～22 花；小坚果三棱形，褐色，具密的微突起细点。

药用部位及功效：叶、根茎入药，行气开郁、祛风止痒、宽胸利痰。

产地和生境：产涿州、顺平、临城、南和、肥乡、魏县、邯山。常见的杂草，生长于田间、山坡、路旁阴湿处。

分布：分布于东北、陕西、甘肃、新疆、云南、贵州、四川、华中、山东、安徽、江苏、浙江、福建、广东、广西、台湾。分布极广，亦分布于俄罗斯、朝鲜、日本、印度、越南、伊朗、澳大利亚、美洲以及非洲北部。

植物名 **具芒碎米莎草（莎草科，莎草属）**

学名及出处：*Cyperus microiria* Steud., Syn. Pl. Glumac. 2: 23. 1855.

药材名：具芒碎米莎草

生活型及简要特征：一年生草本。叶短于秆；穗状花序具多数小穗，小穗具 8～24 朵花；小坚果深褐色，具密的微突起细点。

药用部位及功效：全草入药，利湿通淋、行气活血。

产地和生境：产遵化、迁安、滦南、丰南、曹妃甸、望都、清苑、高阳、博野、平山、新乐、正定、元氏、鹿泉、冀州、枣强、隆尧。生长于河岸边、路旁或草原湿处。

分布：分布于全国各地。朝鲜、日本也有分布。

植物名 **三轮草（莎草科，莎草属）**

学名及出处：*Cyperus orthostachyus* Fisch. & Sav., Enum. Pl. Jap. 2: 218, 539. 1879.

药材名：三轮草

生活型及简要特征：一年生草本。叶少，短于秆，平张；穗状花序具 5～32 个小穗，小穗具 6～46 朵花；小坚果，棕色，具密的小点。

药用部位及功效：全草入药，清热泻火、消炎。

产地和生境：产遵化、滦南、丰南、曹妃甸。多生长于水边。

分布：分布于东北、贵州、四川、山东、湖北。俄罗斯、朝鲜、日本也有分布。

植物名 **香附子（莎草科，莎草属）**

学名及出处：*Cyperus rotundus* L., Sp. Pl. 1: 45. 1753.

药材名：香附子

生活型及简要特征：一年生草本。叶较多，短于秆，平张；穗状花序轮廓为陀螺形，具3～10个小穗，小穗具8～28朵花；小坚果三棱形，具细点。

药用部位及功效：茎叶入药，行气开郁、祛风止痒、宽胸利痰。

产地和生境：产抚宁、遵化、正定、赞皇、井陉、枣强、临城、肥乡、大名、魏县、邯山、峰峰矿区。生长于山坡荒地草丛中或水边潮湿处。

分布：分布于山西、陕西、甘肃、云南、贵州、四川、山东、河南、安徽、江苏、浙江、江西、福建、广东、广西、台湾等省区。亦广布于世界各地。

植物名 **牛毛毡（莎草科，荸荠属）**

学名及出处：*Eleocharis yokoscensis* (Franch. & Sav.) Tang & F. T. Wang, Fl. Reipubl. Popularis Sin. 11: 54. 1961.

药材名：牛毛毡

生活型及简要特征：一年生草本。秆多数，细如毫发，密丛生如牛毛毡；叶鳞片状；小穗只有几朵花；小坚果无棱，呈浑圆状。

药用部位及功效：全草入药，发散风寒、祛痰平喘、活血散瘀。

产地和生境：产北戴河、保定、石家庄。多半生长在水田中、池塘边、或湿黏土中。

分布：几遍布于全国。亦分布于俄罗斯、朝鲜、日本、印度、缅甸和越南。

植物名 **两歧飘拂草（莎草科，飘拂草属）**

学名及出处：*Fimbristylis dichotoma* (L.) Vahl, Enum. Pl. 2: 287. 1805.

药材名：飘拂草

生活型及简要特征：一年生草本。秆丛生；叶线形，短于秆或等长；小穗单生于辐射枝顶端，具多数花；小坚果宽倒卵形，双凸状，无疣状突起。

药用部位及功效：全草入药，清热利尿、解毒。

产地和生境：产安新白洋淀、大名。生长于稻田或空旷草地上。

分布：分布于东北、山西、云南、贵州、四川、山东、江苏、浙江、江西、福建、广东、广西、台湾。印度、中南半岛、澳大利亚、非洲等地也有分布。

植物名 **水葱（莎草科，水葱属）**

学名及出处：*Schoenoplectus tabernaemontani* (C. C. Gmel.) Palla, Bot. Jahrb. Syst. 10(4): 299. 1888.

药材名：水葱

生活型及简要特征：水生草本。秆高大；叶线形；小穗单生或2～3个簇生于辐射枝顶端，具多数花；小坚果双凸状，少有三棱形。
药用部位及功效：茎入药，利水消肿。
产地和生境：产康保、万全、滦南、丰南、博野、冀州。生长在湖边或浅水塘中。
分布：分布于我国东北、内蒙古、山西、陕西、甘肃、新疆、云南、贵州、四川、江苏。也分布于朝鲜、日本、澳大利亚、北美洲、南美洲。

植物名 **三棱水葱（莎草科，水葱属）**
学名及出处：*Schoenoplectus triqueter* (L.) Palla, Verh. K. K. Zool.-Bot. Ges. Wien 38 (Sitzungsber.): 49. 1888.
药材名：藨草
生活型及简要特征：多年生草本。秆散生；叶扁平；每辐射枝顶端有1～8个簇生的小穗，小穗密生许多花；小坚果平凸状，成熟时褐色，具光泽。
药用部位及功效：全草入药，开胃消食、清热利湿。
产地和生境：产崇礼、抚宁、涿州、阜平、安新、景县。生长在水沟、水塘、山溪边或沼泽地。
分布：本种为广布种，我国除广东、海南岛外，各省、各自治区都广泛分布。此外，俄罗斯、朝鲜、日本、中亚、欧洲、美洲也都有分布。

禾本科

Poaceae Barnhart

植物名 **獐毛（禾本科，獐毛属）**
学名及出处：*Aeluropus sinensis* (Debeaux) Tzvelev, Rast. Tsentr. Azii 4: 128. 1968.
药材名：马绊草
生活型及简要特征：多年生草本。圆锥花序，常紧缩成穗状和头状。
药用部位及功效：全草入药，清热利尿。
产地和生境：产北戴河、遵化、枣强。生于盐碱地。
分布：东北、华北、西北、华中、华东。北非、西非、东亚、西亚、中亚、南美东部也有分布。

植物名 **看麦娘（禾本科，看麦娘属）**
学名及出处：*Alopecurus aequalis* Sobol., Fl. Petrop. 16. 1799.
药材名：看麦娘
生活型及简要特征：一年生草本。圆锥花序圆柱状。

药用部位及功效：全草入药，利湿消肿、解毒。

产地和生境：产新乐、正定、深泽、肥乡、魏县、邯山。生于海拔较低的田边及潮湿之地。

分布：我国大部分省区。在欧亚大陆之寒温和温暖地区与北美也有分布。

植物名 莜麦（禾本科，燕麦属）

学名及出处：*Avena chinensis* (Fisch. ex Roem. & Schult.) Metzg., Europ. Cereal. 53. 1824.

药材名：青稞

生活型及简要特征：一年生草本。圆锥花序开展，金字塔形；颖果内外稃分离。

药用部位及功效：种仁入药，补中益气。

产地和生境：产康保、尚义、万全、定兴。栽培，也有野生于山坡路旁、高山草甸及潮湿处。

分布：我国各省区。欧洲有栽培。

植物名 野燕麦（禾本科，燕麦属）

学名及出处：*Avena fatua* L., Sp. Pl. 1: 80. 1753.

药材名：燕麦草

生活型及简要特征：一年生。圆锥花序金字塔形；颖果被淡棕色柔毛。

药用部位及功效：全草入药，收敛止血、固表止汗。

产地和生境：产赤城。生于荒芜田野或为田间杂草。

分布：我国各省区。也分布于欧、亚、非三洲的温寒带地区。

植物名 菵草（禾本科，菵草属）

学名及出处：*Beckmannia syzigachne* (Steud.) Fernald, Rhodora 30: 27. 1928.

药材名：菵米

生活型及简要特征：一年生。叶鞘无毛；颖果黄褐色。

药用部位及功效：种子入药，益气健胃。

产地和生境：产平泉、兴隆、沽源、崇礼、万全、青龙、昌黎、乐亭、涿州、定兴、武强、魏县、邯山。生于湿地，水沟边及浅的流水中，极常见。

分布：我国各省区。世界广布。

植物名 雀麦（禾本科，雀麦属）

学名及出处：*Bromus japonicus* Houtt., Nat. Hist. 2 (B): 315.1782.

药材名：雀麦

生活型及简要特征：一年生草本。圆锥花序，下垂。

药用部位及功效：全草入药，止汗、滑肠。

产地和生境：产康保、遵化、曹妃甸、涿州、定兴、容城、顺平、望都、安新、清苑、高阳、博野、深泽、鹿泉、冀州、隆尧、魏县。生于山坡林缘、荒野路旁、河漫滩湿地。

分布：辽宁、内蒙古、山西、陕西、甘肃、新疆、云南、四川、西藏、山东、河南、安徽、湖北、江苏、江西、湖南、台湾。世界温寒带地区分布。

植物名 **薏苡（禾本科，薏苡属）**

学名及出处：*Coix lacryma-jobi* L., Sp. Pl. 2: 972. 1753.

药材名：薏苡仁

生活型及简要特征：一年或多年生草本。总状花序腋生成束。

药用部位及功效：干燥成熟种仁入药，健脾渗湿、除痹止泻、清热排脓。

产地和生境：产万全、新乐、巨鹿。多生于湿润的屋旁、池塘、河沟、山谷、溪涧或易受涝的农田等地。

分布：产于我国辽宁以南、西藏以西的湿润及半湿润区。分布于亚洲东南部与太平洋岛屿，热带及亚热带地区广泛栽培。

植物名 **橘草（禾本科，香茅属）**

学名及出处：*Cymbopogon goeringii* (Steud.) A. Camus, Rev. Bot. Appl. Agric. Colon. 1: 286. 1921.

药材名：野香茅

生活型及简要特征：多年生草本。伪圆锥花序有柄小穗柄上具白色柔毛。

药用部位及功效：全草入药，平喘止咳、消炎、止痛、止泻、止血、祛风湿、消肿、助消化、通经络。

产地和生境：产易县。生于丘陵山坡草地、荒野和平原路旁。

分布：山东、河南、安徽、湖北、江苏、浙江、江西、湖南、福建、台湾。世界广布。

植物名 **狗牙根（禾本科，狗牙根属）**

学名及出处：*Cynodon dactylon* (L.) Pers., Syn. Pl. 1: 85. 1805.

药材名：铁线草

生活型及简要特征：多年生草本。小穗灰绿色或带紫色。

药用部位及功效：全草入药，清热利尿、散瘀止血、舒筋活络。

产地和生境：产北戴河、遵化、滦南、丰南、曹妃甸、高阳、新乐、正定、宁晋、任泽、魏县、邯山。多生长于村庄附近、道旁河岸、荒地山坡。

分布：广布于我国黄河以南各省，北方多见栽培。

植物名 **马唐（禾本科，马唐属）**

学名及出处：*Digitaria sanguinalis* (L.) Scop., Fl. Carniol. (ed. 2) 1: 52. 1771.

药材名：马唐

生活型及简要特征：一年生草本。总状花序 3～10 枚。

药用部位及功效：全草入药，明目润肺。

产地和生境： 产康保、怀来、青龙、卢龙、昌黎、遵化、滦南、曹妃甸、顺平、唐县、曲阳、望都、安新、清苑、高阳、博野、新乐、无极、深泽、元氏、晋州、栾城、武强、枣强、宁晋、任泽、肥乡、大名、魏县、邯山、峰峰矿区。生于路旁、田野，是危害严重的农田杂草之一。

分布： 山西、陕西、甘肃、新疆、四川、西藏、河南及安徽等地。广布于两半球的温带和亚热带山地。

植物名 **稗（禾本科，稗属）**

学名及出处： *Echinochloa crus-galli* (L.) P. Beauv., Ess. Agrost 1: 53. 1812.

药材名： 稗米

生活型及简要特征： 一年生草本。圆锥花序长 9～18 cm。

药用部位及功效： 种子入药，益气宜脾。

产地和生境： 产康保、尚义、赤城、怀安、万全、怀来、卢龙、昌黎、遵化、迁安、滦南、丰南、乐亭、涿州、容城、顺平、唐县、望都、满城、安新、博野、新乐、无极、深泽、元氏、晋州、鹿泉、武强、冀州、枣强、宁晋、南宫、邢台县、肥乡、魏县、邯山。多生于沼泽地、沟边及水稻田中。

分布： 我国各省区。东亚、东澳、南美东部有分布。

植物名 **牛筋草（禾本科，䅟属）**

学名及出处： *Eleusine indica* (L.) Gaertn., Fruct. Sem. Pl. 1: 8. 1788.

药材名： 牛筋草

生活型及简要特征： 一年生草本。须根细而密。

药用部位及功效： 全草入药，清热解毒、祛风利湿、散瘀止血。

产地和生境： 产康保、怀来、卢龙、遵化、滦南、曹妃甸、涿州、定兴、容城、顺平、望都、满城、安新、清苑、高阳、博野、新乐、正定、无极、深泽、元氏、晋州、鹿泉、武强、冀州、枣强、宁晋、隆尧、南宫、任泽、南和、肥乡、魏县、邯山、峰峰矿区。多生于荒芜之地及道路旁，常见杂草之一。

分布： 我国各省区。广布全世界温带和热带地区。

植物名 **鹅观草（禾本科，鹅观草属）**

学名及出处： *Elymus kamoji* (Ohwi) S. L. Chen, Bull. Nanjing Bot. Gard. 1987: 9. 1987.

药材名： 鹅观草

生活型及简要特征： 多年生草本。秆直立或基部倾斜；穗状花序弯曲或下垂。

药用部位及功效： 全草入药，清热凉血、镇痛。

产地和生境： 产兴隆、蔚县、康保、崇礼、万全、抚宁、容城、唐县、曲阳、清苑、博野、内丘。生山坡，路边和湿润草地。

分布： 我国除青海、西藏的各省区。日本、朝鲜也有分布。

植物名 **大画眉草（禾本科，画眉草属）**

学名及出处： *Eragrostis cilianensis* (All.) Vignolo ex Janch., Mitt. Naturwiss. Vereins Univ. Wien 5: 110, 1907.

药材名： 大画眉草

生活型及简要特征： 一年生草本。小穗长圆形或尖塔形。

药用部位及功效： 全草入药，利尿通淋、疏风清热。

产地和生境： 产蔚县、康保、北戴河、遵化、滦南、涞源、顺平、唐县、曲阳、博野、正定。生于路边、荒地、田埂撂荒地上。常见田间杂草之一。

分布： 我国各省区。分布遍及世界热带和温带地区。

植物名 **知风草（禾本科，画眉草属）**

学名及出处： *Eragrostis ferruginea* (Thunb.) P. Beauv., Ess. Agrostogr. 71, 162, 174. 1812.

药材名： 知风草

生活型及简要特征： 多年生草本。圆锥花序，内稃脊上具有小纤毛。

药用部位及功效： 根入药，舒筋散瘀。

产地和生境： 产昌黎、遵化、涞源、宁晋、南宫。生于路边、山坡草地。

分布： 我国各省区。朝鲜、日本、东南亚等处。

植物名 **乱草（禾本科，画眉草属）**

学名及出处： *Eragrostis japonica* (Thunb.) Trin., Mém. Acad. Sci. St. Pétevsb., Ser. 6, Sci. Math. 1(4): 405. 1830.

药材名： 香榧草

生活型及简要特征： 一年生草本。圆锥花序狭长；颖果红棕色。

药用部位及功效： 全草入药，清热凉血。

产地和生境： 产安新。生于田野路旁、河边及潮湿地。

分布： 产云南、安徽、湖北、浙江、江西、广东、台湾等省。

植物名 **小画眉草（禾本科，画眉草属）**

学名及出处： *Eragrostis minor* Host, Icon. Descr. Gram. Austriac. 4: 15. 1809.

药材名： 小画眉草

生活型及简要特征： 一年生草本。圆锥花序开展。

药用部位及功效： 全草入药，疏风清热、凉血、利尿。

产地和生境： 产康保、阳原、卢龙、乐亭、涿州、顺平、唐县、望都、安新、博野、新乐、正定、无极、深泽、元氏、鹿泉、武强、冀州、枣强、邢台县、沙河、肥乡、大名、魏县、邯山。生于荒芜田野，草地和路旁。

分布：我国各省区。世界温暖地带广布。

植物名 **画眉草（禾本科，画眉草属）**

学名及出处：*Eragrostis pilosa* (L.) P. Beauv., Ess. Agrostogr. 71, 162, 175. 1812.

药材名：画眉草

生活型及简要特征：一年生草本。圆锥花序小穗成熟后暗绿色或带紫黑色。

药用部位及功效：全草入药，利尿通淋、清热活血。

产地和生境：产兴隆、蔚县、怀安、万全、卢龙、遵化、滦南、丰南、易县、容城、顺平、唐县、曲阳、清苑、高阳、武强、冀州、隆尧。生于田间、田埂、荒芜田野草地上。为常见的杂草之一。

分布：我国各省区。分布全世界温暖地区。

植物名 **大麦（禾本科，大麦属）**

学名及出处：*Hordeum vulgare* L., Sp. Pl. 1: 84–85. 1753.

药材名：麦芽

生活型及简要特征：多年生草本。穗状花序；颖果先端有短柔毛。

药用部位及功效：发芽颖果入药，消食化积、回乳。

产地和生境：产康保、崇礼、万全、遵化、博野、冀州、隆尧、肥乡。各地栽培。

分布：我国各省区栽培。模式标本采自欧洲。

植物名 **大白茅（禾本科，白茅属）**

学名及出处：*Imperata cylindrica* var. *major* (Nees) C. E. Hubb., Grass. Mauritius & Rodriguez. 96. 1940.

药材名：白茅根

生活型及简要特征：多年生草本。圆锥花序柱状。

药用部位及功效：根茎入药，凉血止血、清热生津、利尿通淋。

产地和生境：产遵化、滦南、丰南、曹妃甸、乐亭、涞源、涿州、定兴、容城、顺平、唐县、曲阳、安新、清苑、高阳、蠡县、博野、平山、灵寿、新乐、正定、深泽、晋州、井陉、冀州、隆尧、南和、肥乡、魏县、邯山、峰峰矿区。生于低山带平原河岸草地、沙质草甸、荒漠与海滨。

分布：辽宁、山西、陕西、新疆、山东等北方地区。非洲北部、土耳其、伊拉克、伊朗、中亚、高加索及地中海区域有分布。

植物名 **李氏禾（禾本科，假稻属）**

学名及出处：*Leersia hexandra* Sw., Prodr. 21. 1788.

药材名：游草

生活型及简要特征：多年生。圆锥花序开展；外稃具刺状纤毛。

药用部位及功效：全草入药，解表散寒、通经络、利小便。
产地和生境：产保定地区。生于河沟田岸水边湿地
分布：我国福建、广东、广西、海南、台湾。世界广布。

植物名 **假稻（禾本科，假稻属）**
学名及出处：*Leersia japonica* (Makino ex Honda) Honda, J. Fac. Sci. Univ. Tokyo, Sect. 3, Bot. 3(1): 7. 1930.
药材名：游草
生活型及简要特征：多年生草本。圆锥花序有角棱。
药用部位及功效：全草入药，解表散寒、通经络、利小便。
产地和生境：产涿州、定兴、安新、正定。生于池塘、水田、溪沟湖旁水湿地。
分布：四川、贵州、河南、湖北、江苏、浙江、湖南、广西。日本有分布。

植物名 **千金子（禾本科，千金子属）**
学名及出处：*Leptochloa chinensis* (L.) Nees, Syll. Pl. Nov. 1: 4. 1824.
药材名：油草
生活型及简要特征：一年生。圆锥花序分枝及主轴微粗糙。
药用部位及功效：全草入药，行水破血、攻积聚、散痰饮。
产地和生境：产安新、肥乡、魏县、邯山。生于田埂、路旁等潮湿之地。
分布：陕西、云南、四川、山东、江苏、安徽、湖北、浙江、江西、湖南、福建、广东、广西、台湾等省区。亚洲东南部有分布。

植物名 **臭草（禾本科，臭草属）**
学名及出处：*Melica scabrosa* Trin., Enum. Pl. China Bor. 72. 1833.
药材名：猫毛草
生活型及简要特征：多年生草本。圆锥花序狭窄；颖果褐色有光泽。
药用部位及功效：全草入药，利水通淋、清热。
产地和生境：产蔚县、万全、卢龙、遵化、曹妃甸、涿州、易县、定兴、容城、顺平、唐县、曲阳、望都、安新、清苑、博野、新乐、正定、深泽、元氏、井陉、鹿泉、肥乡、魏县、邯山。生于山坡草地、荒芜田野、渠边路旁。
分布：我国陕西、甘肃、四川、山东、湖北、江苏等省区。世界广布。

植物名 **荻（禾本科，芒属）**
学名及出处：*Miscanthus sacchariflorus* (Maxim.) Benth. & Hook. f. ex Franch., Nouv. Arch. Mus. Hist. Nat., sér. 2 7: 137. 1884.
药材名：巴茅根
生活型及简要特征：多年生。圆锥花序疏展成伞房状；颖果长圆形。

药用部位及功效：全草入药，清热活血。
产地和生境：产隆化、平泉、卢龙、北戴河、滦南、定兴、顺平、唐县。生于山坡草地和平原岗地、河岸湿地。
分布：华北、华中、西北。东亚、南美东部有分布。

植物名 **芒（禾本科，芒属）**
学名及出处：*Miscanthus sinensis* Anderss., Öfvers. Kongl. Vetensk.-Akad. Förh. 12: 166. 1855.
药材名：芒根
生活型及简要特征：多年生苇状草本。圆锥花序直立；颖果长圆形。
药用部位及功效：根入药，止咳、利尿、活血、止渴。
产地和生境：产秦皇岛、石家庄、邢台县等地。生于平原荒芜田野、沟边、渠埂上。
分布：产于云南、贵州、四川、江苏、浙江、江西、湖南、福建、广东、广西、海南、台湾等省区。也分布于朝鲜、日本。

植物名 **芨芨草（禾本科，芨芨草属）**
学名及出处：*Neotrinia splendens* (Trin.) M. Nobis, P. D. Gudkova & A. Nowak, Turczaninowia 22(1): 40. 2019.
药材名：芨芨草
生活型及简要特征：多年生密丛生草本。圆锥花序金字塔形开展。
药用部位及功效：茎基部及花、根状茎入药，利尿清热。
产地和生境：产蔚县、张北、尚义、宣化、阳原。常成丛生长，生于微碱性的草滩及砂土山坡上。
分布：分布于我国东北、华北、西北、西南、华中、华东。东非、南非、东亚、东南亚、北欧、中欧、北美、南美东部也有分布。

植物名 **稻（禾本科，稻属）**
学名及出处：*Oryza sativa* L., Sp. Pl. 1: 333. 1753.
药材名：稻芽、粳米、陈仓米
生活型及简要特征：一年生水生草本。圆锥花序大型疏展；小穗两侧甚压扁。
药用部位及功效：成熟果实经发芽、干燥后入药（稻芽），和中消食、健脾开胃。种子入药（粳米），温中和胃、益气止泻。入仓年久而色变的米入药（陈仓米），理脾助气、调胃止泻。
产地和生境：产承德、唐山、涿州、顺平、邯山等地。栽培作物。
分布：全国各地有栽培。世界广布。

植物名 **稷（禾本科，黍属）**
学名及出处：*Panicum miliaceum* L., Sp. Pl. 1: 58. 1753.

药材名：粢

生活型及简要特征：一年生栽培草本。圆锥花序开展或较紧密；小穗卵状椭圆形。

药用部位及功效：种子入药，益气补中。

产地和生境：产丰宁、康保、尚义、崇礼、卢龙、涞源、满城、高阳、晋州、枣强、南和、肥乡、魏县、邯山。栽培作物。

分布：我国东北、华北、西北、西南、华东以及华南等地山区都有栽培，新疆偶见有野生状的。亚洲、欧洲、美洲、非洲等温暖地区都有栽培。

植物名 **狼尾草（禾本科，狼尾草属）**

学名及出处：*Pennisetum alopecuroides* (L.) Spreng., Syst. 1: 303. 1825.

药材名：狼尾草

生活型及简要特征：多年生。圆锥花序直立；小穗通常单生。

药用部位及功效：全草入药，清肺止咳、凉血明目。

产地和生境：产双桥、康保、卢龙、北戴河、昌黎、迁西、遵化、滦南、丰南、曹妃甸、涿州、顺平、唐县、曲阳、望都、满城、正定、无极、晋州、武强、冀州、临城、内丘、沙河、肥乡、魏县、邯山。生于荒地、道旁及小山坡上。

分布：我国各省区。日本、印度、朝鲜、缅甸、巴基斯坦、越南、菲律宾、马来西亚、大洋洲及非洲也有分布。

植物名 **白草（禾本科，狼尾草属）**

学名及出处：*Pennisetum flaccidum* Griseb., Geogr. Verbr. Pfl. Westind. 1868: 86. 1868.

药材名：白草根

生活型及简要特征：多年生。圆锥花序紧密；小穗通常单生。

药用部位及功效：根状茎入药，清热凉血、利尿。

产地和生境：产蔚县、张北、阳原、望都。生于低山山坡、道旁干燥处，极常见。

分布：我国各省区。东亚，东澳，南美有分布。

植物名 **虉草（禾本科，虉草属）**

学名及出处：*Phalaris arundinacea* L., Sp. Pl. 1: 55. 1753.

药材名：虉草

生活型及简要特征：多年生。圆锥花序紧密狭窄；颖上部有极狭的翼。

药用部位及功效：全草入药，调经、止带。

产地和生境：产兴隆、涿鹿、顺平。生于林下、潮湿草地或水湿处。

分布：产东北、内蒙古、山西、陕西、甘肃、新疆、四川、山东、江苏、浙江、江西、湖南。模式标本采自欧洲。

植物名 **芦苇（禾本科，芦苇属）**

学名及出处： *Phragmites australis* (Cav.) Trin. ex Steud., Nomencl. Bot. (ed. 2), 1: 143. 1840.

药材名： 芦叶、芦笋、芦根

生活型及简要特征： 多年生。圆锥花序大型，小穗稠密下垂。

药用部位及功效： 叶入药（芦叶），清热辟秽、止血、解毒。嫩苗入药（芦笋），清热生津、利水通淋。根茎入药（芦根），清热生津、除烦、止呕、利尿。

产地和生境： 产宽城、康保、崇礼、怀安、万全、怀来、卢龙、遵化、滦南、曹妃甸、涿州、定兴、顺平、唐县、曲阳、望都、满城、安新、清苑、高阳、博野、正定、无极、深泽、晋州、鹿泉、栾城、武强、冀州、宁晋、隆尧、南宫、任泽、南和、沙河、肥乡、魏县、邯山。生于江河湖泽、池塘沟渠沿岸和低湿地。

分布： 我国各省区。全球广泛分布。

植物名 **草地早熟禾（禾本科，早熟禾属）**

学名及出处： *Poa pratensis* L., Sp. Pl. 1: 67–68. 1753.

药材名： 草地早熟禾

生活型及简要特征： 多年生。匍匐根状茎发达；秆疏丛生；圆锥花序金字塔形或卵圆形。

药用部位及功效： 根茎入药，降血糖。

产地和生境： 产兴隆、蔚县。生于湿润草甸、沙地、草坡，林缘及林下。

分布： 我国各省区。广泛分布于欧亚大陆温带和北美，世界各地普遍引种栽植。

植物名 **硬质早熟禾（禾本科，早熟禾属）**

学名及出处： *Poa sphondylodes* Trin., Enum. Pl. China Bor. 71. 1833.

药材名： 硬质早熟禾

生活型及简要特征： 多年生草本。圆锥花序紧缩而稠密。

药用部位及功效： 地上全草入药，清热解毒、利尿通淋。

产地和生境： 产兴隆、蔚县、阳原、昌黎、曲阳、鹿泉。生于山坡，路旁，旷地，草原干燥沙地。

分布： 东北、内蒙古、山西、陕西、四川、山东、河南、安徽、江苏、浙江、台湾。世界广布。

植物名 **粱（禾本科，狗尾草属）**

学名及出处： *Setaria italica* (L.) P. Beauv., Ess. Agrost. 51, 170, 178. 1812.

药材名： 粟米泔汁、谷芽

生活型及简要特征： 一年生。须根粗大；圆锥花序呈圆柱状下垂。

药用部位及功效： 淘洗粟米的泔水入药（粟米泔汁），清热止泻、止渴、杀虫敛疮。成熟果实发芽干燥后入药（谷芽），消食和中、健脾开胃；炒谷芽、消食；焦谷芽、善化积滞。

产地和生境： 产隆化、万全、卢龙、迁西、遵化、迁安、滦南、曹妃甸、顺平、曲阳、望都、清苑、晋州、栾城、冀州、魏县、邯山、峰峰矿区。广为栽种，农村重要杂粮之一。
分布： 我国南北各地均有栽培。广泛栽培于欧亚大陆的温带和热带。

植物名 金色狗尾草（禾本科，狗尾草属）
学名及出处： *Setaria pumila* (Poiret) Roemer & Schultes, Syst. Veg. (ed. 15 bis) 2: 891. 1817.
药材名： 金色狗尾草
生活型及简要特征： 一年生。圆锥花序紧密呈圆柱状或狭圆锥状，刚毛金黄色。
药用部位及功效： 全草入药，清热、明目、止痢。
产地和生境： 产隆化、康保、张北、赤城、崇礼、怀安、阳原、卢龙、昌黎、遵化、滦南、曹妃甸、涞源、顺平、唐县、望都、安新、博野、无极、深泽、元氏、鹿泉、武强、冀州、枣强、隆尧、肥乡、魏县、邯山。生于林边、山坡、路边和荒芜的园地及荒野。
分布： 我国各省区。欧亚大陆的温暖地带，美洲、澳大利亚等国家也有引入。

植物名 狗尾草（禾本科，狗尾草属）
学名及出处： *Setaria viridis* (L.) P. Beauv., Ess. Agrost. 51, 171, 178. pl. 13. f. 3. 1812.
药材名： 狗尾草、狗尾草子
生活型及简要特征： 一年生草本。圆锥花序紧密呈圆柱状，刚毛绿色或紫色。
药用部位及功效： 全草入药（狗尾草），清热利湿、祛风明目、解毒、杀虫。种子入药（狗尾草子），解毒、止泻、截疟。
产地和生境： 产隆化、承德县、滦平、宽城、双桥、康保、尚义、崇礼、怀安、万全、怀来、阳原、青龙、抚宁、卢龙、遵化、滦南、丰南、乐亭、曹妃甸、涞源、涿州、易县、定兴、容城、顺平、唐县、曲阳、望都、满城、清苑、高阳、博野、新乐、正定、无极、深泽、元氏、赞皇、晋州、井陉、鹿泉、栾城、冀州、枣强、宁晋、隆尧、巨鹿、南宫、内丘、邢台县、任泽、沙河、武安、肥乡、大名、魏县、邯山、峰峰矿区。生荒野，道旁，坡地。
分布： 我国各省区。广布于全世界的温带和亚热带地区。

植物名 黄背草（禾本科，菅属）
学名及出处： *Themeda triandra* Forssk., Fl. Aegypt.-Arab. 178. 1775.
药材名： 黄背草、黄背草根
生活型及简要特征： 多年生草本。大型伪圆锥花序多回复出。
药用部位及功效： 全草入药（黄背草），活血通经、祛风除湿。根入药（黄背草根），祛风湿。
产地和生境： 产怀来、卢龙、昌黎、顺平、曲阳、鹿泉、临城、峰峰矿区。生于山坡、路旁等荒脊土地上。

分布：我国各省区。日本、朝鲜等地。

植物名 **小麦（禾本科，小麦属）**

学名及出处：*Triticum aestivum* L., Sp. Pl. 1: 85. 1753.

药材名：小麦、浮小麦

生活型及简要特征：一至二年生草本。秆直立，丛生；穗状花序直立，小穗通常单生于穗轴各节。

药用部位及功效：种子或其面粉入药（小麦），养心、益肾、除热、止渴。干燥轻浮瘪瘦的颖果入药（浮小麦），除虚热、止汗。

产地和生境：产涿州、定兴、容城、顺平、望都、安新、清苑、高阳、博野、新乐、正定、深泽、井陉、鹿泉、栾城、冀州、隆尧、南和、魏县、邯山。栽培，北方重要粮食作物。

分布：我国各省区栽培。世界广泛栽培。

植物名 **玉蜀黍（禾本科，玉蜀黍属）**

学名及出处：*Zea mays* L., Sp. Pl. 2: 971–972. 1753.

药材名：玉蜀黍、玉蜀黍叶、玉蜀黍根、玉蜀黍苞片、玉米轴、玉米花、玉米须、玉米油

生活型及简要特征：一年生高大草本。秆直立；顶生雄性圆锥花序大型；雌花序被多数宽大的鞘状苞片所包藏。

药用部位及功效：根入药（玉蜀黍根），利尿通淋、祛瘀止血。叶入药（玉蜀黍），利尿通淋。鞘状苞片入药（玉蜀黍苞片），清热利尿、和胃。穗轴入药（玉米轴），健脾利湿。雄花穗入药（玉米花），疏肝利胆。花柱和柱头入药（玉米须），利尿消肿、清肝利胆。种子入药（玉蜀黍），调中开胃、利尿消肿。种子经榨取而得的脂肪油入药（玉米油），降压、降血脂。

产地和生境：产崇礼、万全、迁安、丰南、涞源、涿州、定兴、顺平、安新、清苑、深泽、元氏、晋州、栾城、临城、隆尧、肥乡、大名、魏县、邯山。农田栽培作物。

分布：我国各省区。全世界热带和温带地区广泛种植。

植物名 **菰（禾本科，菰属）**

学名及出处：*Zizania latifolia* (Griseb.) Hance ex F. Muell., Proc. Acclim. Soc. Victoria 1: 419. 1872.

药材名：茭白、菰根、菰米

生活型及简要特征：多年生。具匍匐根状茎；圆锥花序分枝多数簇生；颖果圆柱形。

药用部位及功效：菰的根茎及根入药（菰根），除烦止渴、清热解毒。花茎经茭白黑粉的刺激而形成的纺锤形肥大的菌瘿入药（茭白），清热除烦、止渴、通乳、利大小便。果实入药（菰米），清热除烦、生津止渴。

产地和生境： 产涿州、定兴、安新。水生或沼生，常见栽培。
分布： 我国东北、内蒙古、陕西、甘肃、四川、湖北、江西、湖南、福建、广东、台湾。日本、俄罗斯及欧洲有分布。

金鱼藻科

Ceratophyllaceae Gray

植物名 **金鱼藻（金鱼藻科，金鱼藻属）**
学名及出处： *Ceratophyllum demersum* L., Sp. Pl. 2: 992. 1753.
药材名： 金鱼藻
生活型及简要特征： 多年生沉水草本。叶 1～2 次二叉状分歧，4～12 轮生；果实有 3 刺，顶生 1 刺，基部以上有 2 刺。
药用部位及功效： 全草入药，凉血止血、清热利水。
产地和生境： 产各地。生池塘、水沟中。
分布： 遍布全世界各地。

罂粟科

Papaveraceae Juss.

植物名 **白屈菜（罂粟科，白屈菜属）**
学名及出处： *Chelidonium majus* L., Sp. Pl. 1: 505. 1753.
药材名： 白屈菜
生活型及简要特征： 多年生草本。植株具黄色液汁；叶羽状全裂，背面有白粉；伞形花序，花瓣 4；种子表面具鸡冠状凸起。
药用部位及功效： 全草入药，清热解毒、止痛、止咳。
产地和生境： 产全省各地。生山野、沟边湿润处。
分布： 我国大部分省区有分布。朝鲜、日本、俄罗斯及欧洲也有分布。

植物名 **地丁草（罂粟科，紫堇属）**
学名及出处： *Corydalis bungeana* Turcz., Bull. Soc. Imp. Nat. Mosc. 13: 62. 1840.
药材名： 苦地丁
生活型及简要特征： 多年生草本。花淡紫色，苞片叶状，羽状深裂；蒴果长圆形。
药用部位及功效： 全草入药，清热解毒、活血消肿。
产地和生境： 产承德县、蔚县、遵化、涞源、顺平、新乐、正定、深泽、赞皇、井陉、肥乡、魏县、邯山、峰峰矿区。生荒地、山坡、平原。

分布： 我国东北、华北、西北、山东、河南、江苏、湖南有分布。朝鲜、蒙古国、俄罗斯也有分布。

植物名 **蛇果黄堇（罂粟科，紫堇属）**

学名及出处： *Corydalis ophiocarpa* Hook. f. et Thomson, Fl. Ind. 1: 259. 1855.

药材名： 蛇果黄堇

生活型及简要特征： 草本。叶柄在茎上下延成翅；花淡黄色或黄绿色；蒴果蛇状弯曲；种子具小凹点。

药用部位及功效： 全草入药，活血止痛、祛风止痒。

产地和生境： 产涞水、灵寿。生山坡路旁或沟边。

分布： 我国西北、西南、华东、华中、台湾有分布。日本、印度、不丹也有分布。

植物名 **黄堇（罂粟科，紫堇属）**

学名及出处： *Corydalis pallida* (Thunb.) Pers., Syn. Pl. 2: 270. 1807.

药材名： 深山黄堇

生活型及简要特征： 二年生草本。全株灰绿色；花序疏松，花黄色，苞片披针形至狭卵形；蒴果念珠状；种子具乳头状突起。

药用部位及功效： 根入药，清热利湿、解毒。

产地和生境： 产承德县、滦平、兴隆、蔚县、山海关、遵化。生林地下、沟边湿地。

分布： 我国东北、华北、陕西、华东、福建、台湾有分布。朝鲜、日本及俄罗斯远东地区有分布。

植物名 **小花黄堇（罂粟科，紫堇属）**

学名及出处： *Corydalis racemosa* (Thunb.) Pers., Syn. Pl. 2: 270. 1807.

药材名： 小花黄堇

生活型及简要特征： 一年生草本。叶三回羽状裂；花黄色；蒴果线形；种子具小凹点。

药用部位及功效： 全草入药，清热利尿、止痢、止血。

产地和生境： 产赤城、沙河、武安。生田边、山地沟边湿地。

分布： 我国陕西、甘肃、西南、华东、华南地区。

植物名 **齿瓣延胡索（罂粟科，紫堇属）**

学名及出处： *Corydalis turtschaninovii* Bess., Flora 17 (Beibl. 1): 6. 1834.

药材名： 齿瓣延胡索

生活型及简要特征： 多年生草本。茎基部之上有一鳞片状叶；叶 2～3，二回三出全裂；花蓝紫色。

药用部位及功效：块茎入药，活血散瘀、行气止痛。

产地和生境：产滦平、兴隆。生林下或林缘灌丛间。

分布：我国东北、内蒙古有分布。朝鲜、日本及俄罗斯远东地区也有分布。

植物名 **秃疮花（罂粟科，秃疮花属）**

学名及出处：*Dicranostigma leptopodum* (Maxim.) Fedde, Bot. Jahrb. Syst. 36(Heft 5, Beibl. 82): 45. 1905.

药材名：秃疮花

生活型及简要特征：二年生草本。植株具黄色汁液；茎疏生白色长柔毛；叶羽状深裂；蒴果长圆柱形；种子表面具网纹。

药用部位及功效：全草入药，清热解毒、清热消肿、杀虫。

产地和生境：产万全、阳原、定兴、顺平、望都、博野、深泽、赞皇、井陉、鹿泉、栾城、冀州、枣强、临城、内丘、涉县、峰峰矿区、磁县。生路边草地、水渠边等。

分布：我国山西、西北、西南有分布。

植物名 **角茴香（罂粟科，角茴香属）**

学名及出处：*Hypecoum erectum* L., Sp. Pl. 1: 124. 1753.

药材名：角茴香

生活型及简要特征：一年生小草本。叶二至三回羽状全裂，叶裂片线形；花黄色；蒴果2瓣裂；种子具明显的十字形突起。

药用部位及功效：根或全草入药，清热解毒、镇咳止痛。

产地和生境：产康保、沽源、万全、阳原、定兴、唐县、阜平、曲阳、望都、清苑、博野、灵寿、行唐、新乐、正定、深泽、井陉、隆尧、南和、肥乡、大名、魏县、邯山。生山坡草地或河边沙地。

分布：我国东北、华北、西北有分布。蒙古国及俄罗斯西伯利亚也有分布。

植物名 **细果角茴香（罂粟科，角茴香属）**

学名及出处：*Hypecoum leptocarpum* Hook. f. et Thomson, Fl. Ind. 1: 276. 1855.

药材名：细果角茴香

生活型及简要特征：一年生草本。植株具白粉；叶一至二回羽状全裂，裂片披针形；花淡紫色至白色；瘦果成节荚状，横裂。

药用部位及功效：全草入药，清热解毒、凉血。

产地和生境：产沽源、张北、崇礼、蔚县。生山坡草地或路旁。

分布：我国华北、西北、西南有分布。蒙古国和印度也有分布。

植物名 **荷包牡丹（罂粟科，荷包牡丹属）**

学名及出处：*Lamprocapnos spectabilis* (L.) Fukuhara, Pl. Syst. Evol. 206: 415. 1997.

药材名：荷包牡丹根

生活型及简要特征：多年生草本。叶为二回三出羽状复叶；总状花序弯垂，花瓣 4，外侧 2 片基部膨大成囊状。

药用部位及功效：根茎入药，祛风、活血、镇痛。

产地和生境：河北各地常见栽培。

分布：原产我国。日本、朝鲜、俄罗斯也有分布。

植物名 **博落回（罂粟科，博落回属）**

学名及出处：*Macleaya cordata* (Willd.) R. Br., Narr. Travels Africa app.: 218. 1826.

药材名：博落回

生活型及简要特征：多年生草本。植株具白粉，含黄色汁液；圆锥花序，花萼 2，无花瓣，心皮 2；蒴果长角状。

药用部位及功效：全草入药，散瘀、祛风、解毒、止痛、杀虫。

产地和生境：河北偶有栽培。

分布：我国长江以南、南岭以北省区有分布。日本也有分布。

植物名 **野罂粟（罂粟科，高山野罂粟属）**

学名及出处：*Oreomecon nudicaulis* (L.) Banfi, Bartolucci, J.-M.Tison & Galasso, Atti Soc. Ital. Sci. Nat. Mus. Civico Storia Nat. Milano 9(1): 71. 2022.

药材名：野罂粟

生活型及简要特征：多年生草本。植株具乳汁，被粗毛；叶基生，具长柄；花单独顶生，黄色；蒴果狭倒卵形。

药用部位及功效：果实、果壳或带花全草入药，健肺止咳、涩肠止泻、镇痛。

产地和生境：产围场、丰宁、兴隆、康保、沽源、张北、赤城、崇礼、万全、涿鹿、蔚县、涞源、灵寿、武安。生高山草地。

分布：我国黑龙江、华北、西北有分布。中亚及北美也有分布。

植物名 **虞美人（罂粟科，罂粟属）**

学名及出处：*Papaver rhoeas* L., Sp. Pl. 1: 507. 1753.

药材名：丽春花

生活型及简要特征：一年生草本。植株具乳汁，被开展粗毛；花单生，蕾时下垂，花序梗具柔软伸展毛，花各色，花瓣有时具暗斑。

药用部位及功效：花、全草入药，镇咳、镇痛、止泻。

产地和生境：河北常见栽培。

分布：我国各地常见栽培。原产欧洲。

防己科

Menispermaceae Juss.

植物名 蝙蝠葛（防己科，蝙蝠葛属）

学名及出处：*Menispermum dauricum* DC., Syst. Nat. 1: 540. 1818.

药材名：北豆根

生活型及简要特征：落叶藤本。叶纸质或近膜质，盾状着生于叶柄上。

药用部位及功效：根状茎入药，清热解毒、祛风止痛。

产地和生境：产河北各地山区。生路边灌丛或疏林中。

分布：我国东北、华北、西北及华东。朝鲜及俄罗斯西伯利亚南部也有分布。

小檗科

Berberidaceae Juss.

植物名 黄芦木（小檗科，小檗属）

学名及出处：*Berberis amurensis* Rupr., Bull. Cl. Phys.-Math. Acad. Imp. Sci. St.-Pétersb. 15: 260. 1857.

药材名：小檗

生活型及简要特征：落叶灌木。叶缘具刺状细锯齿；总状花序开展。

药用部位及功效：根、茎枝入药，清热燥湿、泻火解毒。

产地和生境：产围场、承德县、涿鹿、蔚县、青龙、阜平、平山、赞皇、武安。生山地灌丛、沟谷、林缘及疏林中。

分布：我国东北、华北、陕西、甘肃、山东、河南。朝鲜、日本及俄罗斯西伯利亚也有分布。

植物名 细叶小檗（小檗科，小檗属）

学名及出处：*Berberis poiretii* Schneid., Mitt. Deutsch. Dendr. Ges. 180. 1906.

药材名：小檗

生活型及简要特征：落叶灌木。枝有槽及疣点；叶狭倒披针形，全缘或仅下部有锯齿；总状花序。

药用部位及功效：根、茎枝入药，清热燥湿、泻火解毒。

产地和生境：产围场、承德县、兴隆、涿鹿、蔚县、青龙、迁西、涞水、涞源、阜平、平山、任丘。生山坡、沟边或林下。

分布：我国东北、华北、陕西、青海。朝鲜、蒙古国及俄罗斯有分布。

毛茛科

Ranunculaceae Juss.

植物名 **两色乌头（毛茛科，乌头属）**

学名及出处：*Aconitum alboviolaceum* Kom., Trudy Imp. S.-Peterburgsk Bot. Sada 18(3): 439. 1901.

药材名：两色乌头

生活型及简要特征：多年生草本。茎上部缠绕；萼片淡紫色至近白色；蓇葖果疏被长毛。

药用部位及功效：根入药，祛风、除湿、止痛。

产地和生境：产兴隆雾灵山、涿鹿西灵山、涞源、阜平、灵寿。生林缘、林间、灌木丛中或溪旁湿润腐殖质土地上。

分布：我国东北、华北。俄罗斯、朝鲜有分布。

植物名 **牛扁（毛茛科，乌头属）**

学名及出处：*Aconitum barbatum* var. *puberulum* Ledeb., Fl. Ross. 1: 67. 1842.

药材名：牛扁

生活型及简要特征：多年生草本。叶片掌状全裂；萼片黄色，盔瓣圆筒形，顶稍弯。

药用部位及功效：根入药，祛风止痛、止咳化痰、平喘。

产地和生境：产围场、宽城、沽源、尚义、赤城、崇礼、怀安、宣化、涿鹿、蔚县、迁西、涞水、涞源、易县、平山、灵寿、赞皇、井陉、内丘、沙河、武安、磁县。生山坡草地、林缘。

分布：我国东北、华北、陕西、甘肃及新疆东部。俄罗斯西伯利亚地区有分布。

植物名 **乌头（毛茛科，乌头属）**

学名及出处：*Aconitum carmichaelii* Debx., Acta Soc. Linn. Bord. 33: 87. 1879.

药材名：川乌头

生活型及简要特征：多年生草本。块根倒圆锥形；萼片蓝紫色，上萼片高盔形。

药用部位及功效：块根入药，祛风除湿、温经、散寒止痛。

产地和生境：河北未见野生。承德、张家口、唐山、保定、石家庄、邢台县、邯郸各地有栽培。生于山坡肥沃砂质土壤。

分布：我国辽宁南部、陕西南部、云南东部、贵州、四川、山东东部、河南南部、安徽、湖北、江苏、浙江、江西、湖南、广西北部、广东北部。

植物名 **黄花乌头（毛茛科，乌头属）**

学名及出处：*Aconitum coreanum* (H. Lév.) Rapaics, Növényt. Közlem. 6: 154. 1907.

药材名：关附白

生活型及简要特征：多年生草本。叶掌状全裂，终裂片线形；花多淡黄色，盔瓣近盘形。
药用部位及功效：块根入药，祛风痰、逐寒湿。
产地和生境：产隆化、平泉、承德县、宽城、青龙、迁西、灵寿。生海拔 150～900 m 山地草坡或疏林中。
分布：我国黑龙江东部、吉林、辽宁及河北北部。朝鲜及俄罗斯远东地区也有分布。

植物名 **北乌头（毛茛科，乌头属）**
学名及出处：*Aconitum kusnezoffii* Reichb., Ill. Sp. Acon. Gen. pl. 21. 1823.
药材名：草乌
生活型及简要特征：多年生草本。总状花序花多而密、紫色，上萼片盔形或高盔形。
药用部位及功效：块根入药，祛风除湿、温经止痛。
产地和生境：产承德、张家口、唐山、保定、石家庄、邢台县、邯郸各地区山地。生阔叶林中、林缘或潮湿山坡。
分布：我国东北、华北地区。朝鲜、俄罗斯西伯利亚地区也有分布。

植物名 **高乌头（毛茛科，乌头属）**
学名及出处：*Aconitum sinomontanum* Nakai, Rep. First Sci. Exp. Manch. 4 (2): 146, f. 9. 1935.
药材名：麻布七
生活型及简要特征：多年生草本。花紫色，花序轴及花梗密被白色细柔毛，上萼片圆筒形。
药用部位及功效：根入药，祛风除湿、散瘀止痛。
产地和生境：产赤城、涿鹿、蔚县、阜平、平山。生山坡草地或林中。
分布：我国河北、北京、山西、陕西、甘肃、青海东部、贵州、四川及湖北西部。

植物名 **类叶升麻（毛茛科，类叶升麻属）**
学名及出处：*Actaea asiatica* Hara, Journ. Jap. Bot. 15(5): 313-314. 1939.
药材名：绿豆升麻
生活型及简要特征：多年生草本。花小，白色，萼片 4，蜜叶 6，匙形；雄蕊多数，心皮 1；浆果。
药用部位及功效：根状茎入药，散风热、祛风湿、透疹、解毒。
产地和生境：产兴隆、青龙、平山。生山坡林下、林缘阴湿处。
分布：我国东北、内蒙古南部、河北、北京、天津、山西、陕西、甘肃、青海、云南、四川、西藏东部、湖北。朝鲜、俄罗斯远东地区及日本也有分布。

植物名 **兴安升麻（毛茛科，类叶升麻属）**
学名及出处：*Actaea dahurica* Turcz. ex Fisch. et C. A. Mey., Index Seminum (St. Pétersburg)

1: 21. 1835.

药材名：兴安升麻

生活型及简要特征：多年生草本。复叶；圆锥花序，花小，辐射对称，白色。

药用部位及功效：根状茎入药，清热解毒、发表透疹、升阳举陷。

产地和生境：产围场、兴隆、赤城、涿鹿、蔚县、青龙、迁西、涞源、阜平、平山、赞皇。生山地林缘灌丛以及山坡疏林或草地。

分布：我国东北、内蒙古、北京、陕西。俄罗斯西伯利亚及远东地区及蒙古国也有分布。

植物名　单穗升麻（毛茛科，类叶升麻属）

学名及出处：*Actaea simplex* (DC.) Wormsk. ex Fisch. et C. A. Mey., Bot. Jahrb. Syst. 9(3): 246. 1888.

药材名：野升麻

生活型及简要特征：多年生草本。总状花序，花梗近垂直于花序轴。

药用部位及功效：根状茎入药，发表透疹、清热解毒、升举清阳。

产地和生境：产蔚县、武安。生草甸、林下及林缘等处。

分布：我国东北、内蒙古、陕西、甘肃、四川。俄罗斯西伯利亚东部和远东地区以及蒙古国、日本也有分布。

植物名　小花草玉梅（毛茛科，银莲花属）

学名及出处：*Anemone rivularis* var. *flore-minore* Maxim., Fl. Tang. 6. 1889.

药材名：破牛膝

生活型及简要特征：多年生草本。聚伞花序有多数花，苞片明显具柄，心皮数 30～35，有拳卷形花柱。

药用部位及功效：根或全草入药，健胃消食、散瘀消结。

产地和生境：产围场、赤城、怀来、蔚县、易县、阜平、平山。生山地林边或草坡上。

分布：我国辽宁西部、内蒙古南部、河北、北京、陕西、甘肃、宁夏、青海、新疆及四川西北部。

植物名　大火草（毛茛科，银莲花属）

学名及出处：*Anemone tomentosa* (Maxim.) C. Péi, Contr. Biol. Lab. Chin. Assoc. Advancem. Sci. Sect. Bot. 9: 2. 1933.

药材名：大火草根

生活型及简要特征：多年生草本。叶大，背面生白色厚绒毛；花粉红色，心皮达 500，子房密生短柔毛。

药用部位及功效：根入药，化痰、散瘀、截疟、杀虫。

产地和生境：产涞源、阜平及保定以南各县。生山地草坡及路边

分布：我国山西、陕西、甘肃、青海、四川、河南、湖北。

植物名 **耧斗菜（毛茛科，耧斗菜属）**

学名及出处：*Aquilegia viridiflora* Pall., Act. Acad. Sci. Imp. Petrop. 2: 260, pl. 11, f. l. 1779.

药材名：耧斗菜

生活型及简要特征：多年生草本。距细而直；花绿黄色或带紫褐色；花柱比花冠长，雄蕊伸出。

药用部位及功效：带根全草入药，活血调经、凉血止血、清热解毒。

产地和生境：产蔚县、赞皇、武安、沙河。生山地路边、河边或潮湿草地。

分布：我国东北、内蒙古、山西、陕西、甘肃、宁夏、青海东部、山东。俄罗斯远东地区也有分布。

植物名 **驴蹄草（毛茛科，驴蹄草属）**

学名及出处：*Caltha palustris* L., Sp. Pl. 1: 558. 1753.

药材名：驴蹄草

生活型及简要特征：多年生草本。叶肾形；单歧聚伞花序，常 2 花，蓇葖果狭长卵形。

药用部位及功效：全草入药，祛风、解暑、活血消肿。

产地和生境：产围场、张北、蔚县。生山谷溪边、湿草甸或山坡林下潮湿处。

分布：我国内蒙古、山西、陕西、甘肃、新疆、云南、四川、西藏、河南、浙江。北半球温带及寒温带地区分布。

植物名 **芹叶铁线莲（毛茛科，铁线莲属）**

学名及出处：*Clematis aethusifolia* Turcz., Bull. Soc. Imp. Nat. Mosc. 5: 181. 1832.

药材名：细叶铁线莲

生活型及简要特征：多年生藤本。叶三至四回羽状细裂；萼片钟形，淡黄色，花丝有毛。

药用部位及功效：植株地上部分入药，祛风通络、止痛、健胃消食、杀虫。

产地和生境：产承德、张家口、保定、邢台县、邯郸各地山区。生山坡及水沟边。

分布：我国内蒙古、陕西、甘肃、宁夏及青海东部。蒙古国、俄罗斯也有分布。

植物名 **短尾铁线莲（毛茛科，铁线莲属）**

学名及出处：*Clematis brevicaudata* DC., Syst. Nat. 1: 138. 1818.

药材名：红钉耙藤

生活型及简要特征：多年生藤本。小叶边缘为疏锯齿；圆锥花序，萼片平展，白色，长 1～1.5 cm。

药用部位及功效：茎叶入药，清热利水、祛风湿、通经下乳。

产地和生境：产宽城、尚义、灵寿等地。生山坡灌丛间或林缘。

分布： 我国东北、内蒙古、山西、陕西、甘肃、宁夏、青海、云南、四川、西藏东部、河南、江苏、浙江、湖南。朝鲜、蒙古国、俄罗斯远东及日本也有分布。

植物名 **粗齿铁线莲（毛茛科，铁线莲属）**

学名及出处： *Clematis grandidentata* (Rehder & E. H. Wilson) W. T. Wang, Acta Phytotax. Sin. 31(3): 218–219. 1993.

药材名： 毛木通

生活型及简要特征： 多年生藤本。一回羽状复叶，由 5 小叶组成；腋生聚伞花序，萼片平展，白色。

药用部位及功效： 全草入药，清热利咽、利尿通淋、活血止痛。

产地和生境： 产承德县、怀来、赞皇、内丘、武安、峰峰矿区。生山坡林下或山沟灌丛中。

分布： 我国山西、陕西、甘肃、云南、贵州、四川、河南、安徽、湖北、浙江、湖南。

植物名 **大叶铁线莲（毛茛科，铁线莲属）**

学名及出处： *Clematis heracleifolia* DC., Syst. Nat. 1: 138. 1818.

药材名： 草牡丹

生活型及简要特征： 直立草本或半灌木。三出复叶；萼片蓝色，4 枚，互相靠合成瓶状而不开展。

药用部位及功效： 全草入药，祛风除湿、止泻痢、消痈肿。

产地和生境： 产宽城、涿鹿、蔚县、易县、赞皇、沙河等地。生山坡、谷地、灌丛及林下。

分布： 我国吉林、辽宁、山西、北京、天津、陕西、山东、河南、安徽、湖北、江苏、浙江、湖南。日本及朝鲜也有分布。

植物名 **棉团铁线莲（毛茛科，铁线莲属）**

学名及出处： *Clematis hexapetala* Pall., Reise Russ. Reich. 3: 735, pl. 1, f. 2. 1776.

药材名： 棉团铁线莲

生活型及简要特征： 多年生草本。一至二回羽状复叶；萼片白色，6 枚，开展。

药用部位及功效： 根及根状茎入药，祛风湿、通络止痛。

产地和生境： 产河北山区各县。生山坡、田边、林缘或林间草地。

分布： 我国东北、华北、西北、华东等地。蒙古国、朝鲜及俄罗斯西伯利亚地区也有分布。

植物名 **黄花铁线莲（毛茛科，铁线莲属）**

学名及出处： *Clematis intricata* Bunge, Mém. Acad. Imp. Sci. St.-Pétersb. Divers Sav. 2: 75. 1833.

药材名： 黄花铁线莲

生活型及简要特征： 多年生攀援草本。一至二回三出复叶，小叶全裂；花单一或 3 朵构成聚伞花序；花黄色，萼片 4，钟形。

药用部位及功效：全草入药，祛风除湿、解毒、止痛。

产地和生境：产河北山区各县。生山坡、路旁或灌丛中。

分布：我国辽宁、内蒙古、北京、山西、陕西、甘肃、青海。

植物名 **钝萼铁线莲（毛茛科，铁线莲属）**

学名及出处：*Clematis peterae* Hand.-Mazz., Act. Hort. Gothob. 13(4): 213–215. 1939.

药材名：风藤草根

生活型及简要特征：藤本。一回羽状复叶，由 5 小叶组成；聚伞花序有多数花，花白色，萼片 4，平展。

药用部位及功效：根入药，祛风湿、利小便、活血止痛。

产地和生境：产磁县。生山坡灌丛。

分布：我国山西、甘肃、云南、贵州、四川、湖北。

植物名 **翠雀（毛茛科，翠雀属）**

学名及出处：*Delphinium grandiflorum* L., Sp. Pl. 1: 531. 1753.

药材名：小草乌

生活型及简要特征：多年生草本。萼片花瓣状，基部延长成距，花瓣退化为蜜叶，退化雄蕊具爪。

药用部位及功效：根或全草入药，祛风除湿、止痛、杀虫止痒。

产地和生境：产承德、张家口、石家庄及邢台各县的较高海拔地区。生山坡草地。

分布：我国东北、内蒙古、北京、陕西、云南、四川。

植物名 **碱毛茛（毛茛科，碱毛茛属）**

学名及出处：*Halerpestes sarmentosa* (Adams) Kom., Opred. Rast. Dal'nevost. Kraja 1: 550. 1931.

药材名：水葫芦苗

生活型及简要特征：多年生小草本。匍匐茎细长；花小，花瓣 5，基部具爪，爪上部具蜜腺；瘦果小，具纵肋，顶端具微弯的喙。

药用部位及功效：全草入药，利水消肿、祛风除湿。

产地和生境：产张家口、秦皇岛、唐山、保定等地。生盐碱土湿地、河岸沙地。

分布：我国东北、华北、西北、西南。朝鲜、蒙古国、俄罗斯、印度及北美地区也有分布。

植物名 **白头翁（毛茛科，白头翁属）**

学名及出处：*Pulsatilla chinensis* (Bunge) Regel, Tent. Fl. Ussur. 5–6. 1861.

药材名：白头翁

生活型及简要特征：多年生草本。叶片三出，裂片 2～3 深裂，叶背面密生白色长毛；

花单生，钟形，蓝紫色。
药用部位及功效：根入药，清热解毒、凉血止痢。
产地和生境：产山区各县。生低山山坡草丛中、林缘或干旱多石坡地。
分布：我国东北、华北、陕西、甘肃、四川、山东、河南、安徽、湖北、江苏。朝鲜及俄罗斯远东地区也有分布。

植物名 **细叶白头翁（毛茛科，白头翁属）**
学名及出处：*Pulsatilla turczaninovii* Kryl. & Serg., Sist. Zametki Mater. Gerb. Krylova Toomsk. Gosud. Univ. Kuybysheva 5–6: 1. 1930.
药材名：白头翁
生活型及简要特征：多年生草本。叶羽状细裂，终裂片线形，叶两面无毛或沿叶脉稍长长柔毛；花单生，蓝紫色。
药用部位及功效：同白头翁。
产地和生境：产张北、尚义、怀安、万全、阳原、蔚县。生山坡、沙质草地。
分布：我国东北、内蒙古、宁夏。蒙古国、俄罗斯西伯利亚也有分布。

植物名 **茴茴蒜（毛茛科，毛茛属）**
学名及出处：*Ranunculus chinensis* Bunge, Enum. Pl. Chin. Bor. 3. 1831.
药材名：茴茴蒜
生活型及简要特征：一年生草本。茎、叶柄被淡黄色长硬毛；叶三深裂；聚合果含瘦果可达 70 个。
药用部位及功效：全草入药，消炎退肿、截疟、杀虫。
产地和生境：产河北各地。生湖边、水边草地或山沟溪边。
分布：我国大部分地区有分布。朝鲜、日本、俄罗斯西伯利亚及远东地区有分布。

植物名 **毛茛（毛茛科，毛茛属）**
学名及出处：*Ranunculus japonicus* Thunb., Trans. Linn. Soc. London 2: 337. 1794.
药材名：毛茛
生活型及简要特征：多年生草本。基生叶及植株下部叶三深裂不达基部；聚伞花序疏散，花托无毛；瘦果扁平。
药用部位及功效：全草入药，退黄、定喘、截疟、镇痛、消翳。
产地和生境：产承德地区、张北、赤城、青龙、涞水、涞源、赞皇、内丘、邢台县、沙河、武安。生山地沟边或山坡草丛、林缘。
分布：除西藏外，广布我国各省区。朝鲜、日本及俄罗斯远东地区有分布。

植物名 **石龙芮（毛茛科，毛茛属）**
学名及出处：*Ranunculus sceleratus* L., Sp. Pl. 1: 551. 1753.

药材名：石龙芮

生活型及简要特征：一年生草本。聚伞花序有多数小花，花托伸长被毛；瘦果小而极多，喙短，近点状。

药用部位及功效：全草入药，清热解毒、消肿散结、止痛、截疟。

产地和生境：产宽城、尚义、崇礼、蔚县、迁西、滦南、涞源、容城、满城、赞皇、沙河、肥乡、魏县、峰峰矿区。生河沟边及平原湿地。

分布：我国各地均有分布。广布于亚洲、欧洲、北美洲的亚热带至温带地区。

植物名 **唐松草（毛茛科，唐松草属）**

学名及出处：*Thalictrum aquilegiifolium* var. *sibiricum* Regel et Tiling, Fl. Ajan. 23. 1858.

药材名：唐松草

生活型及简要特征：多年生草本。单歧聚伞花序伞房状；瘦果具棱翼，果柄细长。

药用部位及功效：根及根茎入药，清热泻火、燥湿解毒。

产地和生境：产承德地区、尚义、赤城、蔚县、涞源、涞水、阜平、曲阳。生林下湿地，林边草地。

分布：我国东北、内蒙古、陕西、山东、浙江。朝鲜、日本、俄罗斯西伯利亚地区也有分布。

植物名 **贝加尔唐松草（毛茛科，唐松草属）**

学名及出处：*Thalictrum baicalense* Turcz. ex Ledeb., Bull. Soc. Imp. Nat. Mosc. 11: 85. 1838.

药材名：马尾连

生活型及简要特征：多年生草本。聚伞花序圆锥状；瘦果膨大，球状倒卵形。

药用部位及功效：根入药，清热燥湿、泻火解毒。

产地和生境：产承德地区、滦平、兴隆、青龙、涞源、平山、赞皇、井陉、临城、武安。生杂木林下或湿润草坡。

分布：我国东北、北京、陕西、甘肃、青海及西藏东南部。朝鲜及俄罗斯远东地区也有分布。

植物名 **腺毛唐松草（毛茛科，唐松草属）**

学名及出处：*Thalictrum foetidum* L., Sp. Pl. 1: 545. 1753.

药材名：香唐松草

生活型及简要特征：多年生草本。圆锥花序散生；柱头呈三角状箭头形；瘦果扁，有短毛。

药用部位及功效：根及根茎入药，清热燥湿、解毒。

产地和生境：产康保、张北、易县、阜平、内丘。生山坡草地或多石砾处。

分布：我国华北、陕西、甘肃、青海、新疆、西藏。蒙古国、亚洲西部及欧洲也有分布。

植物名 东亚唐松草（毛茛科，唐松草属）

学名及出处： *Thalictrum minus* var. *hypoleucum* (Sieb. et Zucc.) Miq., Ann. Mus. Bot. Lugd. -Bat. 3: 3. 1867.

药材名： 烟锅草

生活型及简要特征： 多年生草本。圆锥花序；花小，花丝较花药细，柱头箭头状，有黄色乳头状凸起。

药用部位及功效： 根入药，清热解毒燥湿。

产地和生境： 产丰宁、万全、怀来、阳原、蔚县、抚宁、昌黎、遵化、迁安、三河、平山、行唐、井陉、内丘、邢台县、沙河、武安、涉县。生山地林边或山谷沟边。

分布： 我国东北、华北、陕西、贵州、四川、山东、河南、安徽、湖北、江苏、湖南、广东。朝鲜、日本也有分布。

植物名 瓣蕊唐松草（毛茛科，唐松草属）

学名及出处： *Thalictrum petaloideum* L., Sp. Pl. (ed. 2) 1: 771. 1762.

药材名： 瓣蕊唐松草

生活型及简要特征： 多年生草本。聚伞花序伞房状；花丝上部逐渐增粗，较花药粗，似花瓣。

药用部位及功效： 根入药，清热解毒。

产地和生境： 产承德地区、兴隆、张北、赤城、阳原、涿鹿、蔚县、涞源、阜平、平山、赞皇、内丘、武安、峰峰矿区。生山间草地。

分布： 我国东北、华北、陕西、甘肃、宁夏、青海、四川、河南、安徽。朝鲜、俄罗斯西伯利亚也有分布。

植物名 长柄唐松草（毛茛科，唐松草属）

学名及出处： *Thalictrum przewalskii* Maxim., Bull. Acad. Imp. Sci. St.-Petersb. sér. 3 23(2): 305–306. 1877.

药材名： 青海马尾连

生活型及简要特征： 多年生草本。花丝上部逐渐增粗但不粗于花药；瘦果膨大呈半月形，果皮上有弓形脉，喙长而直。

药用部位及功效： 根及根状茎入药，清热燥湿、泻炎解毒。

产地和生境： 产承德县、涞源、阜平。生山坡、石质潮湿地。

分布： 我国内蒙古、山西、陕西、甘肃、青海、四川、西藏、河南、湖北。

植物名 箭头唐松草（毛茛科，唐松草属）

学名及出处： *Thalictrum simplex* L., Fl. Suec., ed. 2 (Linnaeus) 2: 191. 1755.

药材名： 水黄连

生活型及简要特征：多年生草本。
药用部位及功效：全草入药，清热利尿。
产地和生境：产张北、赤城、万全、涿鹿、青龙、抚宁、丰南、黄骅、任丘。生山地草坡或沟边。
分布：我国东北、华北、西北。日本也有分布。

植物名 **展枝唐松草（毛茛科，唐松草属）**
学名及出处：*Thalictrum squarrosum* Steph. ex Willd., Sp. Pl. 2: 1299. 1799.
药材名：展枝唐松草
生活型及简要特征：多年生草本。花药有短尖，柱头具宽翅；瘦果一面呈弓形弯曲，果柄长 1.5～3 cm。
药用部位及功效：全草入药，清热解毒、健胃。
产地和生境：产丰宁、隆化、兴隆、赤城、崇礼、万全、怀来、阳原、青龙、迁西、曲阳、武安、峰峰矿区。生干燥山坡、草地或田边。
分布：我国东北、华北、陕西。俄罗斯西伯利亚及远东地区也有分布。

植物名 **金莲花（毛茛科，金莲花属）**
学名及出处：*Trollius chinensis* Bunge, Mém. Acad. Imp. Sci. St.-Pétersb, sér. 6, Sci. Math. 2: 77. 1833.
药材名：金莲花
生活型及简要特征：多年生草本。花大，金黄色或橙黄色，萼片多数，花瓣状，蜜叶多数，基部有蜜槽。
药用部位及功效：花入药，清热解毒。
产地和生境：产围场、兴隆、沽源、赤城、崇礼、万全、蔚县、涞源、易县、平山。生 1 000～2 200 m 山地草坡或疏林下。
分布：我国辽宁、吉林、内蒙古、山西、河南。

莲科

Nelumbonaceae A. Rich.

植物名 **莲（莲科，莲属）**
学名及出处：*Nelumbo nucifera* Gaertn., Fruct. Sem. Pl. 1: 73. 1788.
药材名：荷蒂、荷梗、荷叶、莲子心、莲子、荷花、藕节
生活型及简要特征：多年生水生草本。叶柄具刺，叶盾形，全缘，叶脉放射状；花托倒圆锥形，海绵质；坚果生于花托穴内。

药用部位及功效：荷叶中央近梗处入药（荷蒂），和胃安胎、止血止带。叶柄入药（荷梗），清暑、宽中理气。叶入药（荷叶），清热解暑、升发清阳、凉血止血。成熟种子的绿色胚根入药（莲子心），清心安神、交通心肾、涩精止血。种子入药（莲子），补脾止泻、益肾固精、养心安神。大花蕾入药（荷花），祛湿、止血。干燥根茎节部入药（藕节），散瘀止血。

产地和生境：河北有栽培。生池塘中。

分布：我国南北各省。亚洲热带及大洋洲为原产地。

黄杨科

Buxaceae Dumort.

植物名 **黄杨（黄杨科，黄杨属）**

学名及出处：*Buxus sinica* (Rehder & E. H. Wilson) M. Cheng, Fl. Reipubl. Popularis Sin. 45(1): 37. 1980.

药材名：黄杨根、黄杨木、黄杨叶、山黄杨子

生活型及简要特征：灌木。小枝 4 棱形；叶通常椭圆形，革质，叶上表面侧脉明显。

药用部位及功效：根入药（黄杨根），祛风止咳、清热除湿。茎枝入药（黄杨木），祛风除湿、理气、止痛。叶入药（黄杨叶），清热解毒、消肿散结。果实入药（山黄杨子），清暑热、解疮毒。

产地和生境：河北常见栽培。

分布：我国陕西、甘肃、四川、贵州、山东、安徽、湖北、江苏、浙江、江西、广东、广西。

芍药科

Paeoniaceae Raf.

植物名 **芍药（芍药科，芍药属）**

学名及出处：*Paeonia lactiflora* Pall., Reise Russ. Reich. 3: 286. 1776.

药材名：赤芍、白芍、芍药花

生活型及简要特征：多年生草本。二回三出复叶；小叶边缘有软骨质小齿；花大，长数朵生枝顶。

药用部位及功效：根入药（赤芍），清热凉血、散瘀止痛。煮后去皮再蒸、晒干的根入药（白芍），平肝止痛、养血调经、敛阴止汗。花蕾入药（芍药花），通经活血。

产地和生境：产赤城。生山坡草地及林下。

分布：我国东北、华北、陕西及甘肃南部有野生。朝鲜、日本、蒙古国及俄罗斯西伯利亚地区有分布。

植物名 **草芍药（芍药科，芍药属）**

学名及出处：*Paeonia obovata* Maxim., Mém. Acad. Imp. Sci. St.-Pétersb, sér. 6, Sci. Math., Seconde Pt. Sci. Nat. 9: 29. 1859.

药材名：白芍（煮后去皮再蒸、晒干）、赤芍

生活型及简要特征：多年生草本。二回三出复叶；花大，单独枝顶生，紫色。

药用部位及功效：同芍药。

产地和生境：产隆化、承德县、滦平、宽城、兴隆、沽源、怀来、青龙、迁西、涞源、易县、阜平、内丘、武安。生山坡草地及林缘。

分布：我国东北、华北、陕西、宁夏、贵州、四川、河南、安徽、湖北、浙江、江西、湖南。朝鲜、日本及俄罗斯远东地区也有分布。

茶藨子科

Grossulariaceae DC.

植物名 **东北茶藨子（茶藨子科，茶藨子属）**

学名及出处：*Ribes mandshuricum* (Maxim.) Kom., Trudy Imp. S.-Péterburgsk. Bot. Sada 22(1): 437-739. 1904.

药材名：醋栗

生活型及简要特征：落叶灌木。叶表面散生白色细柔毛，背面密生白色绒毛；总状花序长可达 16 cm。

药用部位及功效：果实入药，解毒。

产地和生境：产围场、滦平、宽城、兴隆、崇礼、蔚县、遵化、涞水、阜平、赞皇、内丘。生山坡杂木林中或山谷林下。

分布：分布于东北、内蒙古、山西、陕西、甘肃、河南。西伯利亚和朝鲜北部也有分布。

虎耳草科

Saxifragaceae Juss.

植物名 **落新妇（虎耳草科，落新妇属）**

学名及出处：*Astilbe chinensis* (Maxim.) Franch. et Sav., Enum. Pl. Jap. 1(1): 144. 1873.

药材名：落新妇、红升麻

生活型及简要特征：多年生草本。根茎肥厚；圆锥花序狭长，花序轴密被褐色卷曲长柔毛。

药用部位及功效：全草入药（落新妇），祛风、清热、止咳。根茎入药（红升麻），活血止痛、祛风除湿、强筋健骨、解毒。

产地和生境：产围场、承德县、滦平、兴隆、赤城、怀安、怀来、蔚县、青龙、迁西、涞源、易县、阜平、平山、灵寿、赞皇、井陉、内丘、武安。生山谷湿地或流水沟边。

分布：分布于东北、山西、陕西、甘肃东部和南部、青海东部、云南、四川、山东、河南、湖北、浙江、江西、湖南等地。俄罗斯、朝鲜和日本也有分布。

植物名 **七叶鬼灯檠（虎耳草科，鬼灯檠属）**

学名及出处：*Rodgersia aesculifolia* Batalin, Trudy Imp. S.-Peterburgsk. Bot. Sada 13(1): 96. 1893.

药材名：索骨丹

生活型及简要特征：多年生草本。根茎圆柱形，横走；掌状复叶；聚伞花序；蒴果卵形，具喙。

药用部位及功效：根状茎入药，凉血止血、消肿解毒。

产地和生境：产阜平。生山地林下或阴湿处。

分布：分布于陕西、甘肃、宁夏、云南、四川、西藏、河南西部、湖北西部。

景天科

Crassulaceae J. St.-Hil.

植物名 **八宝（景天科，八宝属）**

学名及出处：*Hylotelephium erythrostictum* (Miq.) H. Ohba, Bot. Mag. Tokyo 90(1017): 50. 1977.

药材名：景天

生活型及简要特征：多年生草本。花瓣白色或粉红色，宽披针形，雄蕊与花瓣同长或稍短，花药紫色。

药用部位及功效：全草入药（景天），清热解毒、止血。花入药（景天花），清热利湿、明目、止痒。

产地和生境：产万全、迁西、遵化、迁安、丰南、涿州、冀州、大名、魏县、邯山。生山坡草地或沟边。

分布：分布于东北、山西、陕西、云南、贵州、四川、山东、河南、安徽、湖北、江苏、浙江。俄罗斯、朝鲜、日本也有分布。

植物名 钝叶瓦松（景天科，八宝属）

学名及出处： *Hylotelephium malacophyllum* (Pall.) J. M. H. Shaw, Newslett. Sedum Soc. 123: 19. 2017.

药材名： 瓦松

生活型及简要特征： 二年生或多年生草本。全部叶不具尖头；花黄色或绿白色。

药用部位及功效： 全草入药，凉血止血、清热解毒、收湿敛疮。

产地和生境： 产康保、赤城、崇礼、万全、涿鹿、易县、武安。生山地岩石缝中。

分布： 分布于东北、内蒙古。俄罗斯、朝鲜、蒙古国也有分布。

植物名 长药八宝（景天科，八宝属）

学名及出处： *Hylotelephium spectabile* (Bor.) H. Ohba, Bot. Mag. (Tokyo) 90 (1017): 52. 1977.

药材名： 石头菜

生活型及简要特征： 多年生草本。花粉红色或紫红色，雄蕊常较花冠稍长。

药用部位及功效： 叶入药，清热解毒、消肿止痛。

产地和生境： 产围场、承德县、青龙、迁西。生山坡草地。

分布： 分布于东北、陕西、山东、河南、安徽。朝鲜也有分布。

植物名 紫八宝（景天科，八宝属）

学名及出处： *Hylotelephium telephium* (L.) H. Ohba, Bot. Mag. (Tokyo) 90(1017): 53. 1977.

药材名： 紫八宝

生活型及简要特征： 多年生草本。花淡紫色或红紫色，花药黄色；蓇葖果直立。

药用部位及功效： 全草入药，清热解毒、敛疮、祛风镇痛、补益心肾。

产地和生境： 产青龙。生山地或山坡。

分布： 分布于贵州、安徽、湖北、浙江、湖南、广西。日本也有分布。

植物名 轮叶八宝（景天科，八宝属）

学名及出处： *Hylotelephium verticillatum* (L.) H. Ohba, Bot. Mag. (Tokyo) 90 (1017): 54. 1977.

药材名： 轮叶八宝

生活型及简要特征： 多年生草本。3 叶轮生，叶比节间长；花淡绿色至黄白色。

药用部位及功效： 全草入药，活血化瘀、解毒消肿。

产地和生境： 产赤城、灵寿、赞皇。生山坡、沟边。

分布： 分布于东北、山西、陕西、甘肃、四川、山东、河南、安徽、湖北、江苏、浙江。俄罗斯、朝鲜、日本、欧洲也有分布。

植物名 狼爪瓦松（景天科，瓦松属）

学名及出处： *Orostachys cartilaginea* Borissova, Fl. SSSR. 9: 482. 1930.

药材名： 辽瓦松

生活型及简要特征：二年生或多年生草本。叶先端有软骨质附属物，全缘，先端中央有刺。
药用部位及功效：地上部分入药，凉血、止痢、解毒敛疮。
产地和生境：产张家口地区、行唐、赞皇。生低山山坡上。
分布：分布于东北、内蒙古、山东。俄罗斯、朝鲜、日本也有分布。

植物名 **瓦松（景天科，瓦松属）**
学名及出处：*Orostachys fimbriata* (Turcz.) Berger, Nat. Pflanzenfam. (ed. 2) 18(a): 464. 1930.
药材名：瓦松
生活型及简要特征：二年生草本。莲座叶的软骨质附属物有流苏状齿；圆锥花序肥厚圆柱形。
药用部位及功效：全草入药，凉血止血、清热解毒、收湿敛疮。
产地和生境：产围场、承德县、宽城、双桥、张家口、青龙、卢龙、遵化、涞源、行唐、赞皇、井陉、内丘、沙河、武安。生干燥坡地、屋顶、墙头及山坡石缝中。
分布：分布于全国。俄罗斯、朝鲜、日本、蒙古国也有分布。

植物名 **晚红瓦松（景天科，瓦松属）**
学名及出处：*Orostachys japonica* (Maxim.) A. Berger, Nat. Pflanzenfam. (ed. 2) 18(a): 464. 1930.
药材名：瓦松
生活型及简要特征：多年生草本。莲座叶先端有刺尖，但刺尖不为软骨质的，叶与花瓣先端均有红斑点。
药用部位及功效：全草入药，凉血止血、清热解毒、收湿敛疮。
产地和生境：产崇礼。生低山石上或溪沟旁。
分布：分布于安徽、江苏、浙江。俄罗斯、朝鲜、日本也有分布。

植物名 **费菜（景天科，费菜属）**
学名及出处：*Phedimus aizoon* (L.) ’t Hart, Evol. Syst. Crassulaceae 168. 1995.
药材名：景天三七
生活型及简要特征：多年生草本。茎直立；聚伞花序有多花，花黄色；蓇葖果呈星芒状排列。
药用部位及功效：全草和根入药，散瘀、止血、宁心安神、解毒。
产地和生境：产河北各地。生山坡、山沟、草丛中。
分布：分布于东北、内蒙古、山西、陕西、甘肃、宁夏、青海、四川、山东、河南、安徽、湖北、江苏、浙江、江西。俄罗斯、朝鲜、日本、蒙古国也有分布。

植物名 **小丛红景天（景天科，红景天属）**
学名及出处：*Rhodiola dumulosa* (Franch.) S. H. Fu, Acta Phytotax. Sin., Addit. 1: 119. 1965.

药材名：凤尾七
生活型及简要特征：多年生草本。茎多枝丛生；叶小；雄蕊较花瓣短。
药用部位及功效：全草和根入药，益肾养肝、调经活血。
产地和生境：产兴隆、沽源、赤城、涞源。生山坡石上。
分布：分布于吉林、内蒙古、山西、陕西、甘肃、青海、四川、湖北。

植物名 **狭叶红景天（景天科，红景天属）**
学名及出处：*Rhodiola kirilowii* (Regel) Maxim., Prim. Fl. Amur. 472. 1859.
药材名：狮子七
生活型及简要特征：多年生草本。茎少数；雄蕊与花瓣等长，花药黄色。
药用部位及功效：根及根茎入药，养心安神、活血化瘀、止血、清热解毒。
产地和生境：产兴隆、蔚县、阜平。生山地多石草地上。
分布：分布于山西、陕西、甘肃、青海、新疆、云南、四川、西藏。缅甸也有分布。

植物名 **垂盆草（景天科，景天属）**
学名及出处：*Sedum sarmentosum* Bunge, Enum. Pl. China Bor. 30. 1833.
药材名：垂盆草
生活型及简要特征：多年生草本。不育枝及花茎细，匍匐而节上生根；花无梗。
药用部位及功效：全草入药，清热利湿、解毒消肿。
产地和生境：产抚宁、迁西、遵化、滦南、曹妃甸、灵寿、信都、沙河、武安。生山坡阳处或石上。
分布：分布于吉林、辽宁、北京、山西、陕西、甘肃、贵州、四川、华中、山东、安徽、江苏、浙江、福建。朝鲜、日本也有分布。

扯根菜科

Penthoraceae Rydb. ex Britton

植物名 **扯根菜（扯根菜科，扯根菜属）**
学名及出处：*Penthorum chinense* Pursh, Fl. Amer. Sept. 1: 323. 1814.
药材名：水泽兰
生活型及简要特征：多年生草本。叶披针形；花序生茎顶，无花瓣；蒴果压扁，五角形。
药用部位及功效：全草入药，利水除湿、活血散瘀、止血、解毒。
产地和生境：产北戴河、顺平、安新、新乐、赞皇。生水边湿地。
分布：分布于东北、陕西、甘肃、云南、贵州、四川、华中、安徽、江苏、浙江、广东、广西等省区。俄罗斯、朝鲜、日本均有分布。

葡萄科

Vitaceae Juss.

植物名 **乌头叶蛇葡萄（葡萄科，蛇葡萄属）**

学名及出处： *Ampelopsis aconitifolia* Bunge, Enum. Pl. China Bor. 12. 1833.

药材名： 过山龙

生活型及简要特征： 木质藤本。茎皮有条纹；卷须与叶对生；叶掌状 3～5 全裂；二歧聚伞花序，与叶对生。

药用部位及功效： 根皮入药，祛风除湿、散瘀消肿。

产地和生境： 产河北山区各地。生山地阳坡、灌丛、河谷、草丛。

分布： 我国华北、陕西、甘肃、河南。

植物名 **蛇葡萄（葡萄科，蛇葡萄属）**

学名及出处： *Ampelopsis glandulosa* (Wall.) Momiy., Bull. Univ. Mus. Univ. Tokyo 2: 78. 1971.

药材名： 蛇葡萄根、蛇葡萄

生活型及简要特征： 木质藤本。小枝、叶柄、叶下面及花轴被锈色长柔毛，花梗和花瓣被锈色短柔毛。

药用部位及功效： 根入药（蛇葡萄根），清热解毒、祛风活络、止痛、止血。茎叶入药（蛇葡萄），清热利湿、散瘀止血、解毒。

产地和生境： 产双滦、怀来、栾城、武强、临城、南宫。生山谷林中或山坡灌丛。

分布： 我国云南、贵州、四川、河南、安徽、浙江、江西、福建、广东、广西。尼泊尔、印度东北部及缅甸也有分布。

植物名 **葎叶蛇葡萄（葡萄科，蛇葡萄属）**

学名及出处： *Ampelopsis humulifolia* Bunge, Enum. Pl. China Bor. 69. 1833.

药材名： 七角白蔹

生活型及简要特征： 木质藤本。小枝有纵棱纹，卷须二叉分枝；单叶；子房下部与花盘合生，花柱明显。

药用部位及功效： 根皮入药，祛风湿、散瘀肿、解毒。

产地和生境： 产隆化、承德县、宽城、滦平、赤城、青龙、卢龙、昌黎、迁安、迁西、三河、涞源、阜平、平山、灵寿、正定、赞皇、井陉、临城、内丘、邢台县、武安、涉县、峰峰矿区。生山地、阳坡、灌丛、林缘、山沟、河边。

分布： 我国辽宁、华北、陕西、青海、山东、河南。

植物名 白蔹（葡萄科，蛇葡萄属）

学名及出处： *Ampelopsis japonica* (Thunb.) Makino, Bot. Mag. (Tokyo) 17: 113. 1903.

药材名： 白蔹、白蔹子

生活型及简要特征： 木质藤本。三出复叶，小叶全缘，中央小叶基部变窄成具窄翅的小叶柄，叶轴具窄翅。

药用部位及功效： 块根入药（白蔹），清热解毒、消痈散结。果实入药（白蔹子），清热、消痈。

产地和生境： 产承德县、双桥、怀来、卢龙、昌黎、迁西、遵化、迁安、曹妃甸、滦南、易县、顺平。生山坡、路旁、草丛或疏林下。

分布： 我国辽宁、吉林、山西、四川、河南、湖北、江苏、浙江、江西、湖南、广东、广西。日本也有分布。

植物名 乌蔹莓（葡萄科，乌蔹莓属）

学名及出处： *Causonis japonica* (Thunb.) Raf., Sylva Tellur. 87. 1838.

药材名： 乌蔹莓

生活型及简要特征： 草质藤本。花序腋生，花瓣与雄蕊各 4。

药用部位及功效： 全草入药，清热利湿、解毒消肿。

产地和生境： 产隆尧、肥乡、广平、成安、大名、魏县、邯山、峰峰矿区。生河道沙地。

分布： 我国陕西、云南、贵州、四川、山东、河南、安徽、湖北、江苏、浙江、湖南、福建、广东、广西、海南、台湾。日本、越南、缅甸、印度、印度尼西亚、菲律宾及澳大利亚也有分布。

植物名 地锦（葡萄科，地锦属）

学名及出处： *Parthenocissus tricuspidata* (Sieb. & Zucc.) Planch., Monogr. Phan. 5(2): 452. 1887.

药材名： 爬山虎

生活型及简要特征： 木质藤本。卷须顶端常扩大成吸盘；叶全部或多数为 5 小叶的掌状复叶。

药用部位及功效： 根和茎入药，祛风通络、活血解毒。

产地和生境： 产青龙、迁西、井陉、魏县、邯山、峰峰矿区。生山坡阴处。

分布： 我国吉林、辽宁、山东、河南、安徽、江苏、浙江、福建、台湾。朝鲜、日本也有分布。

植物名 山葡萄（葡萄科，葡萄属）

学名及出处： *Vitis amurensis* Rupr., Bull. Cl. Phys.-Math. Acad. Imp. Sci. St.-Pétersb. 15: 266. 1857.

药材名： 山藤藤秧、山藤藤果

生活型及简要特征： 木质藤本。单叶，3～5 浅裂，叶基心形。

药用部位及功效： 根、藤茎入药（山藤藤秧），祛风止痛。果入药（山藤藤果），清热利尿。

产地和生境： 产围场、承德县、宽城、兴隆、滦平、双滦、张北、赤城、怀来、涿鹿、蔚县、青龙、昌黎、迁西、遵化、曹妃甸、易县、正定、赞皇、井陉、邢台县。生向阳山坡、灌丛、林缘及杂木林中。

分布： 我国东北、山西、山东、安徽、浙江。

植物名 **蘡薁（葡萄科，葡萄属）**

学名及出处： *Vitis bryoniifolia* Bunge, Enum. Pl. China Bor. 11. 1833.

药材名： 蘡薁

生活型及简要特征： 木质藤本。叶 3 深裂，叶下面被蛛丝状绒毛。

药用部位及功效： 全株入药，祛风湿、消肿痛。

产地和生境： 产涿鹿。生山谷林中、灌丛或沟边。

分布： 我国山西、陕西、云南、四川、山东、安徽、湖北、江苏、浙江、江西、湖南、福建、广东、广西。

植物名 **葡萄（葡萄科，葡萄属）**

学名及出处： *Vitis vinifera* L., Fl. Sp. 1: 202. 1753.

药材名： 葡萄根、葡萄叶、葡萄

生活型及简要特征： 木质藤本。叶基心形，弯缺多闭锁，边缘具粗锯齿。

药用部位及功效： 根入药（葡萄根），祛风通络、利湿消肿、解毒。叶入药（葡萄叶），祛风除湿、利水消肿、解毒。果实入药（葡萄），补气血、强筋骨、利小便。

产地和生境： 河北各地有栽培。

分布： 我国各地栽培。原产亚洲西部，现世界各地栽培。

蒺藜科

Zygophyllaceae R. Br.

植物名 **蒺藜（蒺藜科，蒺藜属）**

学名及出处： *Tribulus terrestris* L., Sp. Pl. 1: 387. 1753.

药材名： 刺蒺藜、蒺藜苗、蒺藜根、蒺藜花

生活型及简要特征： 一年生草本。小叶对生，3～8 对；花较小，直径约 1 cm，花梗明显短于叶。

药用部位及功效： 果实入药（刺蒺藜），平肝、解郁、祛风明目。茎叶入药（蒺藜苗），祛风、除湿、止痒、消痈。根入药（蒺藜根），行气破血。花入药（蒺藜花），祛风和血。
产地和生境： 产河北各地。生荒野、田边、河川流域的石砾质冲积地上。
分布： 分布于全国各地。全球温带都有。

豆科

Fabaceae Lindl.

植物名 **合萌（豆科，合萌属）**
学名及出处： *Aeschynomene indica* L., Sp. Pl. 2: 713–714. 1753.
药材名： 合萌、梗通草、合萌叶、合萌根
生活型及简要特征： 一年生草本。偶数羽状复叶；花稀疏；荚果成熟时节节横断分离。
药用部位及功效： 全草入药（合萌），清热、祛风、利湿、消肿、解毒。茎的木质部入药（梗通草），清热、利尿、通乳、明目。叶入药（合萌叶），解毒、消肿、止血。根入药（合萌根），清热利湿、消积、解毒。
产地和生境： 产青龙、抚宁、昌黎、行唐。生河岸沙地、稍湿润的草地、田边、路旁。
分布： 除草原、荒漠外，全国林区及其边缘均有分布。朝鲜、日本、亚洲热带地区、大洋洲、非洲均有分布。

植物名 **合欢（豆科，合欢属）**
学名及出处： *Albizia julibrissin* Durazz., Mag. Tosc. 3(4): 13–14. 1772.
药材名： 合欢花、合欢皮
生活型及简要特征： 落叶乔木。二回羽状复叶，羽片4～12对，小叶10～30对；花辐射对称，雄蕊多数；荚果扁平，不开裂。
药用部位及功效： 花或花蕾入药（合欢花），解郁安神。树皮入药（合欢皮），解郁安神、活血消肿。
产地和生境： 河北各地均有栽培。山谷、平原也偶见有自然生长。
分布： 分布于我国东北至华南及西南部各省区。中亚至东亚、非洲均有分布，北美亦有栽培。

植物名 **落花生（豆科，落花生属）**
学名及出处： *Arachis hypogaea* L., Sp. Pl. 2: 741. 1753.
药材名： 落花生、花生皮、花生油、花生壳、落花生枝叶
生活型及简要特征： 一年生草本。偶数羽状复叶具小叶2对；荚果在种子间缢缩，在土

中发育成熟。

药用部位及功效：种子入药（落花生），润肺、和胃。种皮入药（花生皮），止血、散瘀、消肿。种子榨出的脂肪油入药（花生油），润肠通便。果实的荚壳入药（花生壳），敛肺止咳。茎叶入药（落花生枝叶），清热解毒、宁神降压。

产地和生境：河北各地普遍栽培。

分布：我国广泛栽培，山东生长最佳。原产南美洲，现世界各地广泛栽培。

植物名　**黄芪（豆科，黄芪属）**

学名及出处：*Astragalus membranaceus* (Fisch.) Bunge, Mém. Acad. Imp. Sci. St.-Pétersb. sér. 7 11(16): 25. 1868.

药材名：黄芪

生活型及简要特征：多年生草本。花冠白色，子房有毛；荚果膜质，有黑色短柔毛。

药用部位及功效：根入药，补气固表、利尿托毒、排脓、敛疮生肌。

产地和生境：产丰宁、隆化、平泉、滦平、双桥、康保、怀安、万全、蔚县、望都、博野、灵寿、栾城、临城、隆尧、南和、武安。生向阳山坡。

分布：分布于东北、华北及西北。俄罗斯、朝鲜也有分布。

植物名　**蒙古黄芪（豆科，黄芪属）**

学名及出处：*Astragalus membranaceus* var. *mongholicus* (Bunge) P. K. Hsiao, Acta Pharm. Sin. 11(2): 117. 1964.

药材名：黄芪

生活型及简要特征：多年生草本。植株较原变种矮小；小叶亦较小；荚果无毛。

药用部位及功效：根入药，补气固表、利尿托毒、排脓、敛疮生肌。

产地和生境：产围场、隆化、张家口、阜平、临城。生草甸草原、山坡、沟边或疏林下。

分布：分布于东北、内蒙古、山西。

植物名　**笐子梢（豆科，笐子梢属）**

学名及出处：*Campylotropis macrocarpa* (Bunge) Rehd., Pl. Wilson. 2(1): 113. 1914.

药材名：壮筋草

生活型及简要特征：灌木。羽状复叶具 3 小叶；苞片易早落，花梗下有关节；荚果含种子 1 粒。

药用部位及功效：根入药，疏风解表、舒筋活血。

产地和生境：产平泉、承德县、宽城、兴隆、双滦、赤城、怀来、青龙、卢龙、遵化、曹妃甸、涞源、顺平、满城、平山、赞皇、鹿泉、临城、内丘、武安、涉县、峰峰矿区。生山坡、沟谷、灌丛中或林缘。

分布：分布于山西、陕西、甘肃、云南、贵州、四川、西藏、华中、山东、安徽、江苏、浙江、福建、广西等省区。朝鲜也有分布。

植物名 **刀豆（豆科，刀豆属）**

学名及出处：*Canavalia gladiata* (Jacq.) DC., Prodr. 2: 404. 1825.

药材名：刀豆

生活型及简要特征：缠绕草本。子房线形，被毛；荚果带状，略弯曲。

药用部位及功效：种子入药，温中降逆、补肾。果壳入药，通经活血、止泻。根入药，散瘀止痛。

产地和生境：黄骅、东光、吴桥、大名有栽培。原产美洲热带地区。

分布：我国长江以南各省区有栽培。热带、亚热带广布。

植物名 **树锦鸡儿（豆科，锦鸡儿属）**

学名及出处：*Caragana arborescens* Lam., Encycl. 1(2): 615. 1785.

药材名：树锦鸡儿

生活型及简要特征：小乔木或大灌木。花顶生，花冠黄色，每梗常 1 花；荚果圆筒形，无毛。

药用部位及功效：根皮入药，通乳、利湿。

产地和生境：产张家口地区、易县、顺平、满城。生平原沙丘。

分布：分布于东北、华北、西北。俄罗斯、蒙古国也有分布。

植物名 **鬼箭锦鸡儿（豆科，锦鸡儿属）**

学名及出处：*Caragana jubata* (Pall.) Poir., Encycl. Suppl. 2(1): 89–90. 1811.

药材名：鬼箭锦鸡儿

生活型及简要特征：灌木。羽状复叶有 4～6 对小叶，小叶长圆形，具刺尖头；荚果密被丝状长柔毛。

药用部位及功效：根及茎叶入药，清热解毒、降压。

产地和生境：产围场、沽源、蔚县、涞源。生山坡或山顶灌丛中。

分布：分布于内蒙古、山西、陕西、新疆、四川。俄罗斯、蒙古国也有分布。

植物名 **小叶锦鸡儿（豆科，锦鸡儿属）**

学名及出处：*Caragana microphylla* Lam., Encycl. 1(2): 615. 1785.

药材名：柠鸡儿

生活型及简要特征：灌木。小叶具短刺尖；花梗近中部具关节；荚果圆筒形，稍扁，具锐尖头。

药用部位及功效：果实入药，清热解毒。

产地和生境：产滦平、张家口地区、卢龙、满城。生山坡、岸边草地、沙丘或干燥坡地。

分布：分布于东北、华北、陕西、甘肃、山东。俄罗斯、蒙古国也有分布。

植物名 **红花锦鸡儿（豆科，锦鸡儿属）**

学名及出处：*Caragana rosea* Turcz. ex Maxim., Prim. Fl. Amur. 470. 1859.

药材名：柠鸡儿

生活型及简要特征：灌木。小枝具棱；花冠黄褐色或淡红色，旗瓣较窄，凋谢时变为红紫色；小叶、子房、荚果均无毛。

药用部位及功效：果实入药，清热解毒。

产地和生境：产滦平、张家口地区、卢龙、满城。生山坡、岸边草地、沙丘或干燥坡地。

分布：分布于东北、华北、陕西、甘肃、山东。俄罗斯、蒙古国也有分布。

植物名 **锦鸡儿（豆科，锦鸡儿属）**

学名及出处：*Caragana sinica* (Buc'hoz) Rehd., Jour. Arnold Arbor. 22(4): 576. 1941.

药材名：锦鸡儿

生活型及简要特征：灌木。托叶硬化成刺，叶轴脱落或硬化成针刺，针刺长 7～15(25)mm。

药用部位及功效：根入药，滋补强壮、活血调经、祛风利湿。花入药，祛风活血、止咳化痰。

产地和生境：产燕山、太行山区。生山坡。

分布：分布于华北、陕西、云南、贵州、四川、华中、华东、广西北部。

植物名 **紫荆（豆科，紫荆属）**

学名及出处：*Cercis chinensis* Bunge, Mém. Acad. Imp. Sci. St.-Pétersb. Divers Savans 2: 95. 1835.

药材名：紫荆花、紫荆木、紫荆果

生活型及简要特征：灌木。叶纸质，较薄；花簇生，无总花梗；荚果薄，有翅，喙细小而弯曲。

药用部位及功效：花入药（紫荆花），清热凉血、通淋解毒。木部入药（紫荆木），活血、通淋。果实入药（紫荆果），止咳平喘、行气止痛。

产地和生境：河北各地有栽培。

分布：分布于我国东南部各省区。

植物名 **豆茶山扁豆（豆科，山扁豆属）**

学名及出处：*Chamaecrista nomame* (Makino) H. Ohashi, J. Jap. Bot. 64: 215. 1989.

药材名：山野扁豆

生活型及简要特征：一年生草本。雄蕊 4 枚，有时 5 枚；荚果有毛，开裂，种子近菱形。

药用部位及功效：全草入药，健脾利湿、止咳化痰。
产地和生境：河北各地常见。生山坡、路旁或草丛中。
分布：分布于东北、云南、四川、山东、安徽、湖北、江苏、浙江、江西、湖南。朝鲜、日本也有分布。

植物名 **红花羊柴（豆科，羊柴属）**
学名及出处：*Corethrodendron multijugum* (Maxim.) B. H. Choi & H. Ohashi, Taxon 52: 573. 2003.
药材名：红花岩黄芪
生活型及简要特征：半灌木。小叶卵状椭圆形或椭圆形；花冠紫红色，子房、荚果有柔毛。
药用部位及功效：根入药，补气固表、利尿、托毒排脓、生肌敛疮。
产地和生境：产张北、宣化、阳原。生沙丘、坡地、草丛中。
分布：分布于华北、西北、四川、西藏、河南、湖北。俄罗斯、蒙古国也有分布。

植物名 **补骨脂（豆科，补骨脂属）**
学名及出处：*Cullen corylifolium* (L.) Medikus, Vorles. Churpfälz. Phys.-Ökon. Ges. 2: 381. 1787.
药材名：补骨脂
生活型及简要特征：一年生草本。全株有白色柔毛和黑褐色腺点；荚果卵形，黑色，含1粒种子。
药用部位及功效：果实入药，补肾助阳、纳气平喘、温脾止泻。
产地和生境：河北有栽培。
分布：分布于云南（西双版纳）、四川金沙江河谷。原产我国，印度、缅甸、斯里兰卡也有分布。

植物名 **皂荚（豆科，皂荚属）**
学名及出处：*Gleditsia sinensis* Lam., Encycl. 2(2): 465–466. 1788.
药材名：皂角、皂角刺、皂角子、皂角叶、猪牙皂
生活型及简要特征：落叶乔木或小乔木。刺粗壮；荚果带状，或有的荚果短小，通常称猪牙皂。
药用部位及功效：果实入药（皂角），祛痰止咳、开窍通闭、杀虫散结。棘刺入药（皂角刺），消肿托毒、排脓、杀虫。种子入药（皂角子），润肠通便、祛风散热、化痰散结。叶入药（皂角叶），祛风解毒、生发。已衰老或受伤害后所结果实入药（猪牙皂），通窍、涤痰、搜风、杀虫。
产地和生境：产燕山、太行山山区。生路旁、沟旁或向阳处。
分布：分布于我国东北、华北、贵州、四川、华东、华南。

植物名　**大豆（豆科，大豆属）**

学名及出处： *Glycine max* (L.) Merr., Interpr. Herb. Amboin. 274. 1917.

药材名： 黑大豆、黑大豆皮、淡豆豉、豆黄、豆腐、黄大豆、大豆黄卷、豆油

生活型及简要特征： 一年生草本。茎粗壮，直立，密生硬毛；荚果长 3～5 cm；栽培植物。

药用部位及功效： 黑色种子入药（黑大豆），活血利水、祛风解毒、健脾益肾。黑色的种皮入药（黑大豆皮），养血平肝、祛风解毒。种子的发酵加工品入药（淡豆豉），解表、除烦、宣发郁热。黑色种子蒸罨加工入药（豆黄），祛风除湿、健脾益气。种子的加工制成品入药（豆腐），泻火解毒、生津润燥、补中益气。种皮黄色的种子入药（黄大豆），健脾宽中、润燥消水。种子发芽后晒干入药（大豆黄卷），清解表邪、分利湿热。种子所榨取之脂肪油入药（豆油），润肠通便、驱虫解毒。

产地和生境： 河北各地普遍栽培。

分布： 全国各地均有栽培。原产我国，现世界各地广泛栽培。

植物名　**野大豆（豆科，大豆属）**

学名及出处： *Glycine soja* Sieb. & Zucc., Abh. Math.-Phys. Cl. Königl. Bayer. Akad. Wiss. 4(2): 119. 1843.

药材名： 野大豆、野大豆藤

生活型及简要特征： 一年生草本。茎纤细，缠绕，有伏毛；荚果长 1.5～2.5 cm；野生。

药用部位及功效： 种子入药（野大豆），益肾、止汗。茎、叶及根入药（野大豆藤），清热敛汗、舒筋止痛。

产地和生境： 产河北各地。生河岸、沼泽地附近、湿草地及灌木丛中。

分布： 除青海、新疆和海南外，遍布全国。俄罗斯、朝鲜、日本也有分布。

植物名　**刺果甘草（豆科，甘草属）**

学名及出处： *Glycyrrhiza pallidiflora* Maxim., Prim. Fl. Amur. 79–80. 1859.

药材名： 刺果甘草

生活型及简要特征： 多年生草本。小叶披针形；花蓝色；荚果卵形，密生长刺。

药用部位及功效： 果实入药，催乳。根入药，杀虫。

产地和生境： 产隆化、涿鹿、青龙、丰南、井陉、黄骅、景县、冀州、故城、内丘、大名。生较潮湿的河谷、草地、田边、路旁。

分布： 分布于东北、华北、西北、山东、河南、江苏。俄罗斯也有分布。

植物名　**甘草（豆科，甘草属）**

学名及出处： *Glycyrrhiza uralensis* Fisch. ex DC., Prodr. 2: 248. 1825.

药材名： 甘草、甘草节、甘草头、甘草梢

生活型及简要特征：多年生草本。粗壮的根和根茎有甜味；小叶卵形或宽卵形；荚果弯曲成镰刀状或环形。

药用部位及功效：根及根茎入药（甘草），益气补中、缓急止痛、润肺止咳、泻火解毒、调和诸药。根或根茎内充填有棕黑色、树脂状物质的部分入药（甘草节），解毒、利咽、和中。根茎上端的芦头部分入药（甘草头），活血解毒、缩尿止遗。甘草的根的末梢部分或细根入药（甘草梢），泻火解毒、利尿通淋。

产地和生境：产围场、康保、尚义、怀安、万全、怀来、宣化、阳原、涿鹿、蔚县、晋州、武强、宁晋。生向阳干燥山坡、草地、田边、路旁。

分布：分布于东北、华北、西北、山东。俄罗斯、巴基斯坦、蒙古国、阿富汗也有分布。

植物名 **米口袋（豆科，米口袋属）**

学名及出处：*Gueldenstaedtia verna* (Georgi) Boriss., Spisok Rast. Gerb. Fl. SSSR 12: 122. 1953.

药材名：小米口袋

生活型及简要特征：多年生草本。植株较大；旗瓣长达 13 mm；总果梗等于或长于叶，较纤细。

药用部位及功效：全草入药，清热解毒、消痈肿。

产地和生境：产平泉、滦平、康保、沽源、尚义、青龙、抚宁、卢龙、迁西、遵化、滦南、曹妃甸、涞源、涿州、安新、定兴、曲阳、望都、清苑、高阳、博野、平山、行唐、正定、无极、深泽、元氏、井陉、武强、冀州、枣强、宁晋、隆尧、南宫、南和、沙河、武安、涉县、大名、峰峰矿区。生山坡、草地、田边、路旁。

分布：分布于东北、华北、陕西、甘肃、湖北、华东。俄罗斯、朝鲜也有分布。

植物名 **河北木蓝（豆科，木蓝属）**

学名及出处：*Indigofera bungeana* Walp., Linnaea 13: 525. 1839.

药材名：铁扫竹

生活型及简要特征：直立灌木。小叶长圆形或倒卵状长圆形；总状花序腋生，比复叶长。

药用部位及功效：根及全草入药，目血敛疮、清热利湿。

产地和生境：产万全、昌黎、迁西、遵化、迁安、易县、顺平、阜平、满城、深泽、元氏、赞皇、井陉、信都、武安、涉县、峰峰矿区。生山坡草地、林缘灌丛中或河滩乱石中。

分布：分布于辽宁、内蒙古、山西、陕西。

植物名 **花木蓝（豆科，木蓝属）**

学名及出处：*Indigofera kirilowii* Maxim. ex Palibin, Trudy Glavn. Bot. Sada, n.s. 17(1): 62–

63, pl. 4. 1898.

药材名：豆根木蓝

生活型及简要特征：小灌木。小叶宽卵形、菱形或椭圆形；花序与复叶近等长；花冠长 1.5～1.8 cm。

药用部位及功效：根入药，清热解毒、消肿止痛、通便。

产地和生境：产平泉、宽城、兴隆、怀来、青龙、抚宁、卢龙、北戴河、昌黎、迁西、遵化、滦南、曹妃甸、井陉、临城。生阳坡的灌丛中、疏林内或岩石缝处。

分布：分布于东北、华北、山东、河南、江苏、浙江。朝鲜、日本也有分布。

植物名 **长萼鸡眼草（豆科，鸡眼草属）**

学名及出处：*Kummerowia stipulacea* (Maxim.) Makino, Bot. Mag. (Tokyo) 28(328): 107. 1914.

药材名：鸡眼草

生活型及简要特征：一年生草本。小枝上的毛向上；小叶常为倒卵形，先端微凹；荚果较萼长 1.5～3 倍。

药用部位及功效：全草入药，清热解毒、健脾利湿、活血止血。

产地和生境：河北广为分布。生山坡、路旁、田边及荒草地中。

分布：分布于我国东北、华北、西北、华中、华东、华南等省区。俄罗斯、朝鲜、日本也有分布。

植物名 **鸡眼草（豆科，鸡眼草属）**

学名及出处：*Kummerowia striata* (Thunb.) Schindl., Repert. Spec. Nov. Regni Veg. 10(257/259): 403. 1912.

药材名：鸡眼草

生活型及简要特征：一年生草本。小枝上的毛向下；小叶长圆形或倒卵形，先端通常圆形；荚果略长于萼或长达 1 倍。

药用部位及功效：全草入药，清热解毒、健脾利湿、活血止血。

产地和生境：产承德县、尚义、青龙、卢龙、北戴河、遵化、滦南、丰南、曹妃甸、涿州、容城、顺平、安新、行唐、宁晋、隆尧、南宫、任泽、魏县、邯山、峰峰矿区、信都。生缓山坡、田边、路旁、林缘。

分布：分布于我国东北、华北、西南、华中、华东、华南、台湾。俄罗斯、朝鲜、日本也有分布。

植物名 **扁豆（豆科，扁豆属）**

学名及出处：*Lablab purpureus* (L.) Sweet, Hort. Brit. 2: 481. 1826.

药材名：扁豆衣、白扁豆、扁豆花、扁豆根、扁豆藤、扁豆叶

生活型及简要特征：多年生缠绕藤本。花序轴上有肿胀的节，龙骨瓣弯成直角；荚果长圆形或长圆状镰形。

药用部位及功效：种皮入药（扁豆衣），消暑化湿、健脾和胃。种子入药（白扁豆），健脾化湿、和中消暑。花入药（扁豆花），健脾和胃、消暑化湿。根入药（扁豆根），消暑、化湿、止血。藤茎入药（扁豆藤），化湿和中。叶入药（扁豆叶），消暑利湿、解毒消肿。

产地和生境：河北广为种植。

分布：全国各地均有种植。

植物名 **大山黧豆（豆科，山黧豆属）**

学名及出处：*Lathyrus davidii* Hance, Journ. Bot. 9(101): 130. 1871.

药材名：大山黧豆

生活型及简要特征：多年生草本。小叶 2～5 以上，托叶大，半箭形；花黄色。

药用部位及功效：种子入药，疏肝理气、调经止痛。

产地和生境：产围场、丰宁、隆化、平泉、承德县、滦平、兴隆、赤城、怀来、宣化、涿鹿、蔚县、秦皇岛、迁西、遵化、武安。生林缘、草坡、疏林下及灌丛中。

分布：分布于东北、华北、陕西、甘肃、山东、河南、安徽、湖北。俄罗斯、朝鲜也有分布。

植物名 **山黧豆（豆科，山黧豆属）**

学名及出处：*Lathyrus quinquenervius* (Miq.) Litv., Opred. Rast. Dal’nevost. Kraja 2: 683. 1932.

药材名：竹叶马豆

生活型及简要特征：多年生草本。小叶有五条明显的叶脉；卷须不分支。

药用部位及功效：全草入药，清热解毒。

产地和生境：产丰宁、承德县、沽源、崇礼、蔚县、霸州、涞源、黄骅、柏乡。生林缘、草地、沙地、草坡及低洼湿地。

分布：分布于东北、华北、陕西、甘肃、青海、华中、华南。俄罗斯、朝鲜、日本也有分布。

植物名 **胡枝子（豆科，胡枝子属）**

学名及出处：*Lespedeza bicolor* Turcz., Bull. Soc. Nat. Mosc. 13(1): 69. 1840.

药材名：胡枝子

生活型及简要特征：直立灌木。花萼裂片通常比萼筒短，花序为总状花序构成的大型、疏松的圆锥花序。

药用部位及功效：根入药，解表。茎、叶入药，润肺清热、利水通淋。

产地和生境：产河北各山区。生山坡灌丛中。

分布：分布于东北、华北、西北、华中、山东、安徽、江苏、浙江、福建、广东、广西、台湾。俄罗斯、朝鲜、日本也有分布。

植物名 **截叶铁扫帚（豆科，胡枝子属）**

学名及出处： *Lespedeza cuneata* (Dum.-Cours.) G. Don, Gen. Hist. 2: 307. 1832.

药材名： 夜关门

生活型及简要特征： 小灌木。小叶楔形或线状楔形，先端截形或近截形。

药用部位及功效： 全草或带根全草入药，补肾涩精、健脾利湿、祛痰止咳、清热解毒。

产地和生境： 产崇礼、万全、遵化、满城、峰峰矿区。生山坡路旁。

分布： 分布于陕西、甘肃、云南、四川、西藏、山东、河南、湖北、湖南、广东、台湾等省区。朝鲜、日本、印度、巴基斯坦、阿富汗及澳大利亚也有分布。

植物名 **兴安胡枝子（豆科，胡枝子属）**

学名及出处： *Lespedeza davurica* (Laxm.) Schindl., Trudy Imp. S.-Peterburgsk. Bot. Sada 2: 570–685. 1912.

药材名： 枝儿条

生活型及简要特征： 小灌木。小叶长圆形或狭长圆形；花有无瓣花，总状花序比叶短。

药用部位及功效： 全草入药，解表散寒。

产地和生境： 产河北各地区。生荒山、荒地、草原。

分布： 分布于东北、华北经秦岭淮河以北至西南各省。俄罗斯、朝鲜、日本也有分布。

植物名 **多花胡枝子（豆科，胡枝子属）**

学名及出处： *Lespedeza floribunda* Bunge, Pl. Monghol.-Chin. 1: 13. 1835.

药材名： 铁鞭草

生活型及简要特征： 小灌木。总花梗细长，显著超出叶，花多数，花紫色，龙骨瓣长于旗瓣。

药用部位及功效： 全草或根入药，消积、截疟。

产地和生境： 产承德地区、张家口地区、昌黎、涞源、易县、顺平、曲阳、赞皇、鹿泉、内丘。生石质山坡、林缘及灌丛中。

分布： 分布于辽宁（西部及南部）、山西、陕西、甘肃、宁夏、青海、四川、山东、河南、安徽、湖北、江苏、江西、福建、广东等省区。

植物名 **尖叶铁扫帚（豆科，胡枝子属）**

学名及出处： *Lespedeza juncea* (L. f.) Pers., Syn. Pl. 2(2): 318. 1807.

药材名： 夜关门

生活型及简要特征： 小灌木。托叶线形，小叶有小刺尖；小苞片狭披针形，与萼筒等长。

药用部位及功效： 全草或带根全草入药，补肾涩精、健脾利湿、祛痰止咳、清热解毒。

产地和生境： 产平泉、张家口地区、曲阳、行唐、赞皇、井陉、峰峰矿区。生草原带的丘陵坡地、林缘。

分布：分布于东北、内蒙古、山西、甘肃、山东等省区。俄罗斯、朝鲜、日本也有分布。

植物名 **绒毛胡枝子（豆科，胡枝子属）**

学名及出处：*Lespedeza tomentosa* (Thunb.) Sieb. ex Maxim., Trudy Imp. S.-Peterburgsk. Bot. Sada 2: 376. 1873.

药材名：小雪人参

生活型及简要特征：灌木。全株被白色柔毛；小叶先端尖或稍钝；总状花序比叶长。

药用部位及功效：根入药，健脾补虚、清热利湿、活血调经。

产地和生境：产河北各地区。生荒山、荒地、草原及灌丛中。

分布：除新疆及西藏外全国各地普遍生长。

植物名 **细梗胡枝子（豆科，胡枝子属）**

学名及出处：*Lespedeza virgata* (Thunb.) DC., Prodr. 2: 350. 1825.

药材名：掐不齐

生活型及简要特征：小灌木。小枝纤弱；总状花序腋生，花疏生，总花梗细长，比叶长；荚果斜卵形。

药用部位及功效：全草入药，清暑利尿、截疟。

产地和生境：产河北各丘陵山区。生海拔 800 m 以下的丘陵山地。

分布：分布于辽宁南部经华北、陕、甘至长江流域各省，但云南、西藏无分布。朝鲜、日本也有分布。

植物名 **百脉根（豆科，百脉根属）**

学名及出处：*Lotus corniculatus* L., Sp. Pl. 2: 775–776. 1753.

药材名：百脉根

生活型及简要特征：多年生草本。茎近四棱形；小叶大；花冠黄色或金黄色，干后常变蓝色。

药用部位及功效：根入药，补虚、清热、止渴。

产地和生境：河北偶见栽培。

分布：分布于西北、西南和长江中上游各省区。亚洲、欧洲、北美洲和大洋洲均有分布。

植物名 **野苜蓿（豆科，苜蓿属）**

学名及出处：*Medicago falcata* L., Sp. Pl. 2: 779. 1753.

药材名：野苜蓿

生活型及简要特征：小叶椭圆形或倒披针形；荚果镰形或弯曲。

药用部位及功效：全草入药，健脾补虚、利尿退黄、舒筋活络。

产地和生境：产康保、怀来、蔚县、迁西、迁安、涞源、宁晋、任泽、南和。生山坡、干旱草地、砂质地、河岸、路边草地。

分布：分布于东北、华北、西北。欧洲盛产，俄罗斯、哈萨克斯坦、乌兹别克斯坦、土库曼斯坦、吉尔吉斯斯坦、塔吉克斯坦、蒙古国、伊朗等亚洲地区分布也很广泛，世界各国都有引种栽培。

植物名 **天蓝苜蓿（豆科，苜蓿属）**

学名及出处：*Medicago lupulina* L., Sp. Pl. 2: 779. 1753.

药材名：老蜗生

生活型及简要特征：一、二年生或多年生草本。小叶宽倒卵形至菱状倒卵形；荚果肾性。

药用部位及功效：全草入药，清热利湿、舒筋活络、止咳平喘、凉血解毒。

产地和生境：产河北各地。生田边、路旁、林缘草地。

分布：分布于我国南北各地，以及青藏高原。欧亚大陆广布，世界各地都有归化种。

植物名 **花苜蓿（豆科，苜蓿属）**

学名及出处：*Medicago ruthenica* (L.) Trautv., Bull. Sci. Acad. Imp. Sci. St.-Petersb. 8: 271. 1841.

药材名：花苜蓿

生活型及简要特征：多年生草本。小叶倒披针形、楔形至线形，托叶披针形；花序紧列；花冠黄色，中央带赤褐色斑。

药用部位及功效：全草入药，清热解毒、止咳、止血。

产地和生境：产康保、沽源、张北、尚义、赤城、崇礼、怀来、阳原、卢龙、涞源、平山、涉县。生于草原、砂地、河岸及砂砾质土壤的山坡旷野。

分布：分布于东北、华北各地及甘肃、四川、山东。俄罗斯、蒙古国也有分布。

植物名 **苜蓿（豆科，苜蓿属）**

学名及出处：*Medicago sativa* L., Sp. Pl. 2: 778–779. 1753.

药材名：苜蓿、苜蓿根

生活型及简要特征：多年生草本。花冠蓝紫色；荚果螺旋状卷曲，中央无孔或近无孔。

药用部位及功效：全草入药（苜蓿），清脾胃、清湿热、利尿、消肿。根入药（苜蓿根），清热利湿、通淋排石。

产地和生境：河北有栽培，亦见半自生于田边路旁。

分布：全国各地都有栽培或呈半野生状态。原产欧洲，世界各国广泛种植。

植物名 **黄香草木樨（豆科，草木樨属）**

学名及出处：*Melilotus officinalis* (L.) Lam., Fl. Franc. [Lamarck] 2: 594. 1779.

药材名：辟汗草

生活型及简要特征：二年生草本。托叶镰状线形；花黄色；荚果先端钝圆。

药用部位及功效： 全草入药，清热、解毒、化湿、杀虫。

产地和生境： 广布于河北。生路边宅旁、山坡荒地。

分布： 分布于东北、西南、华南各地，其余各省常见栽培。欧洲地中海东岸、中东、中亚、东亚均有分布。

植物名 **蓝花棘豆（豆科，棘豆属）**

学名及出处： *Oxytropis coerulea* (Pall.) DC., Astragalogia 54. 1802.

药材名： 蓝花棘豆

生活型及简要特征： 多年生草本。小叶 17～41，长圆状披针形或卵形；花冠蓝紫色或紫红色。

药用部位及功效： 根入药，利尿逐水。

产地和生境： 产围场、沽源、尚义、崇礼、怀安、万全、阳原、涿鹿、蔚县、涞源、阜平、满城、灵寿、行唐、正定、赞皇、井陉、临城、内丘。生山坡、路旁、牧草地。

分布： 分布于东北、华北。俄罗斯、蒙古国也有分布。

植物名 **小花棘豆（豆科，棘豆属）**

学名及出处： *Oxytropis glabra* (Lam.) DC., Astragalogia 95. 1802.

药材名： 醉马草

生活型及简要特征： 多年生草本。小叶披针形或卵状披针形；总状花序具多数疏生的花，花小，蓝紫色。

药用部位及功效： 全草入药，麻醉、镇静、止痛。

产地和生境： 产张家口清水河谷、灵寿。生河谷、盐渍化低湿草甸。

分布： 分布于内蒙古、山西、陕西、甘肃、青海、新疆和西藏等省区。俄罗斯、蒙古国也有分布。

植物名 **山泡泡（豆科，棘豆属）**

学名及出处： *Oxytropis leptophylla* (Pall.) DC., Astragalogia 77. 1802.

药材名： 薄叶棘豆

生活型及简要特征： 多年生草本。小叶线形，密生平伏长柔毛；荚果宽卵形，密生短柔毛。

药用部位及功效： 根入药，清热解毒。

产地和生境： 产围场、赤城、张家口坝上、灵寿。生向阳干山坡、森林草原。

分布： 分布于东北、华北。俄罗斯、蒙古国也有分布。

植物名 **多叶棘豆（豆科，棘豆属）**

学名及出处： *Oxytropis myriophylla* (Pall.) DC., Astragalogia 87. 1802.

药材名： 鸡翎草

生活型及简要特征：多年生草本。具 25～32 轮小叶，小叶片线状披针形；花紫红色。

药用部位及功效：全草入药，清热解毒、消肿、祛风湿、止血。

产地和生境：产围场、康保、沽源、张北、尚义、崇礼、怀安、阳原、蔚县、满城。生山坡草地或沙地。

分布：分布于东北、华北、陕西、宁夏等省区。俄罗斯、蒙古国也有分布。

植物名　**葛（豆科，葛属）**

学名及出处：*Pueraria montana* var. *lobata* (Ohwi) Maesen & S. M. Almeida, J. Bombay Nat. Hist. Soc. 85(1): 234. 1988.

药材名：葛根

生活型及简要特征：粗壮藤本。全株被黄色长硬毛；有粗厚的块状根；花萼钟形，花冠紫色；荚果长椭圆形。

药用部位及功效：根入药，升阳解肌、透疹止泻、除烦止温。

产地和生境：产滦平、宽城、兴隆、万全、涿鹿、青龙、卢龙、昌黎、遵化、迁安、滦南、丰南、曹妃甸、阜平、平山、灵寿、行唐、赞皇、晋州、井陉、信都、武安、涉县、峰峰矿区。生草坡、路旁、沟边、林缘或灌丛中。

分布：除青海、新疆及西藏外，分布几遍全国。东南亚至澳大利亚亦有分布。

植物名　**刺槐（豆科，刺槐属）**

学名及出处：*Robinia pseudoacacia* L., Sp. Pl. 2: 722. 1753.

药材名：刺槐花

生活型及简要特征：落叶乔木。小枝光滑或幼时微有柔毛；具托叶刺；花白色，芳香。

药用部位及功效：花入药，止血。

产地和生境：河北各地广泛栽培。

分布：全国各地广泛栽植。原产美国东部，现世界多地种植。

植物名　**望江南（豆科，决明属）**

学名及出处：*Senna occidentalis* (L.) Link, Handbuch 2: 140. 1829.

药材名：望江南子、望江南

生活型及简要特征：灌木或半灌木。小叶 4～5 对，顶端渐尖；荚果带状镰形，褐色，压扁。

药用部位及功效：荚果或种子入药（望江南子），清肝明目、健胃、通便、解毒。茎叶入药（望江南），肃肺、清肝、和胃、消肿解毒。

产地和生境：河北有栽培。

分布：分布于我国东南部、南部及西南部各省区。原产美洲热带地区，广布于全世界热带和亚热带地区。

植物名 **决明（豆科，决明属）**

学名及出处： *Senna tora* (L.) Roxb., Fl. Ind. 2: 340. 1832.

药材名： 决明子

生活型及简要特征： 一年生亚灌木状草本。小叶 3 对，具腺体 3 枚；荚果近四棱柱形，长达 15 cm。

药用部位及功效： 种子入药，清热明目、润肠通便。

产地和生境： 河北有栽培。

分布： 分布于我国长江以南各省区。原产美洲热带地区，全世界热带、亚热带地区广泛分布。

植物名 **苦豆子（豆科，苦参属）**

学名及出处： *Sophora alopecuroides* L., Sp. Pl. 1: 373. 1753.

药材名： 苦豆子、苦豆根

生活型及简要特征： 草本。小叶长圆形或长圆状披针形；总状花序花密集，花黄色；荚果圆串珠状。

药用部位及功效： 种子入药（苦豆子），清热燥湿、止痛、杀虫。根入药（苦豆根），清肠燥湿、镇痛。

产地和生境： 产赤城、满城、馆陶。生湖盆或河滩的覆沙地及固定、半固定沙地或阳光充足、排水良好的石灰性土壤上。

分布： 分布于华北、西北、西藏、河南。俄罗斯、印度北部、巴基斯坦、阿富汗、伊朗、土耳其也有分布。

植物名 **白刺花（豆科，苦参属）**

学名及出处： *Sophora davidii* (Franch.) Skeels, U. S. D. A. Bur. Pl. Industr. Bull. 282: 68. 1913.

药材名： 白刺花、白刺花叶

生活型及简要特征： 灌木或小乔木。小叶下面与叶轴疏被短柔毛，托叶成针刺状；花白色或蓝白色。

药用部位及功效： 花入药（白刺花），清热解暑。叶入药（白刺花叶），凉血、解毒、杀虫。

产地和生境： 产尚义、深泽、元氏、赞皇、井陉、鹿泉、献县、吴桥、饶阳、阜城、景县、枣强、故城、武安、涉县、曲周、成安、峰峰矿区。生山坡、路旁。

分布： 分布于华北、陕西、甘肃、西南、河南、湖北、江苏、浙江、湖南、广西。

植物名 **苦参（豆科，苦参属）**

学名及出处： *Sophora flavescens* Aiton, Hort. Kew 2: 43. 1789.

药材名： 苦参、苦参实

生活型及简要特征：草本或亚灌木。小叶披针形至线状披针形；花淡黄白色。

药用部位及功效：根入药（苦参），清热燥湿、祛风杀虫。种子入药（苦参实），清热解毒、通便、杀虫。

产地和生境：产河北各地。生山坡沙地及干旱草原。

分布：分布于全国各地。俄罗斯、朝鲜、日本、印度也有分布。

植物名　槐（豆科，槐属）

学名及出处：*Styphnolobium japonicum* (L.) Schott, Wiener Z. Kunst 3: 844. 1830.

药材名：槐花、槐角

生活型及简要特征：乔木。小叶 7～17；顶生圆锥花序，花黄白色；荚果较细，念珠状。

药用部位及功效：花及花蕾入药（槐花），凉血止血、清肝泻火。果实入药（槐角），凉血止血、清肝明目。

产地和生境：河北各地普遍栽培。喜生于肥厚的土壤上。

分布：原产我国，全国各地广泛栽培。朝鲜、日本、越南也有分布，欧洲、美洲各国均有引种。

植物名　高山野决明（豆科，野决明属）

学名及出处：*Thermopsis alpina* (Pall.) Ledeb., Fl. Altaic. 2: 112–113. 1830.

药材名：高山黄华根、高山黄华

生活型及简要特征：多年生草本。小叶长圆形或长圆状倒卵形，小叶、苞片、萼片上生有伸展的柔毛；荚果长圆形，通常弯曲。

药用部位及功效：根入药（高山黄华根），截疟、降压。花、果入药（高山黄华），熄风定惊。

产地和生境：产赤城、怀安、蔚县。生山坡、山谷草地或林下。

分布：分布于东北、华北、陕西、甘肃、青海、新疆、云南、四川、西藏。俄罗斯、蒙古国、吉尔吉斯斯坦也有分布。

植物名　披针叶野决明（豆科，野决明属）

学名及出处：*Thermopsis lanceolata* R. Br., Hort. Kew. (ed. 2) 3: 3. 1811.

药材名：牧马豆

生活型及简要特征：多年生草本。小叶倒披针形，小叶、苞片、萼片上贴生短柔毛；荚果线形。

药用部位及功效：全草入药，祛痰止咳、润肠通便。

产地和生境：产围场、康保、沽源、张北、尚义、崇礼、万全、阳原、蔚县、满城、安新、博野。生河岸、草地、沙丘、田边、路旁。

分布：分布于东北、华北、陕西、甘肃、宁夏、青海、四川。俄罗斯、哈萨克斯坦、蒙古国、乌兹别克斯坦、土库曼斯坦、吉尔吉斯斯坦和塔吉克斯坦也有分布。

植物名 **野火球（豆科，车轴草属）**

学名及出处： *Trifolium lupinaster* L., Sp. Pl. 2: 776. 1753.

药材名： 野火球

生活型及简要特征： 多年生草本。小叶通常 5；花序头状，于茎上部腋生或顶生，花冠淡红色或红紫色。

药用部位及功效： 全草入药，止咳、镇痛、散结。

产地和生境： 产围场、平泉、承德县、沽源、张北、赤城、崇礼、万全、曲周。生山坡草地、沟边湿地。

分布： 分布于东北、内蒙古、山西、新疆。俄罗斯、朝鲜、日本、蒙古国也有分布。

植物名 **红车轴草（豆科，车轴草属）**

学名及出处： *Trifolium pratense* L., Sp. Pl. 2: 768. 1753.

药材名： 红车轴草

生活型及简要特征： 多年生草本。小叶上常有白斑；花序无总花梗或总花梗很短，花冠紫红色。

药用部位及功效： 花序及带花枝叶入药，清热止咳、散结消肿。

产地和生境： 河北有栽培。逸生于林缘、路边、草地等湿润处。

分布： 我国南北各省区均有种植。原产欧洲，引种到世界各国。

植物名 **白车轴草（豆科，车轴草属）**

学名及出处： *Trifolium repens* L., Sp. Pl. 2: 767. 1753.

药材名： 三消草

生活型及简要特征： 多年生草本。花序从匍匐茎上生出，花密集呈头状，有较长的总花梗，花白色或淡红色。

药用部位及功效： 全草入药，清热、凉血、宁心。

产地和生境： 河北有栽培，路边草地、沟边湿地有时亦见半自生。

分布： 东北、西南、华东有引种。原产欧洲，现世界各地均有栽培。

植物名 **山野豌豆（豆科，野豌豆属）**

学名及出处： *Vicia amoena* Fisch. ex DC., Prodr. 2: 355. 1825.

药材名： 透骨草

生活型及简要特征： 多年生草本。小叶椭圆形或长圆形，侧脉通常直达边缘。

药用部位及功效： 全草入药，祛风除湿、解毒止痛。

产地和生境： 产河北各地。生山坡、林缘、路旁的草丛中。

分布： 分布于东北、华北、陕西、甘肃、宁夏、青海、四川、山东、河南、安徽、湖北、江苏。俄罗斯西伯利亚及远东、朝鲜、日本、蒙古国亦有。

植物名 **蚕豆（豆科，野豌豆属）**

学名及出处： *Vicia faba* L., Sp. Pl. 2: 737. 1753.

药材名： 蚕豆花、蚕豆、蚕豆荚壳、蚕豆茎、蚕豆叶

生活型及简要特征： 一年生草本。花大，花柱顶端背部有一丛髯毛；荚果大而肥厚；种子间有横膈膜。

药用部位及功效： 花入药（蚕豆花），凉血止血、止带、降平。种子入药（蚕豆），健脾、利湿。荚壳入药（蚕豆荚壳），止血、敛疮。茎入药（蚕豆茎），止血、止泻。叶入药（蚕豆叶），止血、解毒。

产地和生境： 河北有栽培。

分布： 全国各地均有栽培。原产欧洲地中海沿岸，亚洲西南部至北非，现广布世界各地。

植物名 **救荒野豌豆（豆科，野豌豆属）**

学名及出处： *Vicia sativa* L., Sp. Pl. 2: 736. 1753.

药材名： 大巢菜

生活型及简要特征： 一年生或二年生草本。小叶长椭圆形或心形；花紫红色或红色；荚果成熟后呈黄色；种子间略缢缩。

药用部位及功效： 全草或种子入药，益肾、利水、止血、止咳。

产地和生境： 产怀安。生灌木林下、田边、路旁。

分布： 遍布我国各省。俄罗斯、日本也有分布。

植物名 **歪头菜（豆科，野豌豆属）**

学名及出处： *Vicia unijuga* A. Br., Index Seminum (Berlin) 1853: 22. 1853.

药材名： 歪头菜

生活型及简要特征： 多年生草本。小叶 2，卵形、椭圆形或卵状披针形，托叶半箭头形；荚果窄长圆形，扁平。

药用部位及功效： 全草入药，补虚调肝、理气止痛、清热利尿。

产地和生境： 产河北各地。生林缘、林间或山沟草地。

分布： 分布于东北、华北、陕西、甘肃、青海、西南、湖北、江西、湖南、华东。俄罗斯、朝鲜、日本、蒙古国也有分布。

植物名 **赤豆（豆科，豇豆属）**

学名及出处： *Vigna angularis* (Willd.) Ohwi & H. Ohashi, J. Jap. Bot. 44(1): 29. 1969.

药材名： 赤小豆、赤小豆花、赤小豆芽、赤小豆叶

生活型及简要特征： 一年生、直立或缠绕草本。托叶盾状着生，箭头形；花黄色；种子直径 4～5 mm，种脐不凹陷。

药用部位及功效： 种子入药（赤小豆），利水消肿退黄、清热解毒消痈。花入药（赤小

豆花），解毒消肿、行气利水、明目。种子经水罨发芽而成的豆芽入药（赤小豆芽），清热解毒、止血、安胎。叶入药（赤小豆叶），固肾缩尿、明目、止渴。

产地和生境：河北有栽培。

分布：广植于我国各地。原产亚洲热带地区，现全世界各地广为种植。

植物名 **绿豆（豆科，豇豆属）**

学名及出处：*Vigna radiata* (L.) R. Wilczek, Fl. Congo Belge 6: 386. 1954.

药材名：绿豆、绿豆芽、绿豆粉、绿豆花、绿豆叶、绿豆皮

生活型及简要特征：一年生直立草本。荚果有硬毛；种子短圆柱形，通常为绿色，有时为黄褐色。

药用部位及功效：种子入药（绿豆），清热、消暑、利水、解毒。种子经浸罨后发出的嫩芽入药（绿豆芽），清热消暑、解毒利尿。种子经水磨加工而得的淀粉入药（绿豆粉），清热解毒。花入药（绿豆花），解酒毒。叶入药（绿豆叶），和胃、解毒。种皮入药（绿豆皮），清暑止渴、利尿解毒、退目翳。

产地和生境：河北各地有栽培。

分布：我国各地广为栽培。原产热带，现世界广泛种植。

植物名 **赤小豆（豆科，豇豆属）**

学名及出处：*Vigna umbellata* (Thunb.) Ohwi & H. Ohashi, J. Jap. Bot. 44(1): 31. 1969.

药材名：赤小豆、赤小豆花、赤小豆芽、赤小豆叶

生活型及简要特征：一年生草本。托叶盾状着生，披针形或卵状披针形；花黄色；种子直径 3～3.5 mm，种脐凹陷。

药用部位及功效：种子入药（赤小豆），利水消肿退黄、清热解毒消痈。花入药（赤小豆花），解毒消肿、行气利水、明目。种子经水罨发芽而成的豆芽入药（赤小豆芽），清热解毒、止血、安胎。叶入药（赤小豆叶），固肾缩尿、明目、止渴。

产地和生境：隆化、承德县、卢龙、遵化、肥乡、魏县、邯山有栽培。

分布：我国南部地区有野生或栽培。原产亚洲热带地区，现朝鲜、日本、菲律宾及其他东南亚国家亦有栽培。

植物名 **豇豆（豆科，豇豆属）**

学名及出处：*Vigna unguiculata* (L.) Walp., Repert. Bot. Syst. 1(5): 779. 1843.

药材名：豇豆、豇豆壳、豇豆根、豇豆叶

生活型及简要特征：一年生缠绕、草质藤本或近直立草本。总状花序腋生，具长梗，花冠黄白色而略带青紫；荚果长 20～30 cm；种子长椭圆形或圆柱形或稍肾形。

药用部位及功效：种子入药（豇豆），健脾利湿、补肾涩精。荚壳入药（豇豆壳），补肾健脾、利水消肿、镇痛、解毒。根入药（豇豆根），健脾益气、消积、解毒。叶入药

（豇豆叶），利小便、解毒。

产地和生境：河北各地栽培。

分布：我国各地常见栽培。全球热带、亚热带地区广泛栽培。

植物名 **野豇豆（豆科，豇豆属）**

学名及出处：*Vigna vexillata* (L.) A. Rich., Hist. Fis. Cuba, Bot. 10: 191. 1845.

药材名：野豇豆

生活型及简要特征：多年生攀援或蔓生草本。根纺锤形；龙骨瓣顶部具弯曲成 180° 的喙；荚果线状圆柱形，被刚毛。

药用部位及功效：根入药，清热解毒、消肿止痛、利咽喉。

产地和生境：产怀来、满城、栾城。生于旷野、灌丛或疏林中。

分布：分布于我国华东、华南至西南各省区。全球热带、亚热带地区广布。

植物名 **紫藤（豆科，紫藤属）**

学名及出处：*Wisteria sinensis* (Sims) DC., Prodr. 2: 390. 1825.

药材名：紫藤、紫藤子、紫藤根

生活型及简要特征：落叶藤本。成熟叶无毛；花紫色或深紫色；荚果扁，长条形，密生灰褐色短柔毛。

药用部位及功效：茎或茎皮入药（紫藤），利水、除痹、杀虫。种子入药（紫藤子），活血、通络、解毒、驱虫。根入药（紫藤根），祛风除湿、舒筋活络。

产地和生境：河北有栽培。

分布：辽宁、内蒙古、山西、陕西、甘肃、四川、山东、湖北、江苏、浙江、湖南、广东。

远志科

Polygalaceae Hoffmanns. & Link

植物名 **瓜子金（远志科，远志属）**

学名及出处：*Polygala japonica* Houtt., Nat. Hist. 2(10): 89, t. 62, f. 1. 1779.

药材名：瓜子金

生活型及简要特征：多年生草本。总状花序腋生；蒴果先端凹缺，周围具较宽的翅，无睫毛。

药用部位及功效：全草入药，祛痰止咳、活血消肿、解毒止痛。

产地和生境：产宽城、沽源、丰南、信都。生多石砾草地、山坡灌丛及杂木林下。

分布：分布于东北、华北、西南、华中、华东、华南。俄罗斯、朝鲜、日本也有分布。

植物名 西伯利亚远志（远志科，远志属）

学名及出处： *Polygala sibirica* L., Sp. Pl. 2: 702. 1753.

药材名： 远志

生活型及简要特征： 多年生草本。总状花序腋生，花丝近 1/3 离生；蒴果先端凹缺，具较宽的翅，无睫毛。

药用部位及功效： 根入药，宁心安神、祛痰开窍、解毒消肿。

产地和生境： 产河北各区县。生山坡草地，路旁。

分布： 分布于东北、华北、西南、华中、华东、华南。俄罗斯、朝鲜、日本、印度、蒙古国及其他国家也有分布。

植物名 小扁豆（远志科，远志属）

学名及出处： *Polygala tatarinowii* Regel, Bull. Soc. Imp. Naturalistes Moscou 34(2, no.4): 523. 1861.

药材名： 小扁豆根

生活型及简要特征： 一年生直立草本。总状花序顶生；蒴果扁圆形，蒴果顶端无凹缺。

药用部位及功效： 根入药，祛风、活血止痛。

产地和生境： 产承德县、迁西、易县、平山、井陉、邢台县、沙河、武安。生山坡草地路旁草丛中。

分布： 分布于我国东北、华北、西北、西南、华中、华东。俄罗斯远东地区、朝鲜半岛、日本也有分布。

植物名 远志（远志科，远志属）

学名及出处： *Polygala tenuifolia* Willd., Sp. Pl. 3(2): 879. 1802.

药材名： 远志

生活型及简要特征： 多年生草本。花序偏侧生于小枝顶端；蒴果顶端凹缺，叶窄线形至线状披针形。

药用部位及功效： 根入药，安神益智、交通心肾、祛痰、消肿。

产地和生境： 产河北各区县。生山坡、道旁、灌丛及杂木林下。

分布： 分布于东北、华北、西北、四川以及华中。也分布于俄罗斯、朝鲜、蒙古国。

蔷薇科

Rosaceae Juss.

植物名 龙牙草（蔷薇科，龙牙草属）

学名及出处： *Agrimonia pilosa* Ledeb, Ind. Sem. Hort. Dorpat. Suppl. 1. 1823.

药材名：仙鹤草

生活型及简要特征：多年生草本。叶为间断奇数羽状复叶；花序穗状总状顶生；果实顶端有数层钩刺。

药用部位及功效：地上部分入药，收敛止血、止痢、杀虫。

产地和生境：产河北各地。生山坡、山谷、草丛、水边、路边、阴湿地。

分布：我国南北各省区均产。俄罗斯、朝鲜、日本、蒙古国、越南北部及欧洲中部均有分布。

植物名 **蕨麻（蔷薇科，蕨麻属）**

学名及出处：*Argentina anserina* (L.) Rydb., Monogr. N. Amer. Potentilleae 159. 1898.

药材名：蕨麻、蕨麻草

生活型及简要特征：多年生草本。有长匍匐茎；小叶 13～17，下面白色，密生紧贴丝状长柔毛。

药用部位及功效：块根入药（蕨麻），补气血、健脾胃、生津止渴。全草入药（蕨麻草），凉血止血、解毒利湿。

产地和生境：产围场、承德县、兴隆、康保、沽源、张北、赤城、崇礼、万全、蔚县、山海关、北戴河、昌黎、涞源、易县、阜平、内丘。生山地阴坡、草丛、水边湿地、路边、林缘。

分布：分布于东北、内蒙古、山西、西北、云南、四川、西藏、山东。亦分布于欧洲、亚洲及北美洲三洲北半球温带，以及南美智利、大洋洲新西兰及塔斯马尼亚岛等地。

植物名 **灰栒子（蔷薇科，栒子属）**

学名及出处：*Cotoneaster acutifolius* Turcz., Bull. Soc. Imp. Naturalistes Moscou 5: 190. 1832.

药材名：灰栒子

生活型及简要特征：落叶灌木。花 2～5 朵；叶片先端多急尖，上下两面幼时有长柔毛；果实椭圆形或倒卵形，小核 2～3。

药用部位及功效：枝叶及果实入药，凉血止血、解毒敛疮。

产地和生境：产康保、张北、崇礼、怀安、怀来、阳原、涿鹿、蔚县、遵化、涞水、涞源、易县、唐县、阜平、平山、灵寿、临城、内丘、磁县。生山谷或草坡丛林中。

分布：分布于内蒙古、山西、陕西、甘肃、青海、西藏、河南、湖北。蒙古国也有分布。

植物名 **野山楂（蔷薇科，山楂属）**

学名及出处：*Crataegus cuneata* Sieb. & Zucc., Abh. Math.-Phys. Cl. Königl. Bayer. Akad. Wiss. 4(2): 130. 1843.

药材名：山楂

生活型及简要特征：落叶灌木。叶片宽倒卵形至倒卵长圆形，基部楔形；果实近球形或扁球形，红色或黄色。

药用部位及功效：果实入药，消食积、散瘀血、驱绦虫。

产地和生境：产承德县、双滦、蔚县。生山谷、多石湿地或山地灌木丛中。

分布：分布于云南、贵州、华中、安徽、江苏、浙江、福建、广东、广西。日本也有分布。

植物名 **甘肃山楂（蔷薇科，山楂属）**

学名及出处：*Crataegus kansuensis* E. H. Wilson, J. Arnold Arbor. 9(2–3): 58–60. 1928.

药材名：山楂

生活型及简要特征：灌木或乔木。叶片宽卵形，有 5～7 对浅裂片，边缘锯齿较密；果实球形，红色，直径 8～10 mm；小核 2～3。

药用部位及功效：果实入药，消食积、散瘀血、驱绦虫。

产地和生境：产沽源、赤城、崇礼、阳原、涿鹿、蔚县、涞源、易县、阜平、平山、武安、磁县。生杂木林中。

分布：分布于山西、陕西、甘肃、贵州、四川。

植物名 **山楂（蔷薇科，山楂属）**

学名及出处：*Crataegus pinnatifida* Bunge, Mém. Acad. Imp. Sci. St.-Pétersbourg Divers Savans 2: 100. 1835.

药材名：山楂、山楂根、山楂叶、山楂核、山楂木

生活型及简要特征：落叶乔木。叶片基部截形或宽楔形，有 3～5 对深裂片，中脉或侧脉有短柔毛；果实球形，红色；小核 3～5。

药用部位及功效：果实入药（山楂），消食积、散瘀血、驱绦虫。根入药（山楂根），消积和胃、止血、祛风、消肿。叶入药（山楂叶），止痒、敛疮、降血压。种子入药（山楂核），消食、散结、催生。茎枝入药（山楂木），祛风燥湿、止痒。

产地和生境：产河北各地。野生山坡上或栽培。

分布：分布于东北、内蒙古、山西、陕西、山东、河南、江苏。俄罗斯、朝鲜也有分布。

植物名 **山里红（蔷薇科，山楂属）**

学名及出处：*Crataegus pinnatifida* var. *major* N. E. Br., Gard. Chron., n. s. 26: 621. f. 121. 1886.

药材名：山楂、山楂根、山楂叶、山楂核、山楂木

生活型及简要特征：落叶乔木。植株生长茂盛；叶片大，分裂较浅；果形较大，直径可达 2.5 cm，深亮红色。

药用部位及功效：果实入药（山楂），消食积、散瘀血、驱绦虫。根入药（山楂根），消积和胃、止血、祛风、消肿。叶入药（山楂叶），止痒、敛疮、降血压。种子入药（山

楂核），消食、散结、催生。茎枝入药（山楂木），祛风燥湿、止痒。
产地和生境：产河北山区，为本省山区的主要果树之一，普遍栽培。
分布：东北、北京、江苏等地也有种植。

植物名 **辽宁山楂（蔷薇科，山楂属）**
学名及出处：*Crataegus sanguinea* Pall., Fl. Ross. 1 (1): 25. 1784.
药材名：山楂
生活型及简要特征：落叶灌木。叶片基部楔形，两面微有短柔毛；果实血红色，直径1 cm；小核3，稀5。
药用部位及功效：果实入药，消食积、散瘀血、驱绦虫。
产地和生境：产围场、张北、蔚县。生山坡杂木林中。
分布：分布于东北、内蒙古、新疆。俄罗斯及蒙古国也有分布。

植物名 **金露梅（蔷薇科，金露梅属）**
学名及出处：*Dasiphora fruticosa* (L.) Rydb., Monogr. N. Amer. Potentilleae 188. 1898.
药材名：金老梅根、金老梅叶、金老梅花、金老梅枝
生活型及简要特征：灌木。小叶上面疏被柔毛或近无毛，下面网脉不凸出，边缘平坦；花黄色。
药用部位及功效：根入药（金老梅根），止血、解毒利咽。叶入药（金老梅叶），清泄暑热、健胃消食、调经。花入药（金老梅花），化湿健脾。枝条入药（金老梅枝），涩肠止泻。
产地和生境：产围场、平泉、兴隆、康保、沽源、张北、赤城、崇礼、万全、阳原、涿鹿、蔚县、涞源、平山。生山坡、沟边、山顶草甸、杂木林下。
分布：分布于东北、华北、西北、云南、四川、西藏。俄罗斯、日本、蒙古国、欧洲、北美洲也有分布。

植物名 **银露梅（蔷薇科，金露梅属）**
学名及出处：*Dasiphora glabra* (G. Lodd.) Soják, Čas. Nár. Muz., Rada Přír. 152: 19. 1983.
药材名：银老梅
生活型及简要特征：灌木。羽状复叶有小叶1～2对，小叶片椭圆形至倒卵椭圆形；花白色。
药用部位及功效：茎、叶、花入药，行气止痛、利水消胀。
产地和生境：产兴隆、沽源、赤城、蔚县、涞源。生高山岩石间、山坡、杂木林下。
分布：分布于内蒙古、山西、陕西、甘肃、青海、云南、四川、安徽、湖北。俄罗斯、朝鲜、蒙古国也有分布。

植物名 **路边青（蔷薇科，路边青属）**
学名及出处：*Geum aleppicum* Jacq., Collectanea 1: 88. 1787.

药材名：五气朝阳草

生活型及简要特征：多年生草本。茎生叶变化大，2～6小叶，有时重复羽裂，小叶披针形或菱状椭圆形，顶端通常渐尖，稀急尖。

药用部位及功效：全草或根入药，清热解毒、活血止痛、调经止带。

产地和生境：产承德地区、康保、沽源、张北、尚义、赤城、崇礼、万全、怀来、蔚县、青龙、抚宁、曹妃甸、涞源、易县、阜平、满城、平山、灵寿、赞皇、武强、武安、涉县。生山坡、山顶、草甸、草丛、灌丛、林缘、林下。

分布：分布于东北、内蒙古、山西、陕西、甘肃、新疆、云南、贵州、四川、西藏、山东、河南、湖北。并广布于北半球温带及暖温带。

植物名 **棣棠花（蔷薇科，棣棠花属）**

学名及出处：*Kerria japonica* (L.) DC., Trans. Linn. Soc. London 12(1): 157. 1817.

药材名：棣棠花

生活型及简要特征：落叶灌木。花瓣黄色，宽椭圆形，顶端下凹；瘦果倒卵形至半球形，有皱褶。

药用部位及功效：花或枝叶入药，化痰止咳、利尿消肿、解毒。

产地和生境：河北有栽培。

分布：分布于陕西、甘肃、云南、贵州、四川、华中、山东、安徽、江苏、浙江、福建。日本也有分布。

植物名 **花红（蔷薇科，苹果属）**

学名及出处：*Malus asiatica* Nakai, Icon. Pl. Koisik. 3: 19, pl. 155. 1915.

药材名：花红叶、林檎、林檎根

生活型及简要特征：小乔木。叶片下面密被短柔毛；果形较大，果梗中长。

药用部位及功效：叶入药（花红叶），泻火明目、杀虫解毒。果实入药（林檎），下气宽胸、生津止渴、和中止痛。根入药（林檎根），杀虫、止渴。

产地和生境：河北各地均有分布。生山坡阳处、平原砂地。

分布：分布于华北、西北、云南、贵州、四川、山东、湖北。

植物名 **山荆子（蔷薇科，苹果属）**

学名及出处：*Malus baccata* (L.) Borkh., Theor. Prakt. Handb. Forstbot. 2: 1280. 1803.

药材名：山荆子

生活型及简要特征：乔木。叶柄、叶脉、花梗和萼筒外部均光滑无毛；果实近球形。

药用部位及功效：果实入药，止泻痢。

产地和生境：产丰宁、平泉、承德县、宽城、双桥、双滦、康保、沽源、崇礼、怀安、万全、怀来、涿鹿、蔚县、青龙、抚宁、卢龙、昌黎、迁西、遵化、乐亭、满城、博野、深泽、栾城。生山坡杂木林中及山谷灌丛中。

分布：分布于东北、内蒙古、山西、陕西、甘肃、山东。俄罗斯、朝鲜、蒙古国也有分布。

植物名　垂丝海棠（蔷薇科，苹果属）

学名及出处：*Malus halliana* Koehne, Gatt. Pomac. 27. 1890.

药材名：垂丝海棠

生活型及简要特征：乔木。叶边有钝细锯齿；萼片先端圆钝，花柱 4 或 5；果实梨形或倒卵形。

药用部位及功效：花入药，调经和血。

产地和生境：河北各地有栽培。

分布：分布于陕西、云南、四川、安徽、江苏、浙江。

植物名　西府海棠（蔷薇科，苹果属）

学名及出处：*Malus* × *micromalus* Makino, Bot. Mag. (Tokyo) 22: 69. 1908.

药材名：海红

生活型及简要特征：小乔木。叶片基部渐狭成楔形；果实红色，基部梗洼下陷，萼片宿存或脱落。

药用部位及功效：果实入药，涩肠止痢。

产地和生境：河北各地常做园林绿化栽培。

分布：分布于辽宁、山西、陕西、甘肃、云南、山东。

植物名　楸子（蔷薇科，苹果属）

学名及出处：*Malus prunifolia* (Willd.) Borkh., Theor. Prakt. Handb. Forstbot. 2: 1278. 1803.

药材名：楸子

生活型及简要特征：小乔木。叶片下面仅在叶脉具短柔毛或近无毛；果形较小，果梗细长。

药用部位及功效：果实入药，生津、消食。

产地和生境：河北北部及东部较多，野生或栽培。

分布：分布于辽宁、内蒙古、山西、陕西、甘肃、山东、河南。

植物名　苹果（蔷薇科，苹果属）

学名及出处：*Malus pumila* Mill., Gard. Dict. (ed. 8) Malus no. 3. 1768.

药材名：苹果、苹果皮、苹果叶

生活型及简要特征：乔木。栽培种；叶边锯齿稍深；小枝、冬芽及叶片上毛茸较多；果实直径大，果梗短。

药用部位及功效：果实入药（苹果），益胃、生津、除烦、醒酒。果皮入药（苹果皮），降逆和胃。叶片入药（苹果叶），凉血解毒。

产地和生境：河北各地有栽培。

分布：全国都有栽培，为最普遍的水果。

植物名 **石楠（蔷薇科，石楠属）**

学名及出处：*Photinia serratifolia* (Desf.) Kalkman, Blumea 21(2): 424. 1973.

药材名：石楠根、石楠叶、石楠实

生活型及简要特征：常绿灌木或小乔木。叶柄长 2～4 cm，叶片长椭圆形、长倒卵形或倒卵状椭圆形。

药用部位及功效：根或根皮入药（石楠根），祛风除湿、活血解毒。叶入药（石楠叶），祛风补肾。果实入药（石楠实），祛风湿、消积聚。

产地和生境：栾城、安平、肥乡、魏县、邯山、峰峰矿区有栽培。

分布：分布于陕西、甘肃、云南、贵州、四川、华中、安徽、江苏、浙江、福建、广东、广西、台湾。日本、印度尼西亚也有分布。

植物名 **白萼委陵菜（蔷薇科，委陵菜属）**

学名及出处：*Potentilla betonicifolia* Poir., Encycl. 5(1): 601. 1804.

药材名：三出叶委陵菜

生活型及简要特征：多年生草本。小叶长圆状披针形或披针形，长 2～10 cm；生于干旱地区。

药用部位及功效：地上部分入药，利水消肿。

产地和生境：产康保、张北、万全、宣化。生山坡、路旁、草地、草滩。

分布：分布于东北、内蒙古。俄罗斯、蒙古国也有分布。

植物名 **委陵菜（蔷薇科，委陵菜属）**

学名及出处：*Potentilla chinensis* Ser., Prodr. 2: 581. 1825.

药材名：委陵菜

生活型及简要特征：多年生草本。小叶裂片三角形或带形，多少向外开展，边缘极为反卷。

药用部位及功效：带根全草入药，凉血止痢、清热解毒。

产地和生境：产河北各地。生路边、草丛、山地阳坡、沟边、林缘、河边。

分布：分布于东北、华北、陕西、甘肃、西南、华中、山东、安徽、江苏、福建、广东、广西及台湾。俄罗斯、蒙古国也有分布。

植物名 **大萼委陵菜（蔷薇科，委陵菜属）**

学名及出处：*Potentilla conferta* Bunge, Fl. Altaic. 2: 240–241. 1830.

药材名：白毛委陵菜

生活型及简要特征：多年生草本。植株显著散生开展白色长柔毛；小叶通常中裂或浅裂。

药用部位及功效：根入药，凉血止血。

产地和生境：产承德县、康保、张北、赤城、怀来、蔚县、青龙、抚宁、卢龙、昌黎、涞源、易县、阜平、曲阳、行唐、井陉、内丘、信都、沙河、武安、涉县。生山坡、路边、沟边、耕地旁。

分布：分布于黑龙江、内蒙古、山西、甘肃、新疆、云南、四川、西藏。俄罗斯、蒙古国也有分布。

植物名 **翻白草（蔷薇科，委陵菜属）**

学名及出处：*Potentilla discolor* Bunge, Enum. Pl. China Bor. 25. 1833.

药材名：翻白草

生活型及简要特征：多年生草本。全株密被白色绵毛；小叶长圆形或长圆披针形，边缘具缺刻状锯齿。

药用部位及功效：带根全草入药，清热解毒、凉血止血。

产地和生境：产承德县、双桥、双滦、尚义、阳原、青龙、抚宁、山海关、迁西、遵化、滦南、丰南、乐亭、涞水、涞源、易县、阜平、平山、灵寿、行唐、赞皇、井陉、内丘、信都、武安、涉县。生山坡、山谷、路边、草丛。

分布：分布于东北、内蒙古、山西、陕西、四川、华中、山东、安徽、江苏、浙江、福建、广东及台湾。朝鲜、日本也有分布。

植物名 **莓叶委陵菜（蔷薇科，委陵菜属）**

学名及出处：*Potentilla fragarioides* L., Sp. Pl. 1: 496. 1753.

药材名：雉子筵根

生活型及简要特征：多年生草本。叶为羽状复叶，两面被疏柔毛；伞房状聚伞花序，多花，疏散。

药用部位及功效：根及根茎入药，止血。

产地和生境：产围场、承德县、崇礼、万全、阳原、青龙、抚宁、迁西、易县、平山、灵寿、井陉、武安。生山坡、路旁、荒地边、草丛、灌丛、阴坡林下。

分布：分布于东北、华北、西北、西南、河南、湖南、华东、广西。俄罗斯、朝鲜、日本、蒙古国也有分布。

植物名 **三叶委陵菜（蔷薇科，委陵菜属）**

学名及出处：*Potentilla freyniana* Bornm., Mitt. Thüring. Bot. Vereins 20: 12. 1904.

药材名：地蜂子

生活型及简要特征：多年生草本。小叶下面被平铺糙毛或密被柔毛；花药大，椭圆形，花丝背部着生。

药用部位及功效：根及全草入药，清热解毒、敛疮止血、散瘀止痛。

产地和生境：产蔚县、涞源、峰峰矿区。生林缘、地边、草地阴湿处。

分布：分布于东北、山西、陕西、甘肃、云南、贵州、四川、山东、安徽、湖北、江苏、浙江、江西、湖南、福建。俄罗斯、朝鲜、日本也有分布。

植物名 **蛇含委陵菜（蔷薇科，委陵菜属）**

学名及出处：*Potentilla kleiniana* Wight & Arn., Prodr. Fl. Ind. Orient. 300. 1834.

药材名：蛇含

生活型及简要特征：一年生、二年生或多年生宿根草本。茎平卧，具匍匐茎，常在节处生根或上升，根纤细。

药用部位及功效：带根全草入药，清热定惊、截疟、止咳化痰、解毒活血。

产地和生境：产怀来。生田边、水旁、草甸及山坡草地。

分布：分布于辽宁、陕西、云南、贵州、四川、西藏、华中、山东、安徽、江苏、浙江、福建、广东、广西。朝鲜、日本、印度、马来西亚及印度尼西亚均有分布。

植物名 **绢毛匍匐委陵菜（蔷薇科，委陵菜属）**

学名及出处：*Potentilla reptans* var. *sericophylla* Franch., Pl. David. 1: 113. 1884.

药材名：金金棒

生活型及简要特征：多年生草本。叶为三出掌状复叶，小叶边缘有钝锯齿，近基部 1/3 全缘。

药用部位及功效：块根入药，滋阴除热、生津止渴。

产地和生境：产承德县、蔚县、山海关、灵寿、深泽、元氏、赞皇、内丘。生山坡、路边、水边、山谷潮湿地。

分布：分布于内蒙古、山西、陕西、甘肃、云南、四川、山东、河南、江苏、浙江。

植物名 **杏（蔷薇科，李属）**

学名及出处：*Prunus armeniaca* L., Sp. Pl. 1: 474. 1753.

药材名：杏仁、杏花、杏树皮、杏枝、杏叶、杏树根

生活型及简要特征：乔木。叶片宽卵形或圆卵形，先端急尖至短渐尖；果实多汁，成熟时不开裂；核基部常对称。

药用部位及功效：种子入药（杏仁），祛痰止咳、平喘、润肠、下气开痹。花入药（杏花），活血补虚。树皮入药（杏树皮），解毒。树枝入药（杏枝），活血散瘀。叶入药（杏叶），祛风利湿、明目。根入药（杏树根），解毒。

产地和生境：河北各区县都有种植。

分布：分布于全国各地，多数为栽培。世界各地也均有栽培。

植物名 **野杏（蔷薇科，李属）**

学名及出处：*Prunus armeniaca* var. *ansu* Maxim., Bull. Acad. Imp. Sci. St.-Pétersbourg. sér.

3 29(1): 87-88. 1883.

药材名：杏仁、杏花、杏树皮、杏枝、杏叶、杏树根

生活型及简要特征：乔木。花常 2 朵；果实近球形，红色；果核表面粗糙而有网纹，腹棱常锐利。

药用部位及功效：种子入药（杏仁），祛痰止咳、平喘、润肠、下气开痹。花入药（杏花），活血补虚。树皮入药（杏树皮），解毒。树枝入药（杏枝），活血散瘀。叶入药（杏叶），祛风利湿、明目。根入药（杏树根），解毒。

产地和生境：产河北低山区。

分布：分布于我国北部地区。朝鲜、日本也有分布。

植物名 **山桃（蔷薇科，李属）**

学名及出处：*Prunus davidiana* (Carrière) Franch., Nouv. Arch. Mus. Hist. Nat., sér. 2 5: 255. 1883.

药材名：桃胶、桃花、桃茎白皮、桃仁、碧桃干、桃子、桃叶

生活型及简要特征：乔木。叶片基部楔形，边缘具细锐锯齿；萼筒无毛；果实及核近球形，果肉干燥。

药用部位及功效：树皮中分泌出来的树脂入药（桃胶），和血、通淋、止痢。花入药（桃花），利水、活血化瘀。去掉栓皮的树皮入药（桃茎白皮），清热利水、解毒、杀虫。种子入药（桃仁），破血行瘀、润燥滑肠。未成熟果实入药（碧桃干），敛汗涩精、活血止血、止痛。成熟果实入药（桃子），生津、润肠、活血、消积。叶入药（桃叶），祛风清热、杀虫。

产地和生境：产双桥、怀安、怀来、涿鹿、蔚县、遵化、曹妃甸、涞源、涿州、易县、定兴、容城、曲阳、望都、平山、无极、赞皇、井陉、宁晋、临城、内丘、武安、涉县、邯山、峰峰矿区、磁县。生向阳坡地或林缘。

分布：分布于黑龙江、山西、陕西、甘肃、云南、贵州、四川、山东、河南。

植物名 **欧李（蔷薇科，李属）**

学名及出处：*Prunus humilis* Bunge, Mém. Acad. Imp. Sci. St.-Pétersbourg Divers Savans 2: 97. 1835.

药材名：郁李仁

生活型及简要特征：灌木。叶片中部以上最宽，倒卵状长圆形或倒卵状披针形，先端急尖或短渐尖。

药用部位及功效：种子入药（郁李仁），润燥滑肠、下气利水。

产地和生境：产平泉、承德县、双桥、康保、沽源、张北、赤城、涿鹿、蔚县、青龙、抚宁、卢龙、山海关、北戴河、昌黎、迁西、遵化、滦南、丰南、曹妃甸、涞源、武安。生山坡、路边、水边、山谷潮湿地。

分布：分布于东北、内蒙古、山西、北京、甘肃、宁夏、四川、重庆、山东、河南、安

徽、湖北、江苏。

植物名 **郁李（蔷薇科，李属）**

学名及出处： *Prunus japonica* Thunb., Syst. Veg. (ed. 14) 463. 1784.

药材名： 郁李仁、郁李根

生活型及简要特征： 灌木。叶片中部以下最宽，卵形或卵状披针形，先端渐尖至急尖，基部圆形。

药用部位及功效： 种子入药（郁李仁），润燥滑肠、下气利水。根入药（郁李根），清热、杀虫、行气破积。

产地和生境： 产承德县、双桥。生山坡林下、灌丛中。

分布： 分布于东北、山东、浙江。朝鲜和日本也有分布。

植物名 **稠李（蔷薇科，李属）**

学名及出处： *Prunus padus* L., Sp. Pl. 1: 473. 1753.

药材名： 樱额

生活型及简要特征： 落叶乔木。小枝、叶片下面、叶柄和花序基部均密被棕褐色长柔毛；果实黑褐色。

药用部位及功效： 果实入药，健脾止泻。

产地和生境： 产兴隆、赤城、涿鹿、遵化、涞源、易县、阜平、平山、武安。生山坡林中、灌丛中，山谷灌丛中，阴坡山腰处及沟底潮湿处。

分布： 分布于内蒙古、山西、河南。

植物名 **桃（蔷薇科，李属）**

学名及出处： *Prunus persica* (L.) Batsch, Beytr. Entw. Gewächsreich 1: 30. 1801.

药材名： 桃胶、桃花、桃茎白皮、桃仁、碧桃干、桃子、桃叶

生活型及简要特征： 乔木。叶片侧脉不直达叶缘，在叶边结合成网状；萼筒被短柔毛，果肉多汁；核表面具纵、横向不规则沟纹和孔穴。

药用部位及功效： 树皮中分泌出来的树脂入药（桃胶），和血、通淋、止痢。花入药（桃花），利水、活血化瘀。去掉栓皮的树皮入药（桃茎白皮），清热利水、解毒、杀虫。种子入药（桃仁），破血行瘀、润燥滑肠。未成熟果实入药（碧桃干），敛汗涩精、活血止血、止痛。成熟果实入药（桃子），生津、润肠、活血、消积。叶入药（桃叶），祛风清热、杀虫。

产地和生境： 河北省普遍栽培。

分布： 全国各省区广泛栽培。世界各地均有栽植。

植物名 **樱桃（蔷薇科，李属）**

学名及出处： *Prunus pseudocerasus* Lindl., Trans. Hort. Soc. London 6: 90. 1826.

药材名：樱桃叶、樱桃、樱桃核、樱桃根、樱桃枝

生活型及简要特征：乔木。叶片边有尖锐重锯齿，齿端有小腺体；花萼具短柔毛，花白色；核果红色。

药用部位及功效：叶片入药（樱桃叶），温中健脾、止咳止血、解毒杀虫。果实入药（樱桃），补血益肾。果核入药（樱桃核），发表透疹、消瘤去瘢、行气止痛。根入药（樱桃根），杀虫、调经、益气阴。枝入药（樱桃枝），温中行气、止咳、去斑。

产地和生境：河北各区县普遍栽培。

分布：分布于辽宁、山西、陕西、甘肃、贵州、四川、山东、河南、江苏、浙江、江西，常栽培。

植物名 **李（蔷薇科，李属）**

学名及出处：*Prunus salicina* Lindl., Trans Hort. Soc. London 7: 239. 1828.

药材名：李子、李根、李根皮、李树胶、李树叶、李核仁

生活型及简要特征：落叶乔木。花 3 朵，簇生；果实大，梗凹陷入，顶端微尖，基部有纵沟，外被蜡粉。

药用部位及功效：果实入药（李子），清热、生津、消积。根入药（李根），清热解毒、利湿。根皮入药（李根皮），降逆、燥湿、清热解毒。树脂入药（李树胶），清热、透疹、退翳。叶入药（李树叶），清热解毒。种子入药（李核仁），祛瘀、利水、润肠。

产地和生境：河北各地习见栽培。

分布：我国各省及世界各地均有栽培，为重要温带果树之一。

植物名 **山杏（蔷薇科，李属）**

学名及出处：*Prunus sibirica* L., Sp. Pl. 1: 474. 1753.

药材名：杏仁、杏花、杏子、杏树皮、杏枝、杏叶、杏树根

生活型及简要特征：灌木或小乔木。叶片卵形或近圆形，基部圆形至近心形；果肉较薄而干燥，成熟时开裂。

药用部位及功效：种子入药（杏仁），祛痰止咳、平喘、润肠、下气开痹。花入药（杏花），活血补虚。果实入药（杏子），润肺定喘、生津止渴。树皮入药（杏树皮），解毒。树枝入药（杏枝），活血散瘀。叶入药（杏叶），祛风利湿、明目。根入药（杏树根），解毒。

产地和生境：产河北西部及北部山区各县。生向阳坡地。

分布：分布于东北、华北、甘肃。俄罗斯、蒙古国也有分布。

植物名 **毛樱桃（蔷薇科，李属）**

学名及出处：*Prunus tomentosa* Thunb., Syst. Veg. (ed. 14) 464. 1784.

药材名：毛樱桃

生活型及简要特征：灌木。叶片卵状椭圆形或倒卵状椭圆形，先端急尖或渐尖，上面被疏柔毛，下面密被绒毛，后渐稀疏。

药用部位及功效：果实入药，健脾、益气、固精。

产地和生境：产康保、青龙、遵化、滦南、丰南、曹妃甸、涞源、定兴、正定、武安、涉县。生山坡林中、林缘、灌丛中或草地。

分布：分布于东北、内蒙古、山西、陕西、甘肃、青海、云南、四川、西藏、山东、河南、江苏。

植物名 **榆叶梅（蔷薇科，李属）**

学名及出处：*Prunus triloba* Lindl., Gard. Chron. 1857: 268. 1857.

药材名：郁李仁

生活型及简要特征：灌木稀小乔木。枝常有刺；叶片宽椭圆形至倒卵形，常3裂，叶边具粗锯齿或重锯齿。

药用部位及功效：种子入药，润燥滑肠、下气利水。

产地和生境：产涿鹿、蔚县、涞源、易县、内丘。生山坡或林缘，现各公园及庭院习见栽培，作为观赏植物。

分布：分布于东北、内蒙古、山西、陕西、甘肃、山东、江苏、浙江、江西。世界各地均有栽植。

植物名 **白梨（蔷薇科，梨属）**

学名及出处：*Pyrus bretschneideri* Rehder, Proc. Amer. Acad. Arts 50: 231. 1915.

药材名：雪梨膏、梨木灰、梨、梨树根、梨叶、梨皮、梨木皮、梨枝

生活型及简要特征：乔木。叶片卵形或椭圆卵形，基部宽楔形，边缘有尖锐锯齿；果实黄色。

药用部位及功效：果实熬制成膏入药（雪梨膏），养阴清肺、除烦止咳。木材烧成的灰入药（梨木灰），降逆下气。果实入药（梨），清肺化痰、生津止渴。根入药（梨树根），清肺止咳、理气止痛。叶入药（梨叶），舒肝和胃、利水解毒。果皮入药（梨皮），清心润肺、降火生津、解疮毒。树皮入药（梨木皮），清热解毒。树枝入药（梨枝），行气和中、止痛。

产地和生境：河北多地栽培。

分布：我国北部习见栽培。

植物名 **秋子梨（蔷薇科，梨属）**

学名及出处：*Pyrus ussuriensis* Maxim., Bull. Cl. Phys.-Math. Acad. Imp. Sci. St.-Pétersb. 15: 132. 1856.

药材名：梨木灰、梨、梨树根、梨叶、梨皮、梨木皮、梨枝

生活型及简要特征：乔木。叶边刺芒长，叶形大；花柱 5；果黄色，果梗短，长 1～2 cm。

药用部位及功效：木材烧成的灰入药（梨木灰），降逆下气。果实入药（梨），清肺化痰、生津止渴。根入药（梨树根），清肺止咳、理气止痛。叶入药（梨叶），舒肝和胃、利水解毒。果皮入药（梨皮），清心润肺、降火生津、解疮毒。树皮入药（梨木皮），清热解毒。树枝入药（梨枝），行气和中、止痛。

产地和生境：河北西北部山区及昌黎地区均有栽培。

分布：我国东北、华北和西北各地均有栽培。

植物名　**月季花（蔷薇科，蔷薇属）**

学名及出处：*Rosa chinensis* Jacq., Observ. Bot. 3: 7, t. 55. 1768.

药材名：月季花、月季花叶、月季花根

生活型及简要特征：直立灌木。托叶边缘有腺毛；花红色、粉红色和稀白色；果卵球形或梨形。

药用部位及功效：半开放花入药（月季花），活血调经、解毒消肿。叶入药（月季花叶）；活血消肿、解毒、止血。根入药（月季花根），活血调经、消肿散结、涩精止带。

产地和生境：河北各地普遍栽培。

分布：原产中国，各地普遍栽培。

植物名　**山刺玫（蔷薇科，蔷薇属）**

学名及出处：*Rosa davurica* Pall., Fl. Ross. 1(2): 61. 1788.

药材名：山刺玫、刺玫果

生活型及简要特征：直立灌木。皮刺基部膨大，稍弯曲；小叶下面有白霜并有腺点；萼筒扁球形。

药用部位及功效：花入药（山刺玫），理气和胃、止咳。果实入药（刺玫果），健脾消食、活血调经、敛肺止咳。

产地和生境：产围场、兴隆、双桥、双滦、康保、沽源、张北、尚义、万全、怀来、涿鹿、蔚县、迁西、涞源、满城、博野、平山、深泽、元氏、赞皇、栾城、武安。生山坡灌丛、草丛、杂木林中。

分布：分布于东北、华北。俄罗斯、朝鲜也有分布。

植物名　**野蔷薇（蔷薇科，蔷薇属）**

学名及出处：*Rosa multiflora* Thunb., Syst. Veg. (ed. 14) 474. 1784.

药材名：蔷薇根、蔷薇叶、蔷薇花、营实

生活型及简要特征：攀援灌木。小叶片长 1.5～5 cm，仅下面被稀疏柔毛；花多朵，成圆锥状花序。

药用部位及功效：根入药（蔷薇根），清热解毒、祛风除湿、活血调经、固精缩尿、消骨鲠。叶入药（蔷薇叶），解毒消肿。花入药（蔷薇花），清暑、和胃、活血止血、解毒。果实入药（营实），清热解毒、祛风活血、利水消肿。
产地和生境：河北各城市庭园常见。
分布：分布于华北至黄河流域以南。朝鲜、日本也有分布。

植物名 七姊妹（蔷薇科，蔷薇属）
学名及出处：*Rosa multiflora* var. *carnea* Thory, Roses 2: 67. pl. 1821.
药材名：十姊妹
生活型及简要特征：攀援灌木。叶较大；花重瓣，粉红色，常 6～7 朵成扁平伞房花序。
药用部位及功效：根及叶入药，清热化湿、疏肝利胆。
产地和生境：河北各地有栽培。
分布：原产我国，全国普遍栽培。

植物名 粉团蔷薇（蔷薇科，蔷薇属）
学名及出处：*Rosa multiflora* var. *cathayensis* Rehd. et Wils., Pl. Wilson. 2(2): 304–305. 1916.
药材名：白残花
生活型及简要特征：攀援灌木。花粉红色，直径 2～3 cm，单瓣，数花聚生或多花成扁平伞房花序。
药用部位及功效：花入药，清暑热、化湿浊、顺气和胃。
产地和生境：河北各地普遍栽培。
分布：分布于我国陕西、甘肃、山东、河南、安徽、湖北、浙江、江西、福建、广东。

植物名 玫瑰（蔷薇科，蔷薇属）
学名及出处：*Rosa rugosa* Thunb., Syst. Veg. (ed. 14) 473. 1784.
药材名：玫瑰露、玫瑰花
生活型及简要特征：直立灌木。小枝密被绒毛，皮刺外被绒毛；小叶上面有褶皱；花芳香，紫红色至白色。
药用部位及功效：花的蒸馏液入药（玫瑰露），和中、养颜泽发。花蕾入药（玫瑰花），理气解郁、和血调经。
产地和生境：河北各地均有栽培。
分布：原产我国华北，现各地栽培。朝鲜、日本也有分布。

植物名 牛叠肚（蔷薇科，悬钩子属）
学名及出处：*Rubus crataegifolius* Bunge, Enum. Pl. China Bor. 24. 1833.
药材名：托盘
生活型及简要特征：直立灌木。单叶，3～5 掌状分裂；花数朵簇生或组成短总状花序，花瓣白色。

药用部位及功效：果实入药，补肝肾、缩小便。根入药，祛风利湿。

产地和生境：产围场、承德县、滦平、兴隆、尚义、赤城、万全、怀来、青龙、抚宁、迁西、遵化、滦南、丰南、曹妃甸、易县、顺平、阜平、满城、平山、灵寿、冀州、武安。生山坡、山谷、林缘、灌丛、水边。

分布：分布于东北、内蒙古、山西、山东、河南。俄罗斯、朝鲜、日本也有分布。

植物名 **茅莓（蔷薇科，悬钩子属）**

学名及出处：*Rubus parvifolius* L., Sp. Pl. 2: 1197. 1753.

药材名：茅莓、薅田藨、薅田藨根

生活型及简要特征：灌木。伞房花序，花瓣卵圆形或长圆形，粉红至紫红色，基部具爪。

药用部位及功效：茎叶入药（茅莓），散瘀、止痛、解毒、杀虫。全草入药（薅田藨），清热解毒、散瘀止血、杀虫疗疮。根入药（薅田藨根），清热解毒、祛风利湿、活血凉血。

产地和生境：产围场、隆化、赤城、怀安、蔚县、抚宁、卢龙、山海关、北戴河、迁西、平山、井陉、内丘、武安、涉县、邯山、峰峰矿区、磁县。生向阳山谷、路旁、山坡、林下。

分布：分布于东北、山西、陕西、甘肃、贵州、四川、华中、华东、广东、广西及台湾。朝鲜、日本也有分布。

植物名 **库页悬钩子（蔷薇科，悬钩子属）**

学名及出处：*Rubus sachalinensis* H. Lévl., Repert. Spec. Nov. Regni Veg. 6(125−130): 332. 1909.

药材名：库页悬钩子、库页悬钩子根

生活型及简要特征：灌木或矮小灌木。枝有毛，密生腺毛和皮刺；叶片边缘有粗锐或缺刻状锯齿；伞房状花序。

药用部位及功效：茎叶入药（库页悬钩子），清肺止血、解毒止痢。根入药（库页悬钩子根），收涩止血、祛风清热。

产地和生境：产兴隆、张北、赤城、怀来、蔚县、阜平。生山坡、山顶、路边、草丛、灌丛、河边、潮湿地。

分布：分布于黑龙江、吉林、内蒙古、山西、甘肃、青海、新疆。俄罗斯、朝鲜、日本及欧洲也有分布。

植物名 **石生悬钩子（蔷薇科，悬钩子属）**

学名及出处：*Rubus saxatilis* L., Sp. Pl. 1: 494. 1753.

药材名：小悬钩子

生活型及简要特征：草本。茎、叶柄和花梗有柔毛和小针刺，有时疏生腺毛；花 2～10 朵，白色。

药用部位及功效：全株入药，补肝健胃、祛风止痛。果实入药，补肾固精。

产地和生境：产围场、兴隆、张北、崇礼、怀来、蔚县、涞源、阜平、井陉。生山坡、山顶、草甸、草丛、灌丛、林缘、林下。

分布：分布于东北、内蒙古、山西、新疆。俄罗斯、蒙古国、亚洲北部、欧洲、北美也有分布。

植物名 **地榆（蔷薇科，地榆属）**

学名及出处：*Sanguisorba officinalis* L., Sp. Pl. 1: 116. 1753.

药材名：地榆

生活型及简要特征：多年生草本。基生叶小叶片卵形或长圆状卵形，基部心形至微心形；花丝丝状，柱头 4 裂。

药用部位及功效：根入药，凉血止血、清热解毒、消肿敛疮。

产地和生境：产河北各地。生山坡、山沟、草丛、灌丛、林缘、河谷滩。

分布：分布于东北、内蒙古、山西、西北、西南、华中、山东、安徽、江苏、浙江、广西。亦广布于亚洲北温带、欧洲。

植物名 **长叶地榆（蔷薇科，地榆属）**

学名及出处：*Sanguisorba officinalis* var. *longifolia* (Bertol.) Yu et Li, Acta Phytota. Sin. 17(1): 9–10, pl. 1, f. 1. 1979.

药材名：地榆

生活型及简要特征：多年生草本。基生叶小叶带状长圆形至带状披针形，茎生叶较多，与基生叶相似，但更长而狭窄。

药用部位及功效：根入药（地榆），凉血止血、清热解毒、消肿敛疮。

产地和生境：产河北北部。生山坡草地、灌丛、溪边、疏林。

分布：分布于黑龙江、辽宁、山西、甘肃、云南、贵州、四川、华中、山东、安徽、江苏、浙江、广东、广西及台湾。俄罗斯、朝鲜、印度、蒙古国也有分布。

植物名 **鸡冠茶（蔷薇科，毛莓草属）**

学名及出处：*Sibbaldianthe bifurca* (L.) Kurtto & T. Erikss., Ann. Bot. Fenn. 40: 139. 2003.

药材名：二裂叶委陵菜、鸡冠草

生活型及简要特征：多年生草本或亚灌木。小叶片常对生，稀互生，上下两面被疏柔毛或几无毛，小叶先端常二裂。

药用部位及功效：带根全草或垫状茎基入药（二裂叶委陵菜），止血、止痢。由于病态，枝条缩短、叶片卷曲而变为紫红色，形如鸡冠花样疣状物的红色全草入药（鸡冠草），凉血、止血、解毒。

产地和生境：产围场、承德县、康保、尚义、崇礼、怀安、万全、阳原、蔚县、涞源、博野。生山地阳坡、路旁、水边。

分布：分布于黑龙江、内蒙古、山西、西北、四川。俄罗斯、朝鲜、蒙古国也有分布。

植物名 **水榆花楸（蔷薇科，花楸属）**

学名及出处：*Sorbus alnifolia* (Sieb. & Zucc.) C. Koch, Ann. Mus. Bot. Lugduno-Batavi 1: 249. 1864.

药材名：水榆果

生活型及简要特征：乔木。单叶，叶边具尖锐重锯齿；花柱 2，基部合生；果实上无宿存的萼片。

药用部位及功效：果实入药，养血补虚。

产地和生境：产蔚县、遵化、易县、赞皇、内丘。生山地、山沟杂木林或灌丛中。

分布：分布于东北、陕西、甘肃、四川、山东、河南、安徽、湖北、浙江、江西。朝鲜、日本也有分布。

植物名 **花楸树（蔷薇科，花楸属）**

学名及出处：*Sorbus pohuashanensis* (Hance) Hedl., Kongl. Svenska Vetensk Acad. Handl., n. s. 35: 33. 1901.

药材名：花楸

生活型及简要特征：乔木。叶下面无毛或中脉两侧微具绒毛；总花梗及花梗密被白色绒毛；果实红色。

药用部位及功效：果实、茎及茎皮入药（花楸），镇咳祛痰、健脾利水。

产地和生境：产平泉、承德县、兴隆、赤城、怀来、涿鹿、蔚县、青龙、遵化、涞源、平山。生山坡和山谷的杂木林中。

分布：分布于东北、内蒙古、山西、甘肃、山东。

植物名 **绣球绣线菊（蔷薇科，绣线菊属）**

学名及出处：*Spiraea blumei* G. Don, Gen. Hist. Dichlam. Pl. 2: 518. 1832.

药材名：麻叶绣球果、麻叶绣球

生活型及简要特征：灌木。叶片菱状卵形至倒卵形，基部楔形，具羽状叶脉或不显著 3 出脉。

药用部位及功效：果实入药（麻叶绣球果），理气和中。根或根皮入药（麻叶绣球），活血止痛、解毒祛湿。

产地和生境：产兴隆、赤城、蔚县、北戴河、遵化、曹妃甸。生向阳山坡或岩石上。

分布：分布于辽宁、内蒙古、山西、陕西、甘肃、四川、山东、河南、安徽、湖北、江苏、浙江、江西、福建、广东、广西。朝鲜和日本也有分布。

植物名 **绣线菊（蔷薇科，绣线菊属）**

学名及出处：*Spiraea salicifolia* L., Sp. Pl. 1: 489. 1753.

药材名：空心柳

生活型及简要特征：直立灌木。花序为长圆形或金字塔形的圆锥花序，花粉红色。

药用部位及功效：全草及根入药，活血调经、利水通便、化痰止咳。

产地和生境：产围场、康保、崇礼、怀来、抚宁、望都、无极、武强。生山沟中或河流沿岸空旷地方。

分布：分布于东北、内蒙古。俄罗斯、朝鲜、日本、蒙古国及欧洲东南部也有分布。

胡颓子科

Elaeagnaceae Juss.

植物名 **沙枣（胡颓子科，胡颓子属）**

学名及出处：*Elaeagnus angustifolia* L., Sp. Pl. 1: 121. 1753.

药材名：沙枣树皮、沙枣胶、沙枣花、沙枣

生活型及简要特征：乔木。叶两面有银白色鳞片；花被 4 裂；果实椭圆形，少汁液，密被银白色鳞片，成熟时橙黄色。

药用部位及功效：树皮和根皮入药（沙枣树皮），清热止咳、利湿止痛、解毒、止血。茎枝胶汁干燥品入药（沙枣胶），接骨续筋、活血止痛。花入药（沙枣花），止咳、平喘。果实入药（沙枣），养肝益肾、健脾调经。

产地和生境：产昌黎、黄骅、元氏、赞皇、武强、景县、内丘。生砂质地。

分布：我国辽宁、华北、西北、河南。俄罗斯、中东、近东及欧洲也有分布。

植物名 **木半夏（胡颓子科，胡颓子属）**

学名及出处：*Elaeagnus multiflora* Thunb., Syst. Veg. (ed. 14) 163. 1784.

药材名：木半夏根、木半夏叶、木半夏果实

生活型及简要特征：灌木。枝条有褐锈色鳞片，叶下面间有褐色斑点；果实椭圆，有锈色鳞片。

药用部位及功效：根或根皮入药（木半夏根），行气活血、止泻、敛疮。叶入药（木半夏叶），平喘、活血。果实入药（木半夏果实），平喘、止痢、活血消肿、止血。

产地和生境：产太行山区各地。生山沟灌丛中。

分布：我国陕西、贵州、四川、山东、安徽、浙江、江西、福建。日本也有分布。

植物名 **胡颓子（胡颓子科，胡颓子属）**

学名及出处： *Elaeagnus pungens* Thunb., Syst. Veg. (ed. 14) 164. 1784.

药材名： 牛奶子

生活型及简要特征： 灌木或小乔木。茎常具刺，幼枝密生银白色鳞片；果实有银白色鳞片，成熟时红色。

药用部位及功效： 根、叶片、果实入药，清热止咳、利湿解毒。

产地和生境： 产北戴河、昌黎、灵寿、武安、磁县。生山坡、山谷灌丛或疏林中。

分布： 我国辽宁、西北、西南、华北、华东。朝鲜、日本、尼泊尔、不丹、阿富汗、印度等也有分布。

植物名 **沙棘（胡颓子科，沙棘属）**

学名及出处： *Hippophae rhamnoides* L., Sp. Pl. 2: 1023–1024. 1753.

药材名： 沙棘

生活型及简要特征： 灌木。叶较窄，线形至披针形；花单性，总状花序短，花被 2 裂；果实球形。

药用部位及功效： 果实入药，止咳祛痰、消食化滞、活血散瘀。

产地和生境： 产围场、丰宁、双滦、康保、尚义、赤城、崇礼、怀安、怀来、阳原、蔚县、涞源、阜平、赞皇、栾城、内丘、邢台县、沙河。生山坡灌木。

分布： 我国华北、西北、四川。

鼠李科

Rhamnaceae Juss.

植物名 **北枳椇（鼠李科，枳椇属）**

学名及出处： *Hovenia dulcis* Thunb., Nov. Gen. Pl. 1: 8. 1781.

药材名： 枳椇根、枳椇木皮、枳椇木汁、枳椇叶、枳椇子

生活型及简要特征： 乔木。叶具三主脉；花序轴在果期膨大成肉质；果具 3 核。

药用部位及功效： 根入药（枳椇根），祛风活络、止血、解酒。树皮入药（枳椇木皮），活血、舒筋、消食、疗痔。树干中流出的汁液入药（枳椇木汁），辟秽除臭。叶入药（枳椇叶），清热解毒、除烦止渴。具肉质果柄的果实或种子入药（枳椇子），解酒毒、止渴除烦、止呕、利大小便。

产地和生境： 产易县。生山坡林中。

分布： 我国山西、甘肃、四川、山东、河南、安徽、湖北、江苏、江西。日本、朝鲜也有分布。

植物名 鼠李（鼠李科，鼠李属）

学名及出处： *Rhamnus davurica* Pall., Reise Russ. Reich. 3: 721. 1776.

药材名： 鼠李

生活型及简要特征： 灌木或小乔木。枝顶端常具芽，稀在分叉处具刺；叶柄较长，种子背面基部沟不超过种子长度的1/3。

药用部位及功效： 果实入药，止咳祛痰。

产地和生境： 产围场、承德县、双滦、沽源、赤城、崇礼、万全、怀来、遵化、曹妃甸。生山坡林下、灌丛或沟谷阴湿处。

分布： 我国东北、山西。朝鲜、蒙古国及俄罗斯远东及西伯利亚也有分布。

植物名 圆叶鼠李（鼠李科，鼠李属）

学名及出处： *Rhamnus globosa* Bunge, Enum. Pl. China Bor. 14. 1833.

药材名： 冻绿刺

生活型及简要特征： 灌木。幼枝及叶被短柔毛；叶缘具圆齿，托叶线状披针形宿存；花和花梗被疏短柔毛；花单性。

药用部位及功效： 根皮及茎皮入药，杀虫消食、下气祛痰。

产地和生境： 产平泉、兴隆、康保、阳原、怀安、青龙、卢龙、涞源、灵寿、赞皇、峰峰矿区。生山坡、林下或灌丛。

分布： 我国辽宁、山西、陕西、甘肃、山东、河南、安徽、江苏、浙江、江西、湖南。

植物名 小叶鼠李（鼠李科，鼠李属）

学名及出处： *Rhamnus parvifolia* Bunge, Enum. Pl. China Bor. 14. 1831.

药材名： 小叶鼠李、玻璃枝

生活型及简要特征： 灌木。叶厚纸质，脉腋窝孔内被疏短柔毛；种子背侧具长为种子4/5的狭沟。

药用部位及功效： 果实入药，清热泻下、解毒消瘰。

产地和生境： 产丰宁、承德县、宽城、沽源、崇礼、赤城、怀安、蔚县、青龙、卢龙、遵化、迁安、涞源、易县、顺平、曲阳、武安。生阳坡处或灌丛中。

分布： 我国东北、华北、陕西、山东、河南。朝鲜、蒙古国、俄罗斯西伯利亚也有分布。

植物名 乌苏里鼠李（鼠李科，鼠李属）

学名及出处： *Rhamnus ussuriensis* J. J. Vassil., Bot. Mater. Gerb. Bot. Inst. Komarova Akad. Nauk SSSR 8: 115. 1940.

药材名： 鼠李

生活型及简要特征： 灌木。叶较狭长、具长柄；顶芽常变为针刺。

药用部位及功效： 树皮入药清热，通便。果实入药止咳，祛痰。

产地和生境：产围场、隆化、抚宁、阜平。

分布：我国东北、华北、山东。朝鲜、日本及俄罗斯远东和西伯利亚也有分布。

植物名 **冻绿（鼠李科，鼠李属）**

学名及出处：*Rhamnus utilis* Decne., Compt. Rend. Hebd. Séances Acad. Sci. 44(22): 1141. 1857.

药材名：鼠李皮、冻绿叶、臭李子

生活型及简要特征：灌木或小乔木。枝端不具顶芽，有针刺；叶干时变黄，下面沿脉金黄色柔毛。

药用部位及功效：根皮或树皮入药（鼠李皮），清热解毒、凉血、杀虫。叶入药（冻绿叶），止痛、消食。果实入药（臭李子），清热解毒、泻下杀虫、止咳祛痰。

产地和生境：产涿鹿、蔚县。生山地、山坡草丛。

分布：我国山西、陕西、甘肃、贵州、四川、河南、安徽、湖北、江苏、浙江、江西、湖南、福建、广东、广西。

植物名 **枣（鼠李科，枣属）**

学名及出处：*Ziziphus jujuba* Mill., Gard. Dict. (ed. 8) Ziziphus no. 1. 1768.

药材名：枣树皮、大枣、枣核

生活型及简要特征：小乔木。托叶通常刺状；叶具三主脉；核果。

药用部位及功效：树皮入药（枣树皮），涩肠止泻、镇咳止血。果实入药（大枣），补脾胃、益气血、安心神、调营卫、和药性。果核入药（枣核），解毒、敛疮。

产地和生境：各地栽培。

分布：我国吉林、辽宁、山西、陕西、甘肃、新疆、云南、贵州、四川、山东、河南、安徽、湖北、江苏、浙江、江西、湖南、福建、广东、广西。亚洲、欧洲和美洲常有栽培。

植物名 **酸枣（鼠李科，枣属）**

学名及出处：*Ziziphus jujuba* var. *spinosa* (Bunge) Hu ex H. F. Chow., Familiar Trees Hopei 307. 1934.

药材名：酸枣根、酸枣仁

生活型及简要特征：灌木。叶较小；核果小，近球形，中果皮薄。

药用部位及功效：根入药（酸枣根），安神。种子入药（酸枣仁），宁心安神、养肝、敛汗。

产地和生境：产河北各地。生向阳、干燥山坡。

分布：我国辽宁、内蒙古、山西、西北、山东、河南、安徽、江苏。朝鲜及俄罗斯也有分布。

榆科

Ulmaceae Mirb.

植物名 刺榆（榆科，刺榆属）

学名及出处：_Hemiptelea davidii_ (Hance) Planch., Compt. Rend. Hebd. Séances Acad. Sci. 74: 131–132. 1872.

药材名：刺榆皮、刺榆叶

生活型及简要特征：小乔木或灌木。枝具刺；花杂性；小坚果上半部具鸡冠状的翅。

药用部位及功效：根皮及树皮入药（刺榆皮），解毒消肿。叶入药（刺榆叶），利水消肿、解毒。

产地和生境：产赤城、卢龙、涞源、易县、阜平、武安。生山坡路旁。

分布：我国东北、华北、西北、华东、华中。朝鲜也有分布。

植物名 大果榆（榆科，榆属）

学名及出处：_Ulmus macrocarpa_ Hance, J. Bot. 6(71): 332–333. 1868.

药材名：大果榆、芜荑

生活型及简要特征：落叶乔木或灌木。枝条具木栓质翅；花簇生于去年枝的叶腋内。

药用部位及功效：果实入药（大果榆），祛痰、利尿、杀虫。种子加工后入药（芜荑），消积杀虫。

产地和生境：产赤城、涿鹿、蔚县、青龙、卢龙、丰南、曹妃甸、涞源、易县、平山、灵寿、赞皇、内丘。生向阳山坡。

分布：我国东北、华北、西北、华东。朝鲜、蒙古国、俄罗斯也有分布。

植物名 榔榆（榆科，榆属）

学名及出处：_Ulmus parvifolia_ Jacq., Pl. Hort. Schoenbr. 3: 6, pl. 262. 1798.

药材名：榔榆皮、榔榆叶

生活型及简要特征：乔木。花在秋季开放，生于当年生枝的叶腋。

药用部位及功效：根皮及树皮入药（榔榆皮），清热利水、解毒消肿。叶入药（榔榆叶），清热解毒、消肿止痛。

产地和生境：产丰润、易县、武强。生平原、丘陵、山坡及谷地。

分布：我国华北、西北、西南、华东及华南有分布。日本、朝鲜也有分布。

植物名 榆树（榆科，榆属）

学名及出处：_Ulmus pumila_ L., Sp. Pl. 1: 226. 1753.

药材名：榆枝、榆白皮、榆叶、榆花、榆荚仁

生活型及简要特征：乔木。叶缘具单锯齿；花先叶开放；翅果长 1～1.5 cm。

药用部位及功效：枝入药（榆枝），利尿通淋。树皮或根皮的韧皮部入药（榆白皮），利水、通淋消肿。叶入药（榆叶），清热利尿、安神、祛痰止咳。花入药（榆花），清热定惊、利尿疗疮。果实或种子入药（榆荚仁），清湿热、杀虫。
产地和生境：产河北各地，野生或栽培。生平原或丘陵地带。
分布：我国东北、华北、西北及西南各省区。朝鲜、蒙古国、俄罗斯也有分布。

大麻科

Cannabaceae Martinov

植物名 **大麻（大麻科，大麻属）**
学名及出处：*Cannabis sativa* L., Sp. Pl. 2: 1027. 1753.
药材名：麻根、麻皮、麻叶、麻花、麻蕡、火麻仁
生活型及简要特征：草本。叶掌状全裂；花雌雄异株；瘦果扁圆形，光滑。
药用部位及功效：根入药（麻根），祛瘀、止血、利尿。茎皮部纤维入药（麻皮），截疟、驱蛔、定喘。叶入药（麻叶），平喘截疟、解毒杀虫。雄花入药（麻花），祛风、活血、生发。幼嫩果序入药（麻蕡），祛风镇痛、定惊安神。果实入药（火麻仁），润燥滑肠、利水通淋、活血。
产地和生境：河北各地有栽培，常逸为野生。
分布：我国各地有栽培或逸为野生。原产不丹、印度和中亚。

植物名 **黑弹树（大麻科，朴属）**
学名及出处：*Celtis bungeana* Blume, Mus. Bot. 2: 71. 1852.
药材名：棒棒木
生活型及简要特征：乔木。小枝无毛；叶先端渐尖；果紫黑色，核平滑。
药用部位及功效：树干、枝条入药，祛痰、止咳、不喘。
产地和生境：产河北各地。生向阳山地及平地。
分布：我国辽宁、华北、西北、云南、四川、西藏、山东、河南、安徽、湖北、江苏、浙江、江西、湖南。朝鲜也有分布。

植物名 **啤酒花（大麻科，葎草属）**
学名及出处：*Humulus lupulus* L., Sp. Pl. 2: 1028. 1753.
药材名：啤酒花
生活型及简要特征：缠绕草本。叶卵形，不裂或3～5裂；雌花序卵圆形，苞片卵形膜质，果期膨大。
药用部位及功效：未成熟绿色果穗入药，健胃消食、抗痨、安神利尿。

产地和生境： 河北多栽培。
分布： 我国新疆、四川有分布，各地多栽培。亚洲北部及东北部、美洲东部有分布。

植物名 葎草（大麻科，葎草属）
学名及出处： *Humulus scandens* (Lour.) Merr., Trans. Amer. Philos. Soc., n. s. 24(2): 138. 1935.
药材名： 葎草
生活型及简要特征： 缠绕草本。叶常掌状 5 裂；雌花序近球形，苞片卵状披针形，先端尖，果实不膨大。
药用部位及功效： 全草入药，清热解毒、利尿通淋。
产地和生境： 产河北各地。生沟边、路旁及荒地。
分布： 广布全国各省区。朝鲜、日本也有分布。

桑科

Moraceae Gaudich.

植物名 构（桑科，构属）
学名及出处： *Broussonetia papyrifera* (L.) L'Hért. ex Vent., Tabl. Regn. Veg. 3: 547. 1799.
药材名： 楮树根、楮叶、楮实子、楮皮间白汁
生活型及简要特征： 乔木。有乳汁；雄花构成柔荑花序，雌花形成球形头状花序；聚花果球形，成熟时橘红色，子房柄伸长。
药用部位及功效： 嫩根和根皮入药（楮树根），凉血散瘀、清热利湿。叶入药（楮叶），凉血止血、利尿解毒。果实入药（楮实子），补肾清肝、明目、利尿。茎皮部乳汁入药（楮皮间白汁），利水、杀虫解毒。
产地和生境： 产康保、阳原、遵化、迁安、滦南、丰南、乐亭、曹妃甸、涿州、易县、定兴、容城、阜平、曲阳、望都、清苑、高阳、博野、新乐、无极、深泽、元氏、晋州、井陉、栾城、安平、冀州、枣强、宁晋、隆尧、南宫、任泽、南和、肥乡、大名、魏县、邯山、峰峰矿区。生境广泛。
分布： 我国南北各地均有分布。印度、缅甸、越南、马来西亚、朝鲜、日本也有分布。

植物名 无花果（桑科，榕属）
学名及出处： *Ficus carica* L., Sp. Pl. 2: 1059. 1753.
药材名： 无花果根、无花果叶、无花果
生活型及简要特征： 小乔木或灌木。叶掌状 3～5 裂，上面粗糙，下面有毛；隐花果梨形，具短梗。

药用部位及功效：根入药（无花果根），清热解毒、散瘀消肿。叶入药（无花果叶），清湿热、解疮毒、消肿止痛。花托入药（无花果），清热生津、健脾开胃、解毒消肿。

产地和生境：河北栽培。

分布：我国南北普遍栽培，原产地中海地区。

植物名 **柘（桑科，柘属）**

学名及出处：*Maclura tricuspidata* Carr., Rev. Hort. (Paris) 1864: 390, pl.. 37. 1864.

药材名：穿破石、柘木白皮、柘木、柘树茎叶、柘树果实

生活型及简要特征：落叶灌木成小乔木。树皮褐色，有长刺；头状花序；聚花果近球形，熟时橘红色。

药用部位及功效：根入药（穿破石），祛风通络、清热除湿、解毒消肿。去掉栓皮的树皮或根皮入药（柘木白皮），补肾固精、利湿解毒、止血、化瘀。木材入药（柘木），主虚损、妇女崩中血结、疟疾。枝及叶入药（柘树茎叶），清热解毒、祛风活络。果实入药（柘树果实），清热凉血、舒筋活络。

产地和生境：产灵寿、成安、大名。生阳光充足的荒坡、灌木林中。

分布：我国华北、西南、华东等地。朝鲜也有分布。

植物名 **桑（桑科，桑属）**

学名及出处：*Morus alba* L., Sp. Pl. 2: 986. 1753.

药材名：桑白皮、桑枝、桑柴灰、桑霜、桑叶、桑椹

生活型及简要特征：乔木。叶上面近光滑，下面脉上有疏毛；花柱不明显或无花柱。

药用部位及功效：根皮入药（桑白皮），泻肺平喘、利水消肿。嫩枝入药（桑枝）祛风湿，利关节。木材所烧的灰入药（桑柴灰），利水、止血、蚀恶肉。桑柴灰汁经过滤、蒸发后所得结晶状物入药（桑霜），解毒消肿、散积。叶入药（桑叶），疏散风热、清肺润燥、清肝明目。果穗入药（桑椹），补血滋阴、生津润燥。

产地和生境：产双桥、康保、万全、卢龙、迁西、遵化、滦南、丰南、定兴、容城、曲阳、望都、安新、清苑、高阳、博野、平山、新乐、正定、深泽、元氏、晋州、鹿泉、栾城、安平、武强、冀州、隆尧、武安、肥乡、大名、魏县、邯山、峰峰矿区。

分布：原产我国中部和北部，现广泛栽培。朝鲜、日本、蒙古国、中亚各国、俄罗斯、欧洲等地均有栽培。

植物名 **鸡桑（桑科，桑属）**

学名及出处：*Morus australis* Poir., Encycl. 4: 380. 1796.

药材名：鸡桑根、鸡桑叶

生活型及简要特征：小乔木或灌木。叶上面有毛或粗糙，下面生柔毛；花柱明显，柱头2裂与花柱等长。

药用部位及功效：根或根皮入药（鸡桑根），清肺、凉血、利湿。叶入药（鸡桑叶），清热解表、宣肺止咳。

产地和生境：产双桥、昌黎、遵化、滦南、曹妃甸、顺平。生向阳山坡。

分布：我国辽宁、陕西、甘肃、西南、山东、河南、安徽、湖北、浙江、江西、湖南、福建、广东、广西及台湾。朝鲜、日本、不丹、尼泊尔、印度、斯里兰卡也有分布。

荨麻科

Urticaceae Juss.

植物名 **苎麻（荨麻科，苎麻属）**

学名及出处：*Boehmeria nivea* (L.) Gaudich., Voy. Uranie 499–500. 1826.

药材名：苎麻根、苎麻皮、苎麻梗、苎麻叶、苎花

生活型及简要特征：亚灌木。叶互生，叶下面被白色绵毛；圆锥花序，腋生。

药用部位及功效：根入药（苎麻根），凉血止血、清热安胎、利尿、解毒。茎皮入药（苎麻皮），清热凉血、散瘀止血、解毒利尿、安胎回乳。茎或带叶嫩茎入药（苎麻梗），散瘀、解毒。叶入药（苎麻叶），凉血止血、散瘀消肿、解毒。花入药（苎花），清心除烦、凉血透疹。

产地和生境：河北栽培。

分布：原产我国，主要分布在长江以南。

植物名 **小赤麻（荨麻科，苎麻属）**

学名及出处：*Boehmeria spicata* (Thunb.) Thunb., Trans. Linn. Soc. London 2: 330. 1794.

药材名：麦麸草根、麦麸草

生活型及简要特征：多年生草本。叶缘具较规则的锯齿。

药用部位及功效：根入药（麦麸草根），活血消肿。全草入药（麦麸草），祛风止痒、解毒利温。

产地和生境：产兴隆、蔚县、遵化、迁安、滦南、涞源、易县、阜平、临城。生山坡草地。

分布：我国东北、西北、西南、华东有分布。朝鲜、日本也有分布。

植物名 **蝎子草（荨麻科，蝎子草属）**

学名及出处：*Girardinia diversifolia* subsp. *suborbiculata* (C. J. Chen) C. J. Chen & Friis, Fl. China 5: 91. 2003.

药材名：蝎子草

生活型及简要特征：一年生草本。植株有螫毛；叶互生；雌花的花被常为 4 片或 4 裂；瘦果两面凸形。

药用部位及功效：全草入药，止痛。

产地和生境：产河北各地。生沟边、林缘、路旁或阔叶林下岩石间。

分布：我国东北、内蒙古、陕西、河南。朝鲜及俄罗斯有分布。

植物名　艾麻（荨麻科，艾麻属）

学名及出处：*Laportea cuspidata* (Wedd.) Friis, Kew Bull. 36 (1): 156. 1981.

药材名：红线麻

生活型及简要特征：多年生草本。植株有螫毛；叶先端尾状骤尖，叶腋常生褐色珠芽；雄花序成圆锥花序，雌花成穗状花序。

药用部位及功效：根入药，祛风除湿、通经活络、消肿、解毒。

产地和生境：产涿鹿、涞水、易县、内丘、邢台县、任泽、南和。生山地林下或沟边。

分布：我国西北、西南、华中有分布。日本也有分布。

植物名　墙草（荨麻科，墙草属）

学名及出处：*Parietaria micrantha* Ledeb., Icon. Pl. 1: 7. 1829.

药材名：墙草

生活型及简要特征：一年生草本。茎肉质细弱，被短柔毛；叶膜质；花杂性，成聚伞花序；坚果具宿存的花被和苞片。

药用部位及功效：块根及叶入药，拔脓消肿。

产地和生境：产河北各地。生阴湿的墙缝和沟边。

分布：广布南北各地。朝鲜、日本、蒙古国及巴基斯坦也有分布。

植物名　山冷水花（荨麻科，冷水花属）

学名及出处：*Pilea japonica* (Maxim.) Hand. -Mazz., Symb. Sin. 7(1): 141. 1929.

药材名：苔水花

生活型及简要特征：一年生草本。茎基部常匍匐，节上生根；植物体被毛；叶的下面常为紫色。

药用部位及功效：全草入药，清热解毒、利水通淋、止血。

产地和生境：产宽城。生阴湿山地和阔林下。

分布：我国吉林、辽宁、陕西、甘肃、云南、贵州、四川、河南、安徽、湖北、浙江、江西、湖南、福建、广东、广西及台湾。朝鲜、日本及俄罗斯也有分布。

植物名　透茎冷水花（荨麻科，冷水花属）

学名及出处：*Pilea pumila* (L.) A. Gray, Manual 437. 1848.

药材名：透茎冷水花

生活型及简要特征：一年生草本。叶缘具多数锯齿；花序较长，雌花花被片线形，近等长。
药用部位及功效：根、茎入药，清热、利尿、解毒。
产地和生境：产河北各地。生阴湿的水沟边或河岸边。
分布：几乎遍布全国。朝鲜、日本，俄罗斯西伯利亚及北美温带地区广泛分布。

植物名　**宽叶荨麻（荨麻科，荨麻属）**
学名及出处：*Urtica laetevirens* Maxim. Bull. Acad. Imp. Sci. St.- Pétersbourg, sér. 3 22(2): 236–237. 1876.
药材名：荨麻根
生活型及简要特征：多年生草本。叶宽卵形或卵形，叶缘具牙齿状锯齿；花序近穗状，雄花序在雌花序上。
药用部位及功效：全草入药，祛风、活血、止痛。
产地和生境：产兴隆、阳原、蔚县、遵化、赞皇、内丘、武安。生林缘路边、林下沟边的阴湿地。
分布：我国辽宁、华北、西北、西南、山东、河南、安徽、湖北、湖南。日本、朝鲜及俄罗斯西伯利亚有分布。

壳斗科

Fagaceae Dumort.

植物名　**栗（壳斗科，栗属）**
学名及出处：*Castanea mollissima* Blume, Mus. Bot. 1(18): 286. 1850.
药材名：栗树根、栗树皮、栗毛球、栗花、栗壳、栗
生活型及简要特征：乔木。无顶芽；叶背具星芒状伏贴绒毛；雄花序直立，雌花序柱头细窝点状；每壳斗具 1～3 枚坚果。
药用部位及功效：树根入药（栗树根），行气止痛、活血调经。树皮入药（栗树皮），解毒消肿、收敛止血。总苞入药（栗毛球），清热散结、化痰、止血。花序入药（栗花），清热燥湿、止血、散结。外果皮入药（栗壳），降逆生津、化痰止咳、清热散结、止血。果实入药（栗），滋阴补肾。
产地和生境：产兴隆、尚义、北戴河、昌黎、青龙、迁西、遵化、迁安、丰润、滦南、丰南、阜平、满城、灵寿、赞皇、内丘、邢台县、沙河、武安。生向阳干燥的砂质土壤。
分布：我国除青海、宁夏、新疆、海南外均有分布。朝鲜也有分布。

植物名　**麻栎（壳斗科，栎属）**
学名及出处：*Quercus acutissima* Carruth., J. Linn. Soc. Bot. 6: 33. 1862.

药材名：麻栎、橡实、橡实壳

生活型及简要特征：乔木。壳斗苞片线状披针形、坚果顶端圆形。

药用部位及功效：树皮及叶入药（麻栎），收敛止痢。果实入药（橡实），收敛固脱、止血、解毒。壳斗入药（橡实壳），涩肠止泻、止带、止血、敛疮。

产地和生境：产承德地区、北戴河、昌黎、遵化、迁安、平山、赞皇、邢台县、武安。生土质肥沃的山地、丘陵地带。

分布：我国辽宁、河北、山西、云南、贵州、四川、山东、河南、安徽、湖北、江苏、浙江、江西、湖南、福建、广东、广西、海南。朝鲜、日本、越南、印度也有分布。

植物名　**槲树（壳斗科，栎属）**

学名及出处：*Quercus dentata* Thunb., Fl. Jap. 177. 1784.

药材名：槲皮、槲叶、槲实仁

生活型及简要特征：乔木。叶背密生绒毛，叶缘锯齿粗；壳斗苞片披针形，向外反卷。

药用部位及功效：树皮入药（槲皮），解毒消肿、涩肠、止血。叶入药（槲叶），止血、通淋。种子入药（槲实仁），涩肠止泻。

产地和生境：产涿鹿、山海关、遵化、易县、平山、赞皇、邢台县。生向阳干旱的山坡。

分布：我国东北、华北、陕西、甘肃、云南、贵州、四川、山东、河南、安徽、湖北、江苏、浙江、湖南。朝鲜、日本也有分布。

植物名　**蒙古栎（壳斗科，栎属）**

学名及出处：*Quercus mongolica* Fisch. ex Ledeb., Fl. Ross. 3(2): 589. 1850.

药材名：柞树皮、柞树叶

生活型及简要特征：乔木。叶柄短，叶缘有深裂；壳斗苞片具瘤状凸起。

药用部位及功效：树皮入药（柞树皮），利湿、清热、解毒。叶入药（柞树叶），清热止痢、止咳、解毒消肿。

产地和生境：产围场、承德县、滦平、兴隆、双滦、赤城、怀来、阳原、涿鹿、蔚县、青龙、抚宁、山海关、昌黎、遵化、涞源、易县、阜平、平山、赞皇、栾城。生阳坡。

分布：我国东北、华北、山东。朝鲜、日本、俄罗斯也有分布。

植物名　**栓皮栎（壳斗科，栎属）**

学名及出处：*Quercus variabilis* Blume, Mus. Bot. 1(19): 297. 1850.

药材名：青杠碗

生活型及简要特征：乔木。老叶背面灰白色，具白色星状毛；壳斗苞片线状披针形；坚果顶端平圆。

药用部位及功效：果壳及果实入药，止咳、止泻、止血、解毒。

产地和生境：产遵化、涞源、易县、井陉、赞皇、临城、内丘、邢台县、沙河、武安、涉县。生向阳山坡及近山平原。

分布：我国辽宁、陕西、甘肃、云南、贵州、四川、山东、河南、安徽、湖北、江苏、浙江、江西、湖南、福建、广东、广西、台湾。

胡桃科

Juglandaceae DC. ex Perleb

植物名 **胡桃楸（胡桃科，胡桃属）**

学名及出处：*Juglans mandshurica* Maxim., Bull. Cl. Phys.-Math. Acad. Imp. Sci. Saint-Pétersbourg 15: 127. 1856.

药材名：核桃楸

生活型及简要特征：落叶乔木。枝具片状髓；小叶明显具细密锯齿；雄花序单生。

药用部位及功效：种仁、青果和树皮入药。种仁敛肺定喘，温肾润肠。青果止痛。树皮清热解毒。

产地和生境：产河北太行山区各县。生山坡、山沟或杂木林中。

分布：我国东北及华北。朝鲜也有分布。

植物名 **胡桃（胡桃科，胡桃属）**

学名及出处：*Juglans regia* L., Sp. Pl. 2: 997. 1753.

药材名：胡桃根、胡桃树皮、胡桃枝、胡桃叶、胡桃花、青胡桃果、青胡桃皮、胡桃仁、胡桃油

生活型及简要特征：落叶乔木。枝具片状髓；小叶全缘；花药无毛；雌花序具 1～4 花。

药用部位及功效：根及根皮入药（胡桃根），杀虫攻毒。树皮入药（胡桃树皮），涩肠止泻、解毒、止痒。嫩枝入药（胡桃枝），杀虫止痒、解毒散结。叶入药（胡桃叶），收敛止带、杀虫消肿。花入药（胡桃花），软坚散结、除疣。未成熟果实入药（青胡桃果），止痛、乌须发。未成熟果实外果皮入药（青胡桃皮），治胃腹痛、水痢、痈肿疮毒。种子入药（胡桃仁），补肾、温肺、润肠。种仁榨取的脂肪油入药（胡桃油），治绦虫、疥癣、冻疮、聤耳。

产地和生境：产河北各县。生山坡及丘陵地带。

分布：我国南北各省均有栽培。分布于中亚、西亚、南亚和欧洲。

植物名 **枫杨（胡桃科，枫杨属）**

学名及出处：*Pterocarya stenoptera* C. DC., Ann. Sci. Nat., Bot. sér. 4, 18: 34. 1862.

药材名：枫杨

生活型及简要特征：乔木。叶多为偶数羽状复叶，叶轴具窄翅；果实具翅。

药用部位及功效：枝叶入药，杀虫止痒、利尿消肿。

产地和生境：河北各地广泛栽培。

分布：我国西南、华中、华东、华南有分布，东北及华北为栽培。

桦木科

Betulaceae Gray

植物名 **白桦（桦木科，桦木属）**

学名及出处：*Betula platyphylla* Suk., Trudy Bot. Muz. Imp. Akad. Nauk 8: 220, pl. 3. 1911.

药材名：桦树皮、桦树液

生活型及简要特征：乔木。树皮白色；叶缘具不整齐钝锯齿，侧脉间具腺点；果苞中裂片三角形，侧裂片半圆形。

药用部位及功效：树皮入药（桦树皮），清热利湿、解毒。树干流出的液汁入药（桦树液），祛痰止咳、清热解毒。

产地和生境：产围场、平泉、承德县、滦平、兴隆、康保、赤城、崇礼、怀来、涿鹿、蔚县、青龙、遵化、涞源、易县、阜平、平山。生山坡或林中。

分布：我国东北、华北、西北、西南地区。

植物名 **榛（桦木科，榛属）**

学名及出处：*Corylus heterophylla* Fisch. ex Trautv., Pl. Imag. Descr. 10. 1844.

药材名：榛子

生活型及简要特征：灌木。果序簇生，坚果大部或全部为果苞包裹，果苞钟状，边缘有6～9个三角状裂片。

药用部位及功效：种仁入药，健脾和胃、润肺止咳。

产地和生境：产围场、丰宁、平泉、承德县、兴隆、康保、张北、赤城、怀来、阳原、蔚县、青龙、抚宁、迁西、遵化、迁安、丰南、乐亭、曹妃甸、涞源、易县、阜平、平山、灵寿、赞皇。生荒山坡林地，常与毛榛混生，形成榛子灌丛。

分布：我国东北、河北、陕西。朝鲜、日本、蒙古国及俄罗斯东西伯利亚和远东地区有分布。

植物名 **毛榛（桦木科，榛属）**

学名及出处：*Corylus mandshurica* Maxim., Bull. Cl. Phys.-Math. Acad. Imp. Sci. St.-Pétersbourg 15: 137. 1857.

药材名：榛子

生活型及简要特征：灌木。果序簇生，果苞长管状，密生刺毛，边缘具不整齐披针形裂片。

药用部位及功效：种仁入药，健脾和胃、润肺止咳。

产地和生境：产围场、兴隆、双滦、赤城、崇礼、涿鹿、蔚县、青龙、遵化、阜平、平山、武安。生山地，常与榛混生，形成榛子灌丛。

分布：我国东北、华北、西北及四川。朝鲜、日本、俄罗斯远东地区有分布。

葫芦科

Cucurbitaceae Juss.

植物名 **盒子草（葫芦科，盒子草属）**

学名及出处：*Actinostemma tenerum* Griff., Account Bot. Coll. Cantor. 25, pl. 3. 1837.

药材名：盒子草

生活型及简要特征：纤细攀援草本。叶片心状戟形；果实成熟后由近中部盖裂。

药用部位及功效：全草或种子入药，利水消肿、清热解毒。

产地和生境：产蔚县、涿州、安新、灵寿、永年。生水边草丛中。

分布：我国辽宁、西南、山东、河南、安徽、湖北、江苏、浙江、江西、湖南、福建、广西、台湾。朝鲜、日本、印度及中南半岛也有分布。

植物名 **冬瓜（葫芦科，冬瓜属）**

学名及出处：*Benincasa hispida* (Thunb.) Cogn., Monogr. Phan. 3: 513. 1881.

药材名：冬瓜藤、冬瓜叶、冬瓜、冬瓜皮、冬瓜子

生活型及简要特征：一年生草本。茎被黄褐色硬毛及长柔毛，有棱沟；卷须分叉；雄花单生或簇生，花萼裂片叶状，有锯齿反折。

药用部位及功效：藤茎入药（冬瓜藤），清肺化痰、通经活络。叶片入药（冬瓜叶），清热、利湿、解毒。果实入药（冬瓜），利尿、清热、化痰、生津、解毒。外层果皮入药（冬瓜皮），清热利水、消肿。种子入药（冬瓜子），清肺化痰、消痈排脓、利湿。

产地和生境：河北各地有栽培。

分布：我国各地有栽培。亚洲、澳大利亚也有分布。

植物名 **假贝母（葫芦科，假贝母属）**

学名及出处：*Bolbostemma paniculatum* (Maxim.) Franquet, Bull. Mus. Natl. Hist. Nat., Sér. 2 2(3): 327–328. 1930.

药材名：土贝母

生活型及简要特征：攀援草本。叶近圆形，叶基部裂片顶端有 1～2 对突出的腺体；果实由顶端盖裂；种子顶端有膜质长翅。

药用部位及功效：块茎入药，散结、消肿、解毒。

产地和生境：产张家口地区、青龙、易县、曲阳、平山、武安，现多地有栽培。生山坡。

分布：我国陕西、甘肃、四川、山东、河南、湖南。

植物名　西瓜（葫芦科，西瓜属）

学名及出处：*Citrullus lanatus* (Thunb.) Matsum. & Nakai, Cat. Sem. Spor. Tokyo [1915 & 1916 Lect.] 30, no. 854. 1916.

药材名：西瓜根叶、西瓜、西瓜皮、西瓜霜、西瓜子壳

生活型及简要特征：一年生蔓生草本。茎具长而密柔毛，卷须分叉；花萼裂片钻形，近全缘，不反折。

药用部位及功效：根、叶或藤茎入药（西瓜根叶），清热利湿。果瓤入药（西瓜），清热除烦、解暑生津、利尿。外层果皮入药（西瓜皮），清热、解渴、利尿。果皮与皮硝混合制成白色结晶粉末入药（西瓜霜），清热解毒、利咽消肿。种皮入药（西瓜子壳），止血。

产地和生境：河北各地栽培。

分布：我国各地栽培。世界热带到温带广泛栽培。

植物名　甜瓜（葫芦科，黄瓜属）

学名及出处：*Cucumis melo* L., Sp. Pl. 2: 1011. 1753.

药材名：甜瓜根、甜瓜叶、甜瓜花、甜瓜、甜瓜蒂、甜瓜子

生活型及简要特征：一年生匍匐或攀援草本。茎、枝有棱，具糙硬毛及疣状突起，卷须单一；叶不分裂或 5 浅裂；果皮光滑。

药用部位及功效：根入药（甜瓜根），祛风止痒。叶片入药（甜瓜叶），祛瘀、消肿。花入药（甜瓜花），解疮毒。果实入药（甜瓜），清暑热、解烦渴、利小便。果柄入药（甜瓜蒂），涌吐痰食、除湿退黄。种子入药（甜瓜子），清肺、润肠、散结、消瘀。

产地和生境：河北有栽培。

分布：我国各地广泛栽培。世界温带至热带地区广泛栽培。

植物名　黄瓜（葫芦科，黄瓜属）

学名及出处：*Cucumis sativus* L., Sp. Pl. 2: 1012. 1753.

药材名：黄瓜根、黄瓜藤、黄瓜叶、黄瓜

生活型及简要特征：一年生蔓生或攀援草本。叶 5 中裂；果皮粗糙，常具刺尖的瘤状突起。

药用部位及功效：根入药（黄瓜根），清热、利尿、解毒。茎入药（黄瓜藤），清热、化痰、利湿、解毒。叶片入药（黄瓜叶），清湿热、消肿毒。果实入药（黄瓜），清热、利水、解毒。

产地和生境：河北各地栽培。

分布：我国各地普遍栽培。现广泛种植于温带和热带地区。

植物名 **南瓜（葫芦科，南瓜属）**

学名及出处：*Cucurbita moschata* Duchesne, Essai Hist. Nat. Courges 7, 15–16. 1786.

药材名：南瓜根、南瓜藤、南瓜叶、南瓜花、南瓜、南瓜蒂、南瓜子

生活型及简要特征：一年生蔓生草本。卷须分 3～4 叉；花萼裂片宽匙形，叶状；果柄有棱或槽，瓜蒂扩大成喇叭状。

药用部位及功效：根入药（南瓜根），利湿热、通乳汁。茎入药（南瓜藤），清肺、平肝、和胃、通络。叶片入药（南瓜叶），清热、解暑、止血。花入药（南瓜花），清湿热、消肿毒。果实入药（南瓜），解毒消肿。果柄入药（南瓜蒂），解毒、利水、安胎。种子入药（南瓜子），杀虫、下乳、利水消肿。

产地和生境：河北各地栽培。

分布：我国各地普遍栽培。世界各地普遍栽培。

植物名 **葫芦（葫芦科，葫芦属）**

学名及出处：*Lagenaria siceraria* (Molina) Standl., Publ. Field Mus. Nat. Hist. Bot. Ser. 3(3): 435. 1930.

药材名：壶卢秧、葫芦

生活型及简要特征：一年生攀援草本。植株被柔毛；卷须 2 分叉；叶柄先端有 2 个腺体；雄花花托伸长；瓠果中间缢细。

药用部位及功效：茎、叶、花、须入药（壶卢秧），解毒、散结。种子入药（葫芦），止泻、引吐。

产地和生境：河北各地栽培。

分布：我国各地栽培。广布世界热带到温带。

植物名 **瓠子（葫芦科，葫芦属）**

学名及出处：*Lagenaria siceraria* var. *hispida* (Thunb.) Hara, Bot. Mag. (Tokyo) 61: 5. 1948.

药材名：瓠子、蒲种壳

生活型及简要特征：一年生攀援草本。子房圆柱状；果实粗细均匀。

药用部位及功效：果实入药（瓠子），利水、清热、止渴、除烦。老熟果皮入药（蒲种壳），利水消肿。

产地和生境：河北各地栽培。

分布：我国多地栽培。

植物名 **广东丝瓜（葫芦科，丝瓜属）**

学名及出处：*Luffa acutangula* (L.) Roxb., Fl. Ind. 3: 713. 1832.

药材名：同“丝瓜”

生活型及简要特征：一年生草质攀援藤本。叶不深裂；果具棱，不具绒毛。

药用部位及功效：同"丝瓜"

产地和生境：河北有栽培。

分布：我国南部多栽培。世界热带地区有栽培。

植物名 **丝瓜（葫芦科，丝瓜属）**

学名及出处：*Luffa aegyptiaca* Miller, Gard. Dict. (ed. 8) no. 1. 1768.

药材名：丝瓜根、丝瓜藤、丝瓜叶、丝瓜花、丝瓜、丝瓜皮、丝瓜络、丝瓜子

生活型及简要特征：一年生草质攀援藤本。叶多深裂；果圆筒形，有绒毛。

药用部位及功效：根入药（丝瓜根），活血通络、清热解毒。茎入药（丝瓜藤），舒筋活血、止咳化痰、解毒杀虫。叶片入药（丝瓜叶），清热解毒、止血、祛暑。花蕾入药（丝瓜花），清热解毒、化痰止咳。果实入药（丝瓜），清热化痰、凉血解毒。果皮入药（丝瓜皮），清热解毒。成熟果实的维管束入药（丝瓜络），通络、活血、祛风。成熟种子入药（丝瓜子），清热、利水、通便、驱虫。

产地和生境：河北各地栽培。

分布：我国南北各地普遍栽培。

植物名 **苦瓜（葫芦科，苦瓜属）**

学名及出处：*Momordica charantia* L., Sp. Pl. 2: 1009. 1753.

药材名：苦瓜根、苦瓜藤、苦瓜叶、苦瓜花、苦瓜、苦瓜子

生活型及简要特征：一年生草质攀援藤本。果实表面有明显瘤状突起，种子具红色肉质假种皮。

药用部位及功效：根、茎、叶入药（苦瓜根、苦瓜藤、苦瓜叶），清湿热、解毒。花入药（苦瓜花），清热止痢、和胃。果实入药（苦瓜），清暑涤热、明目、解毒。种子入药（苦瓜子），温补肾阳。

产地和生境：河北各地有栽培。

分布：我国南北均有栽培。广泛栽培于世界热带到温带地区。

植物名 **赤瓟（葫芦科，赤瓟属）**

学名及出处：*Thladiantha dubia* Bunge, Enum. Pl. China Bor. 29-30. 1833.

药材名：赤瓟

生活型及简要特征：攀援草质藤本。卷须纤细，被长柔毛；叶片宽卵状，心形；果实不开裂，浆果状。

药用部位及功效：果实入药，理气、活血、祛痰、利湿。

产地和生境：产宽城、兴隆、滦平、双桥、双滦、怀来、涿鹿、青龙、抚宁、丰南、曹妃甸、顺平、灵寿、行唐、新乐、赞皇、临城、武安。生山沟林下或水沟旁。

分布：我国东北、山西、甘肃、宁夏、山东。

植物名 **栝楼（葫芦科，栝楼属）**

学名及出处：*Trichosanthes kirilowii* Maxim., Mém. Acad. Imp. Sci. St.-Pétersbourg Divers Savans 9: 482. 1859.

药材名：天花粉、瓜蒌、瓜蒌子

生活型及简要特征：多年生攀援藤本。块根黄色；花冠裂片流苏状。

药用部位及功效：根入药（天花粉），清热生津、消肿排脓。果实入药（瓜蒌），清热涤痰、宽胸散结、润燥滑肠。种子入药（瓜蒌子），润肺化痰、滑肠通便。

产地和生境：河北栽培或野生。生山坡草丛。

分布：我国辽宁、华北、陕西、甘肃、云南、贵州、四川、华东及中南地区。朝鲜、日本、越南、老挝也有分布。

植物名 **中华栝楼（葫芦科，栝楼属）**

学名及出处：*Trichosanthes rosthornii* Harms, Bot. Jahrb. Syst. 29(5): 603–604. 1901.

药材名：天花粉、瓜蒌、瓜蒌子

生活型及简要特征：攀援藤本。块根具瘤状突起；叶 3～7 深裂，几达基部，裂片线状披针形。

药用部位及功效：同“栝楼”。

产地和生境：河北有栽培。

分布：我国陕西、甘肃、云南、贵州、四川、湖北、江西。

卫矛科

Celastraceae R. Br.

植物名 **苦皮藤（卫矛科，南蛇藤属）**

学名及出处：*Celastrus angulatus* Maxim., Bull. Acad. Imp. Sci. St.-Petersbourg, sér. 3 27: 455. 1881.

药材名：苦树皮

生活型及简要特征：藤状灌木。小枝常具 4～6 棱；花盘盘状，雄蕊生花盘之下；果皮具紫褐色斑点。

药用部位及功效：茎皮入药，清热燥湿、解毒杀虫。

产地和生境：产河北南部。生山地灌丛中。

分布：我国陕西、甘肃、云南、贵州、四川、山东、河南、安徽、湖北、江苏、江西、湖南、广东、广西。

植物名 **刺苞南蛇藤（卫矛科，南蛇藤属）**

学名及出处： *Celastrus flagellaris* Rupr., Bull. Cl. Phys.-Math. Acad. Imp. Sci. Saint-Pétersbourg 15: 357. 1857.

药材名： 刺苞南蛇藤、刺苞南蛇藤叶、刺苞南蛇藤果

生活型及简要特征： 藤状灌木。冬芽最外一对芽鳞特化为坚硬钩刺状；花盘浅杯状。

药用部位及功效： 根茎入药（刺苞南蛇藤），祛风除湿、活血止痛、解毒消肿。叶入药（刺苞南蛇藤叶），活血散瘀、清热解毒。果实入药（刺苞南蛇藤果），宁心安神、活络止痛、解毒消肿。

产地和生境： 产承德地区。生山坡灌丛中。

分布： 我国东北。朝鲜、日本及俄罗斯远东也有分布。

植物名 **南蛇藤（卫矛科，南蛇藤属）**

学名及出处： *Celastrus orbiculatus* Thunb., Syst. Veg. (ed. 14) 237. 1784.

药材名： 南蛇藤根、南蛇藤、南蛇藤叶、南蛇藤果

生活型及简要特征： 藤状灌木。聚伞花序腋生，花盘浅杯状，雄蕊生花盘边缘。

药用部位及功效： 根入药（南蛇藤根），祛风除湿、活血通经、消肿解毒。藤茎入药（南蛇藤），祛风除湿、通经止痛、活血解毒。叶入药（南蛇藤叶），祛风除湿、解毒消肿、活血止痛。果实入药（南蛇藤果），养心安神、和血止痛。

产地和生境： 产河北大部分地区。生山坡路旁或灌丛。

分布： 我国东北、华北、陕西、甘肃、四川、山东、河南、安徽、湖北、江苏、浙江、江西。朝鲜、日本也有分布。

植物名 **卫矛（卫矛科，卫矛属）**

学名及出处： *Euonymus alatus* (Thunb.) Sieb., Verh. Batav. Genootsch. Kunst. 12: 49. 1830.

药材名： 鬼箭羽、卫矛

生活型及简要特征： 灌木。茎具薄片状栓翅；雄蕊近无花丝；蒴果1～4深裂。

药用部位及功效： 具翅枝条或翅状附属物入药，破血通经、解毒消肿、杀虫。

产地和生境： 产河北中南部。生山坡开阔处林缘。

分布： 我国除东北、青海、新疆、西藏、广东及海南外均有。朝鲜、日本也有分布。

植物名 **白杜（卫矛科，卫矛属）**

学名及出处： *Euonymus maackii* Rupr., Bull. Cl. Phys.-Math. Acad. Imp. Sci. St.-Petersbourg 15: 358. 1857.

药材名： 丝棉木、丝棉木叶

生活型及简要特征： 小乔木。小枝无栓翅；蒴果上部内凹分为4个浅裂片；种子淡棕色，被假种皮全部包围。

药用部位及功效：根、树皮、枝叶入药（丝棉木），祛风除湿、活血通络、解毒止血。叶入药（丝棉木叶），清热解毒。

产地和生境：产河北各地山地。

分布：我国除陕西、西南及两广均有，长江以南以栽培为主。朝鲜及西伯利亚也有分布。

植物名 **中亚卫矛（卫矛科，卫矛属）**

学名及出处：*Euonymus semenovii* Regel & Herder, Bull Soc. Imp. Naturalistes Moscou 39(1): 557. 1866.

药材名：八宝茶

生活型及简要特征：小灌木。小枝方形，常有栓翅；叶近无柄，种子黑紫色或紫褐色，仅部分被假种皮包围。

药用部位及功效：带翅枝入药，祛瘀调经、通络止痛。

产地和生境：产蔚县。生山坡矮林中。

分布：我国内蒙古、陕西、甘肃等省区有分布。中亚有分布。

梅花草科

Parnassiaceae Martinov

植物名 **梅花草（梅花草科，梅花草属）**

学名及出处：*Parnassia palustris* L., Sp. Pl. 1: 273. 1753.

药材名：梅花草

生活型及简要特征：多年生草本。花较大，假雄蕊 11～23 丝状裂，心皮 4，花柱短，先端 4 裂。

药用部位及功效：全草入药，清热凉血、消肿解毒、止咳化痰。

产地和生境：产丰宁、宽城、兴隆、赤城、崇礼、怀安、万全、阳原、涿鹿、蔚县、涞源、易县、阜平、平山、赞皇。生林下湿地或高山草坡上。

分布：分布于东北、内蒙古、山西、陕西、甘肃、新疆。朝鲜、日本以及北半球温带其他地区、亚寒带也有分布。

酢浆草科

Oxalidaceae R. Br.

植物名 **酢浆草（酢浆草科，酢浆草属）**

学名及出处：*Oxalis corniculata* L., Sp. Pl. 1: 435. 1753.

药材名：酢浆草

生活型及简要特征：多年生草本。茎伏卧，分枝多；托叶小而明显；总花梗淡红色，与叶近等长。

药用部位及功效：全草入药，清热利湿、凉血散瘀、消肿解毒。

产地和生境：产承德县、抚宁、卢龙、迁西、遵化、滦南、丰南、曹妃甸、保定多地、灵寿、行唐、新乐、无极、深泽、元氏、赞皇、井陉、鹿泉、南皮、武强、冀州、临城、隆尧、内丘、沙河、武安、永年、肥乡、大名、魏县、邯山、峰峰矿区、磁县。生山坡林下、山沟、路旁、沟渠和荒芜草地。

分布：全国广布。亚洲温带和亚热带、欧洲、地中海和北美皆有分布。

植物名 **红花酢浆草（酢浆草科，酢浆草属）**

学名及出处：*Oxalis corymbosa* DC., Prodr. 1: 696. 1824.

药材名：铜锤草、铜锤草根

生活型及简要特征：多年生草本。地下部分有球状鳞茎；花淡红紫色，萼片先端有2腺体。

药用部位及功效：全草入药（铜锤草），散瘀消肿、清热利湿、解毒。根入药（铜锤草根），清热、平肝、定惊。

产地和生境：产涞源、肥乡、魏县、邯山。生山地、路旁、荒地或水田中。

分布：分布于陕西、云南、四川、华中、华东、华南等地。原产南美热带地区，中国长江以北各地作为观赏植物引入，南方各地已逸为野生。

金丝桃科

Hypericaceae Juss.

植物名 **黄海棠（金丝桃科，金丝桃属）**

学名及出处：*Hypericum ascyron* L., Sp. Pl. 2: 783−784. 1753.

药材名：红旱莲

生活型及简要特征：多年生草本。茎四棱形；花柱5上部分离，心皮5，雄蕊5束。

药用部位及功效：全草入药，凉血止血、活血调经、清热解毒。

产地和生境：产围场、兴隆、双滦、沽源、赤城、崇礼、怀安、万全、怀来、蔚县、青龙、抚宁、昌黎、涞源、易县、阜平、平山、灵寿、井陉、临城、内丘。生山坡水湿处或流水边草地。

分布：我国除青海、新疆外均有。朝鲜、日本、俄罗斯、越南、北美也有分布。

植物名 **赶山鞭（金丝桃科，金丝桃属）**

学名及出处：*Hypericum attenuatum* Fisch. ex Choisy, Prodr. Monogr. Hypéric. 47, pl. 6. 1821.

药材名：赶山鞭

生活型及简要特征：多年生草本。枝、叶及萼片均由黑色腺点；花柱 3，心皮 3，雄蕊 3 束。

药用部位及功效：全草入药，凉血止血、活血止痛、解毒消肿。

产地和生境：产平泉、沽源、张北、赤城、崇礼、怀安、万全、阳原、蔚县、内丘。生山沟干燥处或山坡灌丛中。

分布：我国东北、华北、陕西、甘肃、华东、广东、广西有分布。朝鲜、日本、蒙古国及俄罗斯也有分布。

堇菜科

Violaceae Batsch

植物名 **鸡腿堇菜（堇菜科，堇菜属）**

学名及出处：*Viola acuminata* Ledeb., Fl. Ross. [Ledebour] 1: 252. 1842.

药材名：鸡腿堇菜

生活型及简要特征：多年生草本。具地上茎；茎生叶的托叶羽状深裂，裂片线形；花白色。

药用部位及功效：叶入药，清热解毒、消肿止痛。

产地和生境：产承德县、丰宁、兴隆、滦平、崇礼、阳原、涿鹿、蔚县、青龙、抚宁、临城、隆化、内丘、武安。生杂木林林下、林缘、灌丛、溪谷湿地等处。

分布：我国东北、华北、山东、河南、安徽、江苏、浙江。朝鲜、日本、俄罗斯（西伯利亚和远东）也有分布。

植物名 **如意草（堇菜科，堇菜属）**

学名及出处：*Viola arcuata* Blume, Bijdr. Fl. Ned. Ind. (2): 58. 1825.

药材名：消毒药

生活型及简要特征：多年生草本。地上茎常数条丛生；花小，生于茎生叶的叶腋，花梗远长于叶片，花柱棍棒状，基部细切明显向前膝曲。

药用部位及功效：全草入药，清热解毒、止咳、止血。

产地和生境：产怀来、阳原、青龙、卢龙、安平、隆尧等地。生山坡草地、杂木林林缘等处。

分布：我国东北、陕西、甘肃、云南、贵州、四川、河南、安徽、湖北、江苏、江西、浙江、湖南、广东、广西。朝鲜、日本及俄罗斯远东也有分布。

植物名 **双花堇菜（堇菜科，堇菜属）**

学名及出处：*Viola biflora* L., Sp. Pl. 2: 936. 1753.

药材名： 双花堇菜

生活型及简要特征： 多年生草本。具地上茎；花黄色，常 2 朵聚生。

药用部位及功效： 全草入药，活血散瘀、止血。

产地和生境： 产兴隆、涿鹿、蔚县。生高山草地或林缘。

分布： 我国东北、华北、西北、西南、山东、河南、台湾。朝鲜、日本、俄罗斯、喜马拉雅山区、克什米尔地区、马来西亚、欧洲及北美洲也有分布。

植物名 **球果堇菜（堇菜科，堇菜属）**

学名及出处： *Viola collina* Besser, Enum. Pl. 10. 1822.

药材名： 地核桃

生活型及简要特征： 多年生草本。叶两面有密长毛；蒴果圆球形，密生白色柔毛，果梗常弯向地面。

药用部位及功效： 全草入药，清热解毒、散瘀消肿。

产地和生境： 产围场、宽城、兴隆、蔚县、顺平、内丘。生阴坡阔叶林下。

分布： 我国东北、华北、西北、四川、山东、河南、安徽、江苏、浙江。朝鲜、日本、俄罗斯亚洲部分及欧洲也有分布。

植物名 **裂叶堇菜（堇菜科，堇菜属）**

学名及出处： *Viola dissecta* Ledeb., Fl. Altaic. 1: 255. 1829.

药材名： 疔毒草、裂叶堇菜

生活型及简要特征： 多年生草本。叶掌状 3 全裂，裂片狭窄线形；花萼片附属物短，全缘或稍有缺刻。

药用部位及功效： 全草入药，清热解毒、利湿消肿。

产地和生境： 产兴隆及太行山区各地。生山坡林下、山脊草丛中。

分布： 我国吉林、辽宁、华北、陕西、甘肃、四川、西藏、山东、浙江。朝鲜、蒙古国、俄罗斯远东及西伯利亚、中亚地区也有分布。

植物名 **东北堇菜（堇菜科，堇菜属）**

学名及出处： *Viola mandshurica* W. Becker, Bot. Jahrb. Syst. 54(5, Beibl. 120): 179–180. 1917.

药材名： 东北堇菜

生活型及简要特征： 多年生草本。根褐色或赤褐色；叶柄有较宽的翅；花紫堇色，萼片附属物较短，花侧瓣有须毛。

药用部位及功效： 全草入药，清热解毒、消肿排脓。

产地和生境： 产平泉、宽城、青龙、望都、无极、武强、冀州、内丘、沙河。

分布： 我国东北、华北、陕西、甘肃、山东、台湾。朝鲜、日本及俄罗斯远东也有分布。

植物名 白花地丁（堇菜科，堇菜属）

学名及出处： *Viola patrinii* DC. ex Ging., Prodr. 1: 293. 1824.

药材名： 铧头草

生活型及简要特征： 多年生草本。托叶约 2/3 与叶柄合生；花白色带紫色脉纹，花侧瓣有细须毛。

药用部位及功效： 全草入药，清热解毒、散瘀消肿。

产地和生境： 产万全、冀州。生河岸湿地、草甸、林缘较湿处。

分布： 我国东北、华北。朝鲜、日本及俄罗斯远东地区。

植物名 紫花地丁（堇菜科，堇菜属）

学名及出处： *Viola philippica* Cav., Icon. 6: 19. 1801.

药材名： 紫花地丁

生活型及简要特征： 多年生草本。根白色或浅黄色；叶片较狭长，叶柄有狭翅；距较短而细，萼片有膜质白边，附属物短。

药用部位及功效： 全草入药，清热解毒、凉血消肿。

产地和生境： 产河北各地。生路旁荒地、住宅附近草地、荒地，山区的路边或山坡。

分布： 我国东北、华北、陕西、甘肃、西南、山东、河南、安徽、湖北、江苏、江西、湖南、福建、广东、广西、台湾。朝鲜、日本、蒙古国及俄罗斯也有分布。

植物名 早开堇菜（堇菜科，堇菜属）

学名及出处： *Viola prionantha* Bunge, Enum. Pl. China Bor. 8. 1833.

药材名： 早开堇菜

生活型及简要特征： 多年生草本。叶片长圆状卵形，果期卵状三角形，叶柄常有翅；萼片附属物较长，常不规则裂。

药用部位及功效： 全草入药，清热解毒、除脓消炎。

产地和生境： 产河北各地。生田边、荒草地、路边、沟旁。

分布： 我国东北、华北、西北、云南、山东、河南、湖北、江苏。朝鲜、俄罗斯远东地区也有分布。

植物名 斑叶堇菜（堇菜科，堇菜属）

学名及出处： *Viola variegata* Fisch ex Link, Enum. Pl. Hort. Berol. Alt. 1: 240. 1821.

药材名： 斑叶堇菜

生活型及简要特征： 多年生草本。叶片呈圆形，上面绿色并沿叶脉有明显的白色斑状条带，下面常带紫红色。

药用部位及功效： 全草入药，清热解毒、凉血止血。

产地和生境： 产兴隆、宣化、蔚县及太行山区。生山坡林下阴处。

分布： 我国东北、华北、西北、安徽。朝鲜、日本及俄罗斯远东地区也有分布。

杨柳科

Salicaceae Mirb.

植物名 **响叶杨（杨柳科，杨属）**

学名及出处：*Populus adenopoda* Maxim., Bull. Soc. Imp. Naturalistes Moscou 54 (1): 50. 1879.

药材名：响叶杨

生活型及简要特征：乔木。叶先端急尖，边缘有向内弯的钝锯齿；雄花序苞片边缘条裂，并具长睫毛。

药用部位及功效：根、茎、叶入药，祛风止痛、活血通络。

产地和生境：河北有栽培。生阳坡灌丛、杂木林或河边。

分布：我国陕西、云南、贵州、四川、河南、安徽、湖北、江苏、浙江、江西、湖南、广西。

植物名 **银白杨（杨柳科，杨属）**

学名及出处：*Populus alba* L., Sp. Pl. 2: 1034. 1753.

药材名：白背杨

生活型及简要特征：乔木。叶 3～5 掌状裂或波状缺刻；幼枝叶柄及长枝的叶背面密被白色绒毛；苞片紫红色，边缘具不规则波状齿，齿具长毛。

药用部位及功效：叶入药，止咳平喘、化痰清热。

产地和生境：保定、石家庄有栽培。生砂质土壤上。

分布：新疆有野生，辽宁、山西、陕西、甘肃、宁夏、青海、山东、河南有栽培。亚洲西部和北部、欧洲、北非有分布。

植物名 **山杨（杨柳科，杨属）**

学名及出处：*Populus davidiana* Dode, Bull. Soc. Hist. Nat. Autun. 18: 189, pl. 11, f. 31. 1905.

药材名：白杨树根皮、白杨树皮、白杨枝、白杨叶

生活型及简要特征：乔木。树皮灰绿色或灰白色；雄花序苞片棕褐色、掌状条裂，边缘密被白色长毛。

药用部位及功效：根皮入药（白杨树根皮），清热、止咳、利温、驱虫。树皮入药（白杨树皮），祛风、行瘀、消痰。枝入药（白杨枝），行气消积、解毒敛疮。叶入药（白杨叶），祛风止痛、解毒敛疮。

产地和生境：产围场、兴隆、蔚县、青龙。生山坡、沟谷。

分布：我国东北、华北、西北及四川。朝鲜、日本、俄罗斯也有分布。

植物名 **钻天杨（杨柳科，杨属）**

学名及出处： *Populus nigra* var. *italic* (Moench) Koehne, Deut. Dendrol. 81. 1893.

药材名： 钻天杨

生活型及简要特征： 乔木。树冠狭，呈塔形；树皮暗灰色，老时灰黑色，深裂。

药用部位及功效： 叶入药，凉血解毒、祛风除湿。

产地和生境： 河北多栽培。

分布： 我国长江、黄河流域广为栽培。中亚、西亚、欧洲、北美均有栽培。

植物名 **小叶杨（杨柳科，杨属）**

学名及出处： *Populus simonii* Carr., Rev. Hort. (Paris) 1867: 360. 1867.

药材名： 小叶杨

生活型及简要特征： 乔木。小枝有明显棱角；叶柄上常具凹槽；雄蕊不超过 10 枚。

药用部位及功效： 树皮入药，祛风活血、清热利湿。

产地和生境： 产河北各地。本种喜光，适应性强，对气候及土壤要求不严。

分布： 我国广布。

植物名 **毛白杨（杨柳科，杨属）**

学名及出处： *Populus tomentosa* Carr., Rev. Hort. (Paris) 10: 340. 1867.

药材名： 毛白杨、杨树花

生活型及简要特征： 乔木。嫩枝和幼芽密被白毛，叶缘波状或不规则缺裂，叶柄先端常具腺体。

药用部位及功效： 树皮入药（毛白杨），清热利湿、止咳化痰。雄花序入药（杨树花），清热解毒、化湿止痢。

产地和生境： 河北广泛栽培。

分布： 广布于北起辽宁、内蒙古南部，南达长江流域，西至甘肃、宁夏。

植物名 **垂柳（杨柳科，柳属）**

学名及出处： *Salix babylonica* L., Sp. Pl. 2: 1017. 1753.

药材名： 柳根、柳白皮、柳叶、柳花、柳絮

生活型及简要特征： 乔木。枝细长而下垂，嫩枝被丝状毛或柔毛；叶缘具细锯齿；雌花只有 1 腺体。

药用部位及功效： 根入药（柳根），利水通淋、祛风除痛、泻火解毒。树枝或根部韧皮入药（柳白皮），祛风利湿、消肿止痛。叶入药（柳叶），清热解毒、利尿、平肝、止痛、透疹。花序入药（柳花），祛风利湿、止血散瘀。具毛种子入药（柳絮），凉血止血、解毒消痈。

产地和生境： 产河北各地。多生于道边、水边等地。

分布：长江流域及黄河流域广泛栽培。亚洲、欧洲及美洲均有引种。

植物名　**乌柳（杨柳科，柳属）**

学名及出处：*Salix cheilophila* Schneid., Pl. Wilson 3(1): 69–70. 1916.

药材名：沙柳

生活型及简要特征：灌木或小乔木。小枝带紫色；叶缘具带腺锯齿，外卷。

药用部位及功效：鲜茎、叶、树皮入药，解表祛风、清热。

产地和生境：产张北、涿鹿、蔚县、遵化、内丘。生山谷溪边、林缘。

分布：我国华北、陕西、甘肃、宁夏、青海、云南、四川、西藏、河南。

植物名　**旱柳（杨柳科，柳属）**

学名及出处：*Salix matsudana* Koidz., Bot. Mag. (Tokyo) 29: 312. 1915.

药材名：旱柳

生活型及简要特征：乔木。小枝黄色；叶缘具细腺锐锯齿；雌花具 2 腺体。

药用部位及功效：根、根须、皮、枝、种子入药，清热除湿、消肿止痛。

产地和生境：产河北高山外各地区。

分布：我国东北、华北、西北、西南、华中、华东。

植物名　**红皮柳（杨柳科，柳属）**

学名及出处：*Salix sinopurpurea* C. Wang & C. Y. Yang, Bull. Bot. Lab. N.-E. Forest. Inst., Harbin 9: 98. 1980.

药材名：水杨根、水杨枝叶

生活型及简要特征：灌木或小乔木。叶倒披针形或近披针形，花苞片圆形，雌花序基部具 2 披针形叶。

药用部位及功效：根入药（水杨根），解毒、消肿定痛。枝叶入药（水杨枝叶），清热解毒。

产地和生境：河北多栽培。

分布：我国辽宁、华北、陕西、山东。

植物名　**皂柳（杨柳科，柳属）**

学名及出处：*Salix wallichiana* Anderss., Kongl. Svenska Vetensk. Acad. Handl., n. s. 1850: 477. 1851.

药材名：皂柳根

生活型及简要特征：灌木或小乔木。叶倒卵状椭圆形，两面密被柔毛；雄花序为长圆形至短圆柱形，雌花序细长。

药用部位及功效：根入药，祛风除湿、解热止痛。

产地和生境：产平泉、承德县、滦平、兴隆、蔚县、青龙。生山谷溪流边，林缘或山坡。

分布：我国华北、西北、西南及浙江。印度、不丹、尼泊尔也有分布。

大戟科

Euphorbiaceae Juss.

植物名 **铁苋菜（大戟科，铁苋菜属）**

学名及出处： *Acalypha australis* L., Sp. Pl. 2: 1004. 1753.

药材名： 铁苋菜

生活型及简要特征： 一年生草本。花序较长，穗状，雌花苞片卵状心形，无异形雌花。

药用部位及功效： 地上部分入药，清热解毒、利湿、收敛止血。

产地和生境： 产河北各县区。生荒地、田间、路旁、山沟、山坡草地或林下。

分布： 我国除西部高原或干燥地区外，大部分省区均有分布。俄罗斯远东地区、朝鲜、日本、菲律宾、越南、老挝以及北美洲和拉丁美洲也有分布。

植物名 **乳浆大戟（大戟科，大戟属）**

学名及出处： *Euphorbia esula* L., Sp. Pl. 1: 461. 1753.

药材名： 猫眼草

生活型及简要特征： 多年生草本。叶线形至卵形；腺体4，新月形，两端具角，角长而尖或短而钝。

药用部位及功效： 全草入药，镇咳、祛痰、散结、逐水、拔毒、杀虫。

产地和生境： 产河北各县区。生干燥砂质地、路旁、河滩、草原、山坡及山沟内。

分布： 分布于全国（除云南、贵州、西藏和海南外）。广布于欧亚大陆，且归化于北美。

植物名 **泽漆（大戟科，大戟属）**

学名及出处： *Euphorbia helioscopia* L., Sp. Pl. 1: 459. 1753.

药材名： 泽漆

生活型及简要特征： 一年生草本。叶互生，倒卵形或匙形，先端具牙齿，中部以下渐狭或呈楔形。

药用部位及功效： 全草入药，行水消肿、化痰止咳、解毒杀虫。

产地和生境： 产沽源、永年、肥乡、魏县、邯山。生山沟、路旁、荒野及湿地。

分布： 除西藏外，其余各省区均有分布。亦分布于欧亚大陆和北非。

植物名 **地锦草（大戟科，大戟属）**

学名及出处： *Euphorbia humifusa* Willd., Enum. Pl. Hort. Berol. suppl. 27. 1814.

药材名： 地锦草

生活型及简要特征： 一年生草本。匍匐草本植物，茎纤细，叉状分枝；叶对生；花序腋生。

药用部位及功效： 全草入药，清热解毒、利湿退黄、活血止血。

产地和生境：产河北各区县。生路旁、田间、荒地、山坡、海滩。

分布：除海南外，分布于全国。广布于欧亚大陆温带。

植物名　**甘遂（大戟科，大戟属）**

学名及出处：*Euphorbia kansui* T. N. Liou ex S. B. Ho, Fl. Tsinling. 1 (3): 162, 450, f. 138. 1981.

药材名：甘遂

生活型及简要特征：多年生草本。根圆柱状，细长，末端呈念株状膨大；蒴果三棱状球形；种子长球状。

药用部位及功效：块根入药，泻水逐饮、破积通便。

产地和生境：产遵化、丰南、曹妃甸、新乐、正定。生荒坡、沙地、田边、低山坡、路旁等。

分布：分布于山西、陕西、甘肃、宁夏和河南。

植物名　**斑地锦草（大戟科，大戟属）**

学名及出处：*Euphorbia maculata* L., Sp. Pl. 1: 455. 1753.

药材名：地锦草

生活型及简要特征：一年生草本。茎被绢毛；叶中部常有长圆形的紫色斑点；花粉三沟。

药用部位及功效：全草入药，清热解毒、利湿退黄、活血止血。

产地和生境：产康保、万全、遵化、迁安、滦南、丰南、涿州、容城、顺平、望都、博野、深泽、元氏、大名、魏县、邯山、峰峰矿区。生平原或低山坡的路旁。

分布：分布于河南、湖北、江苏、浙江、江西和台湾。原产北美，归化于欧亚大陆。

植物名　**银边翠（大戟科，大戟属）**

学名及出处：*Euphorbia marginata* Pursh, Fl. Amer. Sept. 2: 607. 1814.

药材名：银边翠

生活型及简要特征：一年生草本。叶于茎基部互生、于上部对生或轮生，绿色，上部叶边缘明显白色，无叶柄。

药用部位及功效：全草入药，活血调经、消肿拔毒。

产地和生境：平泉、遵化、曹妃甸等地有栽培。

分布：我国大多数省区市均有栽培。原产北美，广泛栽培于亚洲、欧洲、非洲。

植物名　**大戟（大戟科，大戟属）**

学名及出处：*Euphorbia pekinensis* Rupr., Maxim. Prim. Fl. Amur. 239 (1859), Boiss. Cent. Euphorb. 31. 1860.

药材名：大戟

生活型及简要特征：多年生草本。叶全缘或边缘呈浅波状；苞片通常全缘；果疣分散于表面，呈圆锥形小突起。

药用部位及功效：根入药，泻水逐饮。

产地和生境：产河北各地。生山坡、路旁、田边、荒地、草丛、林缘及疏林下。

分布：除新疆及西藏外，其他各省均有分布。朝鲜、日本也有分布。

植物名 **一品红（大戟科，大戟属）**

学名及出处：*Euphorbia pulcherrima* Willd. ex Klotzsch, Allg. Gartenzeitung 2(4): 27–28. 1834.

药材名：猩猩木

生活型及简要特征：灌木。上部叶片通常全缘，全部鲜红色；杯状聚伞花序多数，生于枝顶。

药用部位及功效：全株入药，调经止血、接骨消肿。

产地和生境：河北各地有盆栽。

分布：我国绝大部分省区市均有栽培，常见于公园、植物园及温室中，供观赏。原产中美洲，广泛栽培于热带和亚热带。

植物名 **蓖麻（大戟科，蓖麻属）**

学名及出处：*Ricinus communis* L., Sp. Pl. 2: 1007. 1753.

药材名：蓖麻油、蓖麻根、蓖麻子、蓖麻叶

生活型及简要特征：一年生粗壮草本或草质灌木。叶轮廓近圆形，掌状 7～11 裂；蒴果卵球形或近球形，果皮或具软刺。

药用部位及功效：种子所榨取的脂肪油入药（蓖麻油），滑肠、润肤。根入药（蓖麻根），祛风解痉、活血消肿。种子入药（蓖麻子），消肿拔毒、泻下导滞、通络利窍。叶入药（蓖麻叶），祛风除湿、拔毒消肿。

产地和生境：河北多地有栽培。

分布：我国各地均有栽培。原产非洲，现广布于全世界热带地区或栽培于热带至温带各国。

植物名 **地构叶（大戟科，地构叶属）**

学名及出处：*Speranskia tuberculata* (Bunge) Baill., Etude Euphorb. 389. 1858.

药材名：透骨草

生活型及简要特征：多年生草本。叶纸质，披针形或卵状披针形，叶柄较短，长不及 5 mm；雌花有花瓣；果具瘤状突起。

药用部位及功效：全草入药，祛风除湿、舒筋活血、散瘀消肿、解毒目痛。

产地和生境：产尚义、怀安、万全、怀来、宣化、阳原、涿鹿、蔚县、迁安、涞水、顺平、曲阳、望都、平山、灵寿、行唐、无极、深泽、元氏、赞皇、高邑、井陉、鹿泉、柏乡、临城、隆尧、内丘、信都、任泽、南和、沙河、武安、永年、邯山、峰峰矿区、

磁县。生山坡草地、固定沙丘及村落附近。

分布：分布于东北、华北、西北、四川、河南、华东。蒙古国也有分布。

植物名 **乌桕（大戟科，乌桕属）**

学名及出处：*Triadica sebifera* (L.) Small, Florida Trees 59. 1913.

药材名：乌桕子、乌桕叶、乌桕根皮

生活型及简要特征：乔木。叶互生，纸质，叶片菱形、菱状卵形或稀有菱状倒卵形；蒴果梨状球形，成熟时黑色。

药用部位及功效：种子入药（乌桕子），拔毒消肿、杀虫止痒。叶入药（乌桕叶），泻下逐水、消肿散瘀、解毒杀虫。根皮入药（乌桕根皮），清热利湿、拔毒消肿。

产地和生境：安国、井陉、肥乡、大名、峰峰矿区有栽培。

分布：分布于黄河以南各省区，北达陕西、甘肃。日本、印度、越南、欧洲、美洲和非洲亦有栽培。

亚麻科

Linaceae DC. ex Perleb

植物名 **宿根亚麻（亚麻科，亚麻属）**

学名及出处：*Linum perenne* L., Sp. Pl. 1: 277. 1753.

药材名：宿根亚麻

生活型及简要特征：多年生草本。根为直根，粗壮；花多数，组成聚伞花序，蓝色、蓝紫色、淡蓝色。

药用部位及功效：花果入药，通络活血。

产地和生境：产康保、沽源、崇礼、怀来、遵化、滦南、定兴、博野、无极、深泽、晋州、鹿泉、武强、冀州、肥乡、魏县、邯山。生山坡草地、疏林下、路旁。

分布：分布于东北、内蒙古、山西、西北、西南。俄罗斯西伯利亚至欧洲和西亚皆有广布。

植物名 **亚麻（亚麻科，亚麻属）**

学名及出处：*Linum usitatissimum* L., Sp. Pl. 1: 277. 1753.

药材名：亚麻、亚麻子

生活型及简要特征：一年生草本。花单生于枝顶或枝的上部叶腋，组成疏散的聚伞花序；果实假隔膜边缘具缘毛。

药用部位及功效：根、茎、叶入药（亚麻），平肝、活血。种子入药（亚麻子），养血祛风、润燥通便。

产地和生境：河北各地有栽培。原产地中海地区。

分布：全国各地皆有栽培，但以北方和西南地区较为普遍。现欧、亚温带多有栽培。

叶下珠科

Phyllanthaceae Martinov

植物名 **叶下珠（叶下珠科，叶下珠属）**

学名及出处：*Phyllanthus urinaria* L., Sp. Pl. 2: 982. 1753.

药材名：叶下珠

生活型及简要特征：一年生草本。叶片下面边缘有1～3列短硬毛；子房和果有小疣状凸起。

药用部位及功效：全草入药，清热利尿、明目、消积。

产地和生境：产双桥、双滦、怀来、蔚县、卢龙、迁西、遵化、丰润、滦南、丰南、乐亭、曹妃甸、三河、易县、顺平、宁晋、新河、魏县。生草地、田边、路旁、山坡。

分布：分布于山西、陕西、西南、华中、华东、华南和台湾。日本、印度、斯里兰卡、中南半岛、马来西亚、印度尼西亚至南美也有分布。

植物名 **蜜甘草（叶下珠科，叶下珠属）**

学名及出处：*Phyllanthus ussuriensis* Rupr. & Maxim., Bull. Cl. Phys.-Math. Acad. Imp. Sci. St.-Peters. 15: 222. 1857.

药材名：蜜柑草

生活型及简要特征：一年生草本。叶片纸质，椭圆形至长圆形；花丝分离，药室纵裂；蒴果扁球状，平滑。

药用部位及功效：全草入药，清热利湿、清肝明目。

产地和生境：产遵化、丰南。生山坡或路旁草地。

分布：分布于东北、山东、安徽、湖北、江苏、浙江、江西、湖南、福建、广东、广西、台湾等省区。俄罗斯东南部、朝鲜、日本、蒙古国也有分布。

植物名 **黄珠子草（叶下珠科，叶下珠属）**

学名及出处：*Phyllanthus virgatus* G. Forst., Fl. Ins. Austr. 65. 1786.

药材名：黄珠子草

生活型及简要特征：一年生草本。叶片线状披针形、长圆形或狭椭圆形，基部两侧不相等；子房有鳞片状凸起。

药用部位及功效：全草入药，健脾消积、利尿通淋、清热解毒。

产地和生境：产涿州、安新、清苑、高阳。生山地草坡、沟边草丛或路旁灌丛中。

分布：分布于山西、陕西、西南、华中、华东、华南等省区。印度、东南亚到昆士兰和太平洋沿岸。

牻牛儿苗科

Geraniaceae Juss.

植物名 **牻牛儿苗（牻牛儿苗科，牻牛儿苗属）**

学名及出处：*Erodium stephanianum* Willd., Sp. Pl. 3(1): 625. 1800.

药材名：牻牛儿苗

生活型及简要特征：多年生草本。高通常 15～50 cm；叶裂片基部下延；萼片先端有长芒，花瓣紫红色，倒卵形。

药用部位及功效：带果实的全草入药，祛风通络、活血、清热利湿。

产地和生境：产围场、隆化、平泉、兴隆、康保、张北、尚义、赤城、崇礼、怀安、万全、怀来、阳原、涿鹿、蔚县、青龙、抚宁、迁西、遵化、迁安、滦南、丰南、曹妃甸、涞源、涿州、易县、容城、顺平、阜平、曲阳、望都、满城、平山、灵寿、行唐、新乐、正定、无极、元氏、赞皇、井陉、鹿泉、武强、冀州、枣强、宁晋、临城、隆尧、南宫、信都、任泽、南和、沙河、武安、永年、肥乡、大名、魏县、邯山、峰峰矿区、磁县。生山坡、河岸沙地或草地。

分布：分布于长江中下游以北的东北、华北、西北、四川和西藏。俄罗斯西伯利亚和远东、日本、哈萨克斯坦、蒙古国、中亚各国、阿富汗和克什米尔地区、尼泊尔亦广泛分布。

植物名 **野老鹳草（牻牛儿苗科，老鹳草属）**

学名及出处：*Geranium carolinianum* L., Sp. Pl. 2: 682. 1753.

药材名：老鹳草

生活型及简要特征：一年生草本。总花梗通常数个集生茎端，呈伞形状花序；蒴果被短糙毛，果瓣由喙上部先裂向下卷曲。

药用部位及功效：干燥地上部分入药，祛风、活血、清热解毒。

产地和生境：产肥乡、魏县、邯山。生平原和低山荒坡杂草丛中。

分布：分布于云南、四川、山东、安徽、湖北、江苏、浙江、江西、湖南。

植物名 **粗根老鹳草（牻牛儿苗科，老鹳草属）**

学名及出处：*Geranium dahuricum* DC., Prodr. 1: 642. 1824.

药材名：老鹳草

生活型及简要特征：多年生草本。根茎短粗，具簇生纺锤形块根；叶片七角状肾圆形，掌状 7 深裂近基部。

药用部位及功效：带果实的全草入药，祛风通络、活血、清热利湿。

产地和生境：产围场、赤城、崇礼、阳原、涿鹿、蔚县、青龙、涞源、阜平、平山、灵寿。生草甸、林缘、灌丛间。

分布：分布于东北、华北、西北、四川西部和西藏东部。俄罗斯、朝鲜、日本、蒙古国也有分布。

植物名 **鼠掌老鹳草（牻牛儿苗科，老鹳草属）**

学名及出处：*Geranium sibiricum* L., Sp. Pl. 2: 683. 1753.

药材名：老鹳草

生活型及简要特征：一年生或多年生草本。茎纤细，仰卧或近直立；总花梗丝状，具 1 花或偶具 2 花，花柱极短或不明显。

药用部位及功效：带果实的全草入药，祛风通络、活血、清热利湿。

产地和生境：产河北各地。生草地、林缘、山地及路边。

分布：分布于东北、华北、西北、西南、华中。俄罗斯、朝鲜、日本、蒙古国、中亚、欧洲也有分布。

植物名 **老鹳草（牻牛儿苗科，老鹳草属）**

学名及出处：*Geranium wilfordii* Maxim., Bull. Acad. Imp. Sci. St.-Petersbourg, sér. 3 26(3): 453. 1880.

药材名：老鹳草

生活型及简要特征：多年生草本。茎生叶 3 深裂；花序梗有 2 花，花梗果期直立。

药用部位及功效：带果实的全草入药，祛风通络、活血、清热利湿。

产地和生境：产隆化、承德县、滦平、兴隆、双桥、双滦、张北、尚义、赤城、崇礼、怀安、万全、阳原、涿鹿、抚宁、卢龙、遵化、丰南、曹妃甸、平山、赞皇、井陉、栾城、临城、大名、魏县、峰峰矿区。生林缘、灌丛或山坡。

分布：分布于东北、华北、陕西、甘肃、四川、华中及华东。俄罗斯、朝鲜、日本也有分布。

千屈菜科

Lythraceae J. St.-Hil.

植物名 **耳基水苋菜（千屈菜科，水苋菜属）**

学名及出处：*Ammannia auriculata* Willd., Hort. Berol. [Willd.] 1: 7, pl. 7. 1803.

药材名：耳水苋

生活型及简要特征：一年生草本。茎 4 棱；叶对生；雄蕊 4～6 枚；蒴果球形，直径

3～3.5 mm，紫红色，不规则开裂。

药用部位及功效：全草入药，健脾利湿、行气散瘀。

产地和生境：产丰润、邯郸。生湿地或水田中。

分布：中国陕西、甘肃、云南、河南、安徽、湖北、江苏、浙江、福建、广东。广布于世界热带各地。

植物名 **水苋菜（千屈菜科，水苋菜属）**

学名及出处：*Ammannia baccifera* L., Sp. Pl. 1: 120. 1753.

药材名：水苋菜

生活型及简要特征：一年生小草本。无花瓣，雄蕊 4 枚；蒴果球形，直径 1～1.5 mm，紫红色，中部以上不规则盖裂。

药用部位及功效：全草入药，散瘀止血、除湿解毒。

产地和生境：产沽源、卢龙、北戴河、昌黎、丰润、滦县、盐山。生湿地或稻田。

分布：中国陕西、云南、安徽、湖北、江苏、浙江、湖南、福建、广东、广西、台湾。越南、印度、阿富汗、菲律宾、马来西亚、澳大利亚及非洲热带地区也有分布。

植物名 **紫薇（千屈菜科，紫薇属）**

学名及出处：*Lagerstroemia indica* L., Syst. Nat. (ed. 10) 2: 1076. 1759.

药材名：紫薇根、紫薇皮、紫薇花

生活型及简要特征：灌木或小乔木。萼筒半球形，花瓣大而有皱。

药用部位及功效：根入药（紫薇根），清热利湿、活血止血、止痛。茎皮及根皮入药（紫薇皮），清热解毒、利湿祛风、散瘀止血。花入药（紫薇花），清热解毒、凉血止血。

产地和生境：河北有栽培。

分布：中国吉林、陕西、云南、贵州、四川、山东、河南、安徽、湖北、江苏、浙江、江西、湖南、福建、广东、广西有生长或栽培。原产亚洲，现广植于热带地区。

植物名 **千屈菜（千屈菜科，千屈菜属）**

学名及出处：*Lythrum salicaria* L., Sp. Pl. 1. 446. 1753.

药材名：千屈菜

生活型及简要特征：多年生草本。小枝 4 棱或 6 棱；叶下部对生，上部互生；萼筒圆柱形，花瓣 6，紫色。

药用部位及功效：全草入药，清热解毒、收敛止血。

产地和生境：产河北各地。生水旁湿地。

分布：全国各地均产。亚洲、欧洲、阿尔及利亚、北美洲、澳大利亚也有分布。

植物名 **石榴（千屈菜科，石榴属）**

学名及出处：*Punica granatum* L., Sp. Pl. 1: 472. 1753.

药材名：石榴根、石榴叶、石榴花、石榴皮、酸石榴、甜石榴
生活型及简要特征：灌木或小乔木。叶对生或簇生；萼革质；子房上部侧膜胎座，下部中轴胎座；浆果近球形。
药用部位及功效：根皮入药（石榴根），驱虫、涩肠、止带。叶入药（石榴叶），收敛止泻、杀虫。花入药（石榴花），凉血、止血。果皮入药（石榴皮），涩肠止泻、止血、驱虫。味酸果实入药（酸石榴），止渴、涩肠、止血。味甜果实入药（甜石榴），生津止渴、杀虫。
产地和生境：河北常见栽培。
分布：世界温带和热带地区都有种植。

柳叶菜科

Onagraceae Juss.

植物名 **柳兰（柳叶菜科，柳兰属）**
学名及出处：*Chamerion angustifolium* (L.) Holub, Folia Geobot. Phytotax. 7(1): 86. 1972.
药材名：红筷子
生活型及简要特征：多年生草本。叶互生，近全缘；总状花序顶生，花大，柱头 4 深裂；蒴果圆柱形。
药用部位及功效：全草入药，利水渗湿、理气消胀、活血调经。
产地和生境：产围场、兴隆、涿鹿、蔚县、青龙、遵化。生山坡、林缘或林中开阔地。
分布：中国黑龙江、吉林、内蒙古、山西、陕西、甘肃、宁夏、青海、新疆、云南、四川、西藏。广布于北温带与寒带地区。

植物名 **高山露珠草（柳叶菜科，露珠草属）**
学名及出处：*Circaea alpina* L., Sp. Pl. 1: 9. 1753.
药材名：高山露珠草
生活型及简要特征：多年生小草本。具块茎；叶具侧脉 4～10，花瓣顶端凹缺不及花瓣长的一半；果梗无毛。
药用部位及功效：全草入药，养心安神、消食、止咳、解毒、止痒。
产地和生境：产兴隆、阳原、蔚县、青龙、遵化、涞源、易县。生山沟溪边或山坡潮湿石缝中。
分布：中国东北。分布于北方森林地区。

植物名 **露珠草（柳叶菜科，露珠草属）**
学名及出处：*Circaea cordata* Royle, Ill. Bot. Himal. Mts. 1: 211, pl. 43, f. 1a–i. 1834.

药材名：牛泷草

生活型及简要特征：多年生草本。茎上密生开展的长毛及短腺毛；叶卵形或广卵形；果实比果柄长，具沟，外被深棕色钩状毛。

药用部位及功效：全草入药，清热解毒、止血生肌。

产地和生境：产蔚县。生林下及山谷潮湿处。

分布：中国东北、山西、甘肃、西南、山东、河南、安徽、湖北、浙江、江西、湖南、台湾。朝鲜、日本、尼泊尔、印度、巴基斯坦也有分布。

植物名 **毛脉柳叶菜（柳叶菜科，柳叶菜属）**

学名及出处：*Epilobium amurense* Hausskn., Oesterr. Bot. Z. 29(2): 55−56. 1879.

药材名：毛脉柳叶菜

生活型及简要特征：多年生草本。茎具 2 细棱，棱上密生曲柔毛；花序上具腺点。

药用部位及功效：全草入药，收敛固脱。

产地和生境：产兴隆。生林缘或沟谷溪流旁湿地。

分布：中国吉林、内蒙古、山西、陕西、甘肃、青海、西南、山东、河南、湖北、广西、台湾。

植物名 **柳叶菜（柳叶菜科，柳叶菜属）**

学名及出处：*Epilobium hirsutum* L., Sp. Pl. 1: 347−348. 1753.

药材名：柳叶菜、柳叶菜根、柳叶菜花

生活型及简要特征：多年生草本。叶明显抱茎，对生；花生叶腋；蒴果圆柱形，被短腺毛；种子顶端具 1 簇白色种缨。

药用部位及功效：全草入药（柳叶菜），清热解毒、利湿止泻、消食理气、活血接骨。根入药（柳叶菜根），疏风清热、解毒利咽、止咳、利湿。花入药（柳叶菜花），清热止痛、调经涩带。

产地和生境：产丰宁、崇礼、怀安、怀来、涿鹿、蔚县、曲阳、平山。生沟边或湿地。

分布：中国温带与热带省区分布。广布于欧亚大陆与非洲温带。

植物名 **沼生柳叶菜（柳叶菜科，柳叶菜属）**

学名及出处：*Epilobium palustre* L., Sp. Pl. 1: 348. 1753.

药材名：水湿柳叶菜

生活型及简要特征：多年生草本。茎上部被短曲柔毛，基部具匍匐枝；叶线形或线状披针形；花瓣顶端凹缺；种缨污白色。

药用部位及功效：全草入药，疏风清热、解毒利咽、止咳、利湿。

产地和生境：产北戴河、昌黎。生湿地。

分布：中国东北、华北、西北、西南。广布于北半球温带与寒带地区湿地。

植物名 丁香蓼（柳叶菜科，丁香蓼属）

学名及出处： *Ludwigia prostrata* Roxb., Fl. Ind. 1: 441. 1820.

药材名： 丁香蓼、丁香蓼根

生活型及简要特征： 一年生草本。花梗顶端有 2 苞片，蒴果室间开裂。

药用部位及功效： 全草入药（丁香蓼），清热解毒、利尿通淋、化瘀止血。根入药（丁香蓼根），清热利尿、消肿生肌。

产地和生境： 产北戴河。生水边、沼泽地。

分布： 中国云南、广西、海南。中南半岛至印度及东南亚地区也有分布。

植物名 月见草（柳叶菜科，月见草属）

学名及出处： *Oenothera biennis* L., Sp. Pl. 1: 346. 1753.

药材名： 月见草

生活型及简要特征： 二年生草本。叶宽披针形，中脉红色；蒴果具 4 棱；种子有棱。

药用部位及功效： 根入药，祛风湿、强筋骨。

产地和生境： 河北有栽培。

分布： 中国有栽培，常逸为野生。世界温带及亚热带地区广泛栽培。

省沽油科

Staphyleaceae Martinov

植物名 省沽油（省沽油科，省沽油属）

学名及出处： *Staphylea bumalda* DC., Prodr. 2: 2. 1825.

药材名： 省沽油根、省沽油

生活型及简要特征： 灌木。树皮带棱线；复叶对生；蒴果膀胱状，扁平，先端 2 裂；种子黄色。

药用部位及功效： 根入药（省沽油根），活血化瘀。果实入药（省沽油），润肺止咳。

产地和生境： 产平山、井陉。生向阳山地或山沟杂木林中。

分布： 我国东北、山西、四川、安徽、湖北、江苏、浙江。

白刺科

Nitrariaceae Lindl.

植物名 小果白刺（白刺科，白刺属）

学名及出处： *Nitraria sibirica* Pall., Fl. Ross. 1: 80. 1784.

药材名：卡密

生活型及简要特征：灌木。叶片较小，倒披针形；花较小，花瓣黄绿色或近白色；果较小，椭圆形或近球形。

药用部位及功效：果实入药，调经活血、消食健脾。

产地和生境：产康保、尚义、遵化、曹妃甸。生盐渍化沙地、沿海盐化沙地。

分布：分布于我国各沙漠地区，东北及华北沿海沙区也有分布。俄罗斯、蒙古国、中亚也有分布。

植物名 **白刺（白刺科，白刺属）**

学名及出处：*Nitraria tangutorum* Bobrov, Sovetsk. Bot. 14 (1): 19, 26. 1946.

药材名：白刺

生活型及简要特征：灌木。叶片较大，宽倒披针形；花大；果大，近圆球形，熟时深红色。

药用部位及功效：果实入药，健脾胃、助消化、安神、解表、下乳。

产地和生境：产张北坝上、迁西、青县、黄骅、海兴。生山前平原积沙地、有风积沙的黏土地。

分布：分布于吉林、内蒙古西部、陕西北部、甘肃河西、宁夏、青海、新疆、西藏东北部及河南。亚洲、欧洲、非洲及澳大利亚的温带荒漠与半荒漠地有分布。

植物名 **骆驼蓬（白刺科，骆驼蓬属）**

学名及出处：*Peganum harmala* L., Sp. Pl. 1: 444–445. 1753.

药材名：骆驼蓬、骆驼蓬子

生活型及简要特征：多年生草本。茎光滑无毛；叶长 3 cm；花单生与叶对生，柱头三棱戟形。

药用部位及功效：全草入药（骆驼蓬），止咳平喘、祛风湿、消肿毒。种子入药（骆驼蓬子），止咳平喘、祛风湿、解郁。

产地和生境：产张北、宣化、阳原。生干旱及盐渍化荒地。

分布：分布于我国西北和北部各省区。俄罗斯、蒙古国也有分布。

漆树科

Anacardiaceae R. Br.

植物名 **黄连木（漆树科，黄连木属）**

学名及出处：*Pistacia chinensis* Bunge, Enum. Pl. China Bor. 15. 1833.

药材名：黄楝树

生活型及简要特征：乔木。偶数羽状复叶；花单性，无花瓣；核果倒卵圆形。

药用部位及功效：根皮入药，清暑、生津、解毒、利湿。

产地和生境：产易县、顺平、平山、赞皇、井陉、内丘、沙河、武安、涉县、肥乡、大名、邯山、磁县。生平原、丘陵或山林中。

分布：我国华北、西北及长江以南各省区。菲律宾也有分布。

植物名 **盐麸木（漆树科，盐麸木属）**

学名及出处：*Rhus chinensis* Mill., Gard. Dict. (ed. 8) Rhus no. 7. 1768.

药材名：盐肤木、五倍子

生活型及简要特征：灌木或小乔木。奇数羽状复叶，叶轴具翅。

药用部位及功效：根、叶入药（盐肤木），清热解毒、散瘀止血。叶上虫瘿入药（五倍子），敛肺降火、涩肠止泻、敛汗止血、收湿敛疮。

产地和生境：产兴隆、青龙、昌黎、遵化、曹妃甸、易县、平山、赞皇、高邑、井陉、武安、大名。生山地、林中及灌丛中。

分布：我国除东北、内蒙古和新疆外，各省份均有。朝鲜、日本、印度、中南半岛、马来西亚及印度尼西亚也有分布。

植物名 **青麸杨（漆树科，盐麸木属）**

学名及出处：*Rhus potaninii* Maxim., Trudy Imp. St.-Peterburgsk. Bot. Sada 11(1): 110–111. 1889.

药材名：青麸杨根、五倍子

生活型及简要特征：乔木。奇数羽状复叶互生，叶全缘；圆锥花序，花白色。

药用部位及功效：根入药（青麸杨根），祛风解毒。叶上虫瘿入药（五倍子），敛肺降火、涩肠止泻、敛汗止血、收湿敛疮。

产地和生境：产赞皇、武安。生向阳山坡及灌丛中。

分布：我国陕西、甘肃、云南、四川、河南。

植物名 **漆（漆树科，漆树属）**

学名及出处：*Toxicodendron vernicifluum* (Stokes) F. A. Barkl., Amer. Midl. Naturalist 24: 680. 1940.

药材名：漆树根、漆树皮、漆树木心、生漆、干漆

生活型及简要特征：乔木。奇数羽状复叶；圆锥花序腋生；果序下垂，成熟时淡黄色；树脂含漆。

药用部位及功效：根入药（漆树根），活血散瘀、通经止痛。树皮或根皮入药（漆树皮），接骨。心材入药（漆树木心），行气活血止痛。树脂入药（生漆），杀虫。树脂加工后的干燥品入药（干漆），破瘀血、消积、杀虫。

产地和生境：产赞皇、灵寿、井陉、沙河、武安、涉县。生向阳避风山坡及杂木林中。

分布：我国除东北及新疆，全国均有。日本、朝鲜及印度也有分布。

无患子科

Sapindaceae Juss.

植物名 **青榨槭（无患子科，槭属）**

学名及出处： *Acer davidii* Franch., Nouv. Arch. Mus. Hist. Nat. sér. 2 8: 212. 1885.

药材名： 青榨槭

生活型及简要特征： 乔木。单叶，叶不裂或近基部两侧有裂；花序总状。

药用部位及功效： 根及树皮入药，祛风除湿、散瘀止痛、消食健脾。

产地和生境： 产兴隆、宽城、平山、灵寿、赞皇、井陉、武安。生山谷间的疏林中。

分布： 我国黄河流域和东南沿海各省区。

植物名 **葛萝槭（无患子科，槭属）**

学名及出处： *Acer davidii* subsp. *grosseri* (Pax) P. C. de Jong, Maples of the World 151. 1994.

药材名： 飞蛾树

生活型及简要特征： 乔木。单叶，5 裂，边缘具尖锐的重锯齿；总状花序；果翅张开成锐角或近水平。

药用部位及功效： 嫩枝和果实入药，止咳、敛疮。

产地和生境： 产兴隆、蔚县。生山地阴坡或疏林中。

分布： 我国河北、山西、陕西、甘肃、河南、湖北、安徽及河南。

植物名 **鸡爪槭（无患子科，槭属）**

学名及出处： *Acer palmatum* Thunb., Syst. Veg. (ed. 14) 911. 1784.

药材名： 鸡爪槭

生活型及简要特征： 小乔木。叶 7～9 深裂，边缘具重锯齿；坚果球形，果翅长丁坚果 3 倍以上，张开成钝角。

药用部位及功效： 枝叶入药，行气止痛、解毒消痈。

产地和生境： 河北栽培。

分布： 分布于贵州、山东、河南、安徽、湖北、江苏、江西、湖南。朝鲜、日本也有分布。

植物名 **五角槭（无患子科，槭属）**

学名及出处： *Acer pictum* subsp. *mono* (Maxim) H. Ohashi, J. Jap. Bot. 68(6): 321. 1993.

药材名： 地锦槭、五龙皮

生活型及简要特征： 乔木。单叶，掌状 5 深裂，叶基常心形；坚果压扁，果翅长于坚果的 2 倍，张开成锐角。

药用部位及功效： 枝、叶入药，祛风除湿、活血止痛。

产地和生境：产兴隆、承德县、武安、肥乡、邯山。生山坡或山谷疏林中。
分布：我国东北、华北及长江流域各省份。朝鲜、日本、蒙古国及俄罗斯西伯利亚也有分布。

植物名 茶条槭（无患子科，槭属）
学名及出处：*Acer tataricum* subsp. *ginnala* (Maxim.) Wesm., Bull. Soc. Roy. Bot. Belgique 29(1): 31. 1890.
药材名：桑芽
生活型及简要特征：灌木或小乔木。单叶，3～5深裂；伞房花序；果翅长于坚果3倍以上，张开成锐角。
药用部位及功效：嫩叶入药，清肝明目。
产地和生境：产康保、蔚县、博野、元氏、井陉、武安。生低山林中。
分布：我国东北、华北、陕西、甘肃、河南。朝鲜、日本、蒙古国及俄罗斯西伯利亚东部也有分布。

植物名 元宝槭（无患子科，槭属）
学名及出处：*Acer truncatum* Bunge, Enum. Pl. China Bor. 10. 1833.
药材名：元宝槭
生活型及简要特征：乔木。叶掌状5深裂，基部截形；坚果扁，果翅与坚果等长，张开成直角或钝角。
药用部位及功效：根皮入药，祛风除湿、舒筋活络。
产地和生境：产宽城、兴隆、康保、迁西、遵化、丰南、曹妃甸、满城、博野、赞皇、深泽、冀州、武强、武安。生山地疏林中。
分布：我国吉林、辽宁、华北、陕西、甘肃、山东、河南、江苏。

植物名 栾（无患子科，栾属）
学名及出处：*Koelreuteria paniculata* Laxm., Novi Comment. Acad. Sci. Imp. Petrop. 16: 561–564, pl. 18. 1772.
药材名：栾华
生活型及简要特征：乔木。奇数羽状复叶；圆锥花序，花黄色，中心紫色；蒴果囊状，长圆形。
药用部位及功效：花入药，清肝明目。
产地和生境：河北各地有野生或栽培。生平原、山坡杂木林或灌丛。
分布：我国大部分省区。世界各地有栽培。

植物名 文冠果（无患子科，文冠果属）
学名及出处：*Xanthoceras sorbifolium* Bunge, Enum. Pl. China Bor. 11. 1833.

药材名： 文冠果

生活型及简要特征： 灌木或小乔木。奇数羽状复叶；圆锥花序，花基部红色或黄色，花盘 5 裂，裂片背面有角状橙色附属体；蒴果果皮厚木栓质。

药用部位及功效： 木材及枝叶入药，祛风除湿、消肿止痛。

产地和生境： 河北有栽培。

分布： 我国东北和北部，各地常栽培。

芸香科

Rutaceae Juss.

植物名　枳（芸香科，柑橘属）

学名及出处： *Citrus trifoliata* L., Sp. Pl. (ed. 2) 2: 1101. 1763.

药材名： 枸橘、绿衣枳壳

生活型及简要特征： 小乔木。冬季落叶；花瓣白色，匙形，雄蕊约 20 枚；果近圆球形或梨形。

药用部位及功效： 未成熟的果实入药（枸橘），疏肝和胃、理气止痛、消积化滞。果实入药（绿衣枳壳），行气宽中、消食、化痰。

产地和生境： 河北常见栽培。

分布： 分布于山西、陕西、甘肃、云南、贵州、山东、河南、安徽、湖北、江苏、浙江、江西、湖南、广东、广西等省区。

植物名　白鲜（芸香科，白鲜属）

学名及出处： *Dictamnus dasycarpus* Turcz., Bull. Soc. Imp. Naturalistes Moscou 15: 637. 1842.

药材名： 白鲜皮

生活型及简要特征： 茎基部木质化的多年生宿根草本。花瓣白带淡紫红色或粉红带深紫红色脉纹，倒披针形；成熟的果（蓇葖）沿腹缝线开裂为 5 个分果瓣。

药用部位及功效： 根皮入药，清热燥湿、祛风止痒、解毒。

产地和生境： 产围场、丰宁、平泉、赤城、崇礼、怀来、宣化。生山坡、林下、林缘及草甸地。

分布： 分布于东北、华北、西北、四川、河南、江西、华东等省区。俄罗斯、朝鲜、蒙古国也有分布。

植物名　黄檗（芸香科，黄檗属）

学名及出处： *Phellodendron amurense* Rupr., Bull. Cl. Phys.-Math. Acad. Imp. Sci. St.-Pétersb.

15(23–24): 353–356. 1857.

药材名： 黄柏

生活型及简要特征： 落叶乔木。小叶薄纸质，顶部长渐尖，叶缘有整齐的细钝齿及缘毛。

药用部位及功效： 树皮入药，清热燥湿、泻火除蒸、解毒疗疮。

产地和生境： 产丰宁、平泉、双桥、赤城、万全、青龙、迁西、遵化、顺平。生山沟杂木林中。

分布： 分布于东北、华北、宁夏、山东、河南、安徽。俄罗斯、朝鲜、日本也有分布。

植物名 **花椒（芸香科，花椒属）**

学名及出处： *Zanthoxylum bungeanum* Maxim., Bull. Acad. Imp. Sci. St.-Pétersbourg, sér. 3 16(3): 212–214. 1871.

药材名： 花椒、花椒叶、花椒根、椒目

生活型及简要特征： 落叶小乔木。叶有小叶 5～13，小叶仅叶缘及齿缝处有油点；果紫红色，散生微凸起的油点。

药用部位及功效： 果皮入药（花椒），温中止痛、除湿止泻、杀虫止痒。叶片入药（花椒叶），温中散寒、燥湿健脾、杀虫解毒。根入药（花椒根），散寒、除湿、止痛、杀虫。种子入药（椒目），利水消肿、祛痰平喘。

产地和生境： 河北常见栽培。喜生于阳光充足、温暖、肥沃的土壤上。

分布： 除东北和新疆外，全国均有栽培。

植物名 **青花椒（芸香科，花椒属）**

学名及出处： *Zanthoxylum schinifolium* Sieb. et Zucc., Abh. Math.-Phys. Cl. Königl. Bayer. Akad. Wiss. 4(2): 137. 1846.

药材名： 花椒、花椒叶、花椒根、椒目

生活型及简要特征： 灌木。叶面被短毛或毛状凸体，叶背无毛；分果瓣红褐色，干后变暗苍绿或褐黑色，油点小。

药用部位及功效： 果皮入药（花椒），温中止痛、除湿止泻、杀虫止痒。叶片入药（花椒叶），温中散寒、燥湿健脾、杀虫解毒。根入药（花椒根），散寒、除湿、止痛、杀虫。种子入药（椒目），利水消肿、祛痰平喘。

产地和生境： 产怀来、卢龙、北戴河、昌黎、遵化、迁安、滦南、丰南、曹妃甸。生山地灌丛林中。

分布： 分布于我国北部和中部各省区。朝鲜、日本也有分布。

植物名 **野花椒（芸香科，花椒属）**

学名及出处： *Zanthoxylum simulans* Hance, Ann. Sci. Nat. Bot. sér. 5, 5(4): 208–209. 1866.

药材名：麻口皮子药、野花椒、野花椒叶

生活型及简要特征：灌木或小乔木。小叶腹面常有倒伏细刺，背面无毛或沿中脉两侧被疏柔毛，干后黄绿或暗绿褐色。

药用部位及功效：根皮、树皮入药（麻口皮子药），祛风散寒、活血止痛、解毒消肿。果实入药（野花椒），温中止痛、杀虫止痒。叶入药（野花椒叶），祛风除湿、活血通络。

产地和生境：据文献记载，北京房山有分布。生于灌丛中。

分布：分布于甘肃、青海、贵州东北部、山东、河南、安徽、湖北、江苏、浙江、江西、湖南、福建、广东及台湾。

苦木科

Simaroubaceae DC.

植物名 **臭椿（苦木科，臭椿属）**

学名及出处：*Ailanthus altissima* (Mill.) Swingle, J. Washington Acad. Sci. 6:490. 1916.

药材名：樗叶、樗白皮、凤眼草

生活型及简要特征：落叶乔木。小叶 13～27；花序顶生；翅果长椭圆形。

药用部位及功效：叶入药（樗叶），清热燥湿、杀虫。根皮或树干皮入药（樗白皮），清热燥湿、涩肠、止血、止带、杀虫。果实入药（凤眼草），清热燥湿、止痢、止血。

产地和生境：河北各地均有分布。生山坡阔叶林中或林缘及村边。

分布：我国除黑龙江、吉林、甘肃、宁夏、青海、新疆和海南外，各地均有分布。世界各地广为栽培。

植物名 **苦木（苦木科，苦木属）**

学名及出处：*Picrasma quassioides* (D. Don) Benn., Pl. Jav. Rar. 198. 1844.

药材名：苦木叶、苦木根、苦木

生活型及简要特征：落叶乔木。小叶 9～15；花序腋生，花序轴密被黄褐色微柔毛；核果成熟后蓝绿色。

药用部位及功效：叶入药（苦木叶），清热解毒、燥湿杀虫。根或根皮入药（苦木根），清热解毒、燥湿杀虫。枝和叶入药（苦木），清热解毒、燥湿杀虫。

产地和生境：产易县、灵寿、赞皇、井陉、武安、涉县、磁县。生湿润且肥沃的山坡、山谷及村边。

分布：分布于我国黄河流域及其以南各省区。朝鲜、日本、印度北部、不丹、尼泊尔也有分布。

楝科

Meliaceae Juss.

植物名 楝（楝科，楝属）

学名及出处： *Melia azedarach* L., Sp. Pl. 1: 384–385. 1753.

药材名： 苦楝花、苦楝叶、苦楝皮、苦楝子

生活型及简要特征： 落叶乔木。小叶具钝齿；花序常与叶等长；核果球形至椭圆形，长 1～2 cm。

药用部位及功效： 花入药（苦楝花），清热祛湿、杀虫、止痒。叶入药（苦楝叶），清热燥湿、杀虫止痒、行气止痛。树皮及根皮入药（苦楝皮），杀虫、疗癣。果实入药（苦楝子），行气止痛、杀虫。

产地和生境： 北京以南平原地区有栽培。

分布： 我国黄河以南各省区，较常见。广布于亚洲热带和亚热带地区，温带地区也有栽培。

植物名 香椿（楝科，香椿属）

学名及出处： *Toona sinensis* (A. Juss.) M. Roem., Fam. Nat. Syn. Monogr. 1: 139. 1846.

药材名： 椿树花、椿叶、香椿子、椿白皮

生活型及简要特征： 落叶乔木。小叶全缘或具小锯齿；蒴果具苍白色小皮孔；种子上端有膜质的长翅。

药用部位及功效： 花入药（椿树花），祛风除湿、行气止痛。叶入药（椿叶），消炎、解毒、杀虫。果实入药（香椿子），祛风、散寒、止痛。树皮及根皮入药（椿白皮），清热燥湿、涩肠、止血、止带、杀虫。

产地和生境： 河北各地均有栽培。生海拔 30～1500 m 间的山坡。

分布： 分布于我国各省区。朝鲜也有分布。

锦葵科

Malvaceae Juss.

植物名 咖啡黄葵（锦葵科，秋葵属）

学名及出处： *Abelmoschus esculentus* (L.) Moench, Methodus 2: 617. 1794.

药材名： 秋葵

生活型及简要特征： 一年生草本。花萼钟形，密被星状短绒毛；蒴果筒状尖塔形。

药用部位及功效： 根、叶、花或种子入药，利咽、通淋、下乳、调经。

产地和生境：河北栽培。

分布：我国引种栽培。原产印度，现广泛栽培于热带和亚热带地区。

植物名 **黄蜀葵（锦葵科，秋葵属）**

学名及出处：*Abelmoschus manihot* (L.) Medicus, Malvenfam. 46. 1787.

药材名：黄蜀葵根、黄蜀葵茎、黄蜀葵叶、黄蜀葵花、黄蜀葵子

生活型及简要特征：一年生或多年生草本。叶 5～9 深裂；小苞片 4～5；蒴果卵状椭圆形。

药用部位及功效：根入药（黄蜀葵根），利水、通经、解毒。茎或茎皮入药（黄蜀葵茎），清热解毒、通便利尿。叶入药（黄蜀葵叶），清热解毒、接骨生肌。花入药（黄蜀葵花），利尿通淋、活血、止血、消肿解毒。种子入药（黄蜀葵子），利水、通经、消肿解毒。

产地和生境：河北栽培。

分布：我国陕西、云南、贵州、四川、山东、河南、湖北、湖南、福建、广东、广西。原产我国南方，印度有分布。

植物名 **苘麻（锦葵科，苘麻属）**

学名及出处：*Abutilon theophrasti* Medicus, Malvenfam. 28. 1787.

药材名：苘麻、苘麻根、苘麻子

生活型及简要特征：一年生亚灌木状草本。茎枝被柔毛；叶互生圆心形；分果。

药用部位及功效：全草或叶入药（苘麻），清热利湿、解毒开窍。根入药（苘麻根），利湿解毒。种子入药（苘麻子），清热利湿、解毒消痈、退翳明目。

产地和生境：河北各地均产，栽培或野生。生村旁、路边、荒地及河岸。

分布：我国除青藏高原不产，其他各省区均产。

植物名 **蜀葵（锦葵科，蜀葵属）**

学名及出处：*Alcea rosea* L., Sp. Pl. 2: 687. 1753.

药材名：蜀葵根、蜀葵苗、蜀葵花、蜀葵子

生活型及简要特征：二年生直立草本。茎枝密被刺毛；叶掌状 5～7 浅裂或波状边缘；花腋生、单生或近簇生；果盘状。

药用部位及功效：根入药（蜀葵根），清热凉血、利尿排脓。茎叶入药（蜀葵苗），清热利湿、解毒。花入药（蜀葵花），和血止血、解毒散结。种子入药（蜀葵子），利尿通淋、解毒排脓、润肠。

产地和生境：河北各地栽培。

分布：我国各地普遍栽培。亚洲、欧洲及美洲各地广泛栽培。

植物名 **田麻（锦葵科，田麻属）**

学名及出处：*Corchoropsis crenata* Sieb. & Zucc., Abh. Math.-Phys. Cl. Königl. Bayer. Akad.

Wiss. 3: 738, pl. 4, f. 1–14. 1843.

药材名：田麻

生活型及简要特征：一年生草本。茎上部具星状毛和短柔毛；蒴果被星状毛；种子具横纹。

药用部位及功效：全草入药，清热利湿、解毒止血。

产地和生境：产兴隆、迁安、井陉、峰峰矿区。生山坡或干燥的石质地。

分布：我国东北、华北、西南、华东、华中及华南。朝鲜、日本也有分布。

植物名　梧桐（锦葵科，梧桐属）

学名及出处：*Firmiana simplex* (L.) W. Wight, U. S. D. A. Bur. Pl. Industr. Bull. 142: 67. 1909.

药材名：梧桐根、梧桐白皮、梧桐叶、梧桐子

生活型及简要特征：乔木。

药用部位及功效：根入药（梧桐根），祛风湿、和血脉、通经络。茎皮入药（梧桐白皮），祛风、除湿、活血、止痛。叶入药（梧桐叶），祛风除湿、解毒消肿。种子入药（梧桐子），顺气和胃、健脾消食。

产地和生境：产保定、石家庄等地。

分布：我国南北各省，多为栽培。日本也有分布。

植物名　陆地棉（锦葵科，棉属）

学名及出处：*Gossypium hirsutum* L., Sp. Pl. (ed. 2) 2: 975. 1763.

药材名：棉花根、棉花子、棉花

生活型及简要特征：一年生草本。小苞片 3，基部离生，具渐尖长齿裂；花冠无紫色心。

药用部位及功效：根入药（棉花根），止咳平喘、通经止痛。种子入药（棉花子），温肾、补虚、止血。种子表皮毛入药（棉花），止血。

产地和生境：河北栽培。

分布：我国各产棉区普遍栽培。原产美洲墨西哥。

植物名　扁担杆（锦葵科，扁担杆属）

学名及出处：*Grewia biloba* G. Don, Gen. Hist. 1: 549. 1831.

药材名：扁担杆、娃娃拳

生活型及简要特征：落叶灌木。花瓣基部有腺体，具雌雄蕊柄；核果有缢沟。

药用部位及功效：根或全株入药，健脾益气、固精止带、祛风除湿。

产地和生境：产宽城、兴隆、双桥、怀来、青龙、抚宁、卢龙、昌黎、迁西、遵化、迁安、丰南、曹妃甸、易县、阜平、曲阳、满城、灵寿、行唐、元氏、赞皇、井陉、临城、内丘、永年。生山坡或路边灌丛。

分布：我国辽宁、山西、陕西、四川、华东、湖北、江西、湖南、广东、台湾。

植物名 **小花扁担杆（锦葵科，扁担杆属）**

学名及出处： *Grewia biloba* var. *parviflora* (Bunge) Hand.-Mazz., Symb. Sin. 7(3): 612. 1933.

药材名： 吉利子树

生活型及简要特征： 灌木。叶下面密被黄褐色软绒毛，花朵较短小。

药用部位及功效： 枝叶入药，健脾益气、祛风除湿。

产地和生境： 产滦平、康保、万全、抚宁、顺平、满城、博野、行唐、深泽、元氏、鹿泉、武强、内丘、峰峰矿区。

分布： 我国山西、云南、贵州、四川、山东、河南、安徽、湖北、江苏、浙江、江西、湖南、广东、广西。

植物名 **木槿（锦葵科，木槿属）**

学名及出处： *Hibiscus syriacus* L., Sp. Pl. 2: 695. 1753.

药材名： 木槿根、木槿皮、木槿叶、木槿花、木槿子

生活型及简要特征： 落叶灌木。小枝密被黄色星状毛；叶菱状椭圆形，基部楔形；花梗被星状毛。

药用部位及功效： 根入药（木槿根），清热解毒、消痈肿。茎皮或根皮入药（木槿皮），清热利湿、杀虫止痒。叶入药（木槿叶），清热解毒。花入药（木槿花），清热利湿、凉血解毒。果实入药（木槿子），清肺化痰、止头痛、解毒。

产地和生境： 河北普遍栽培。

分布： 我国中部各省原产。世界暖温带及热带地区均有栽培。

植物名 **野西瓜苗（锦葵科，木槿属）**

学名及出处： *Hibiscus trionum* L., Sp. Pl. 2: 697. 1753.

药材名： 野西瓜苗

生活型及简要特征： 一年生草本。植株具白粗毛，叶 3～5 全裂。

药用部位及功效： 全草入药，清热解毒、利咽止咳。

产地和生境： 产河北各地。生荒地、山坡和路旁。

分布： 我国各地均产。原产非洲中部，分布于亚洲及欧洲各地。

植物名 **锦葵（锦葵科，锦葵属）**

学名及出处： *Malva cathayensis* M. G. Gilbert, Y. Tang & Dorr, Fl. China 12: 266. 2007.

药材名： 锦葵

生活型及简要特征： 二年生或多年生草本。花 3～15 朵簇生于叶腋，小苞片圆形，先端钝。

药用部位及功效：茎、叶、花入药，利尿通便、清热解毒。

产地和生境：河北常见栽培。

分布：我国各地常见栽培。亚洲各地也有分布。

植物名 **圆叶锦葵（锦葵科，锦葵属）**

学名及出处：*Malva pusilla* Smith, Engl. Bot. 4: pl. 241. 1795.

药材名：圆叶锦葵

生活型及简要特征：多年生草本。植株小而倾斜；叶缘平展不皱曲；花小，淡紫红色或白色，花梗长达 5 cm。

药用部位及功效：根入药，益气止汗、利水通乳、托疮排脓。

产地和生境：产蔚县、涞源、灵寿、邢台县、武安、磁县。生荒野、草坡。

分布：我国山西、甘肃、新疆、云南、贵州、四川、西藏、山东、河南、安徽、江苏。亚洲及欧洲也有分布。

植物名 **野葵（锦葵科，锦葵属）**

学名及出处：*Malva verticillata* L., Sp. Pl. 2: 689. 1753.

药材名：冬葵根、冬葵叶、冬葵果、冬葵子

生活型及简要特征：二年生草本。

药用部位及功效：根入药（冬葵根），清热利水、解毒。叶入药（冬葵叶），清热、利湿、滑肠、通乳。果实入药（冬葵果），清热利尿、消肿。种子入药（冬葵子）利水通淋、滑肠通便、下乳。

产地和生境：河北各地野生或栽培。

分布：我国各地均产。朝鲜、缅甸、印度、欧洲、埃及、埃塞俄比亚也有分布。

植物名 **黄花棯（锦葵科，黄花棯属）**

学名及出处：*Sida acuta* Burm. f., Fl. Indica 147. 1768.

药材名：黄花棯

生活型及简要特征：亚灌木状草本。叶披针形，两面无毛或被星状柔毛。

药用部位及功效：叶或根入药，清湿热、解毒消肿、活血止痛。

产地和生境：产万全、定兴、望都、武强、南宫。生山坡灌草丛、路边或荒坡。

分布：我国云南、华南、台湾。越南、老挝及印度也有分布。

植物名 **紫椴（锦葵科，椴属）**

学名及出处：*Tilia amurensis* Rupr., Mém. Acad. Imp. Sci. S.-Pétersbourg, Sér. 7 253. 1869.

药材名：紫椴

生活型及简要特征：乔木。叶有细锯齿；花序较短，苞片较小；果实无棱。

药用部位及功效：花入药，解表、清热。

产地和生境：产丰宁、赤城、青龙、临城。生杂木林中。
分布：我国东北。朝鲜、俄罗斯也有分布。

瑞香科

Thymelaeaceae Juss.

植物名 **芫花（瑞香科，瑞香属）**

学名及出处：*Daphne genkwa* Sieb. et Zucc., Fl. Jap. 1(15): 137–138, pl. 75. 1835.

药材名：芫花根、芫花

生活型及简要特征：灌木。枝有毛；叶互生；头状花序，花盘环状。

药用部位及功效：根白皮入药（芫花根），消肿解毒、活血止痛。花蕾入药（芫花），泻水逐饮、解毒杀虫。

产地和生境：产井陉。生山坡。

分布：我国山西、陕西、甘肃、贵州、四川、山东、河南、安徽、湖北、江苏、浙江、江西、湖南、福建、台湾。日本有栽培。

植物名 **狼毒（瑞香科，狼毒属）**

学名及出处：*Stellera chamaejasme* L., Sp. Pl. 1: 559. 1753.

药材名：狼毒

生活型及简要特征：多年生草本。茎丛生；叶细长圆状披针形；顶生头状花序，萼筒细长，有明显纵脉纹。

药用部位及功效：根入药，泻水逐饮、破积杀虫。

产地和生境：产承德县、康保、沽源、张北、尚义、赤城、崇礼、怀安、宣化、阳原、涿鹿、蔚县、涞源、阜平、平山、灵寿。生山坡草地、荒漠草原及河滩。

分布：我国北方及西南地区。俄罗斯西伯利亚也有分布。

植物名 **河朔荛花（瑞香科，荛花属）**

学名及出处：*Wikstroemia chamaedaphne* (Bunge) Meisn., Prodr. 14(2): 547. 1857.

药材名：黄芫花

生活型及简要特征：灌木。叶对生；穗状花序，无苞片，花盘鳞片状。

药用部位及功效：花蕾入药，泻下逐水、涤痰。

产地和生境：产尚义、赤城、怀来、宣化、阳原、涿鹿、蔚县、迁西、易县、顺平、曲阳、满城、徐水、鹿泉、井陉、涉县。生阳坡、山沟路旁灌丛中。

分布：我国山西、陕西、甘肃、四川、湖北、江苏。

十字花科

Brassicaceae Burnett

植物名 芥菜（十字花科，芸薹属）

学名及出处： *Brassica juncea* (L.) Czern., Consp. Pl. Charc. 8. 1859.

药材名： 芥菜、芥子、陈芥菜卤汁

生活型及简要特征： 一年生草本。基生叶大头羽裂；花黄色；长角果线形。

药用部位及功效： 嫩茎或叶入药（芥菜），利肺豁痰、消肿散结。种子入药（芥子），温中散寒、豁痰利窍、通络消肿。陈年卤汁入药（陈芥菜卤汁），清肺利咽、祛痰排脓。

产地和生境： 河北各地栽培。

分布： 全国各地有栽培。

植物名 甘蓝（十字花科，芸薹属）

学名及出处： *Brassica oleracea* var. *capitata* L., Sp. Pl. 2: 667. 1753.

药材名： 甘蓝

生活型及简要特征： 二年生草本。基生叶厚，有白粉霜，层层包裹成球状体。

药用部位及功效： 叶入药，清利湿热、散结止痛、益肾补虚。

产地和生境： 河北各地栽培。

分布： 全国各地有栽培。

植物名 擘蓝（十字花科，芸薹属）

学名及出处： *Brassica oleracea* var. *gongylodes* L., Sp. Pl. 2: 667. 1753.

药材名： 擘蓝

生活型及简要特征： 二年生草本。块茎长圆形、球形或扁球形；总状花序、顶生；长角果的喙常很短且基部膨大。

药用部位及功效： 块茎、叶片和种子入药，健脾利湿、解毒。

产地和生境： 河北各地栽培。

分布： 全国各省区有栽培。

植物名 蔓菁（十字花科，芸薹属）

学名及出处： *Brassica rapa* L., Sp. Pl. 2: 666–667. 1753.

药材名： 芜菁、芜菁花、芜菁子

生活型及简要特征： 二年生草本。块根扁球形或长圆形；花鲜黄色；长角果线形。

药用部位及功效： 根或叶入药（芜菁），消食下气、解毒消肿。花入药（芜菁花），补肝明目、敛疮。种子入药（芜菁子），养肝明目、行气利水、清热解毒。

产地和生境： 河北各地栽培。

分布：全国各地有栽培。

植物名 **青菜（十字花科，芸薹属）**

学名及出处：*Brassica rapa* var. *chinensis* (L.) Kitam., Mem. Coll. Sci. Kyoto Imp. Univ., Ser. B, Biol. 19: 79. 1950.

药材名：菘菜、菘菜子

生活型及简要特征：一年或二年生草本。基生叶不呈莲座状；花浅黄色；长角果线形。

药用部位及功效：叶入药（菘菜），解热除烦、生津止渴、清肺消痰、通利肠胃。种子入药（菘菜子），清肺化痰、消食醒酒。

产地和生境：河北各地栽培。

分布：全国各地有栽培。

植物名 **白菜（十字花科，芸薹属）**

学名及出处：*Brassica rapa* var. *glabra* Regel, Gartenflora 9: 9. 1860.

药材名：黄芽白菜

生活型及简要特征：二年生草本。基生叶大，叶片边缘波状，褶皱，中脉宽，白色。

药用部位及功效：鲜叶和根入药，通利肠胃、养胃和中、利小便。

产地和生境：河北各地栽培。

分布：全国各地有栽培。

植物名 **芸薹（十字花科，芸薹属）**

学名及出处：*Brassica rapa* var. *oleifera* DC, Syst. Nat. 2: 591. 1821.

药材名：芸薹、芸薹子、芸薹子油

生活型及简要特征：二年生草本。茎稍带粉霜；总状花序在花期成伞房状；长角果线形。

药用部位及功效：根、茎或叶入药（芸薹），凉血散血、解毒消肿。种子入药（芸薹子），活血化瘀、消肿散结、润肠通便。种子榨油入药（芸薹子油），解毒消肿、润肠。

产地和生境：河北各地栽培。

分布：全国各地有栽培。

植物名 **荠（十字花科，荠属）**

学名及出处：*Capsella bursa-pastoris* (L.) Medik., Pfl.-Gatt. 85. 1792.

药材名：荠菜、荠菜花、荠菜子

生活型及简要特征：一年或二年生草本。植物直立，具分叉毛；短角果倒三角形或倒心状三角形。

药用部位及功效：全草入药（荠菜），凉肝止血、平肝明目、清热利湿。花序入药（荠菜花），凉血止血、清热利湿。种子入药（荠菜子），祛风明目。

产地和生境：在河北省广布。生于山坡、田边及路旁的杂草丛中。

分布：分布几遍全国。全世界温带地区广布。

植物名 **弯曲碎米荠（十字花科，碎米荠属）**

学名及出处：*Cardamine flexuosa* With., Arr. Brit. Pl. (ed. 3) 3: 578–579. 1796.

药材名：白带草

生活型及简要特征：一年或二年生草本。茎较曲折；果序轴左右弯曲，角果与果梗均开展。

药用部位及功效：全草入药，清热利湿、安神、止血、健胃、止泻。

产地和生境：产无极、枣强。生于田边、路旁及草地。

分布：分布几遍全国。俄罗斯、朝鲜、日本、欧洲、北美洲均有分布。

植物名 **碎米荠（十字花科，碎米荠属）**

学名及出处：*Cardamine hirsuta* L., Sp. Pl. 2: 655. 1753.

药材名：白带草

生活型及简要特征：一年生小草本。花瓣倒卵形；长角果线形，长 18～25 mm。

药用部位及功效：全草入药，清热利湿、安神、止血。

产地和生境：产青龙、内丘、沙河、肥乡、魏县、邯山。生于海拔 1 000 m 以下的山坡、路旁、荒地及耕地的草丛中。

分布：分布几遍全国。亦广布于全球温带地区。

植物名 **白花碎米荠（十字花科，碎米荠属）**

学名及出处：*Cardamine leucantha* (Tausch) O. E. Schulz, Bot. Jahrb. Syst. 32(2–3): 403–405. 1903.

药材名：菜子七

生活型及简要特征：多年生草本。花瓣白色；长角果线形，长 10～20 mm；子叶柄极短。

药用部位及功效：根及根状茎或全草入药，化痰止咳、活血止痛。

产地和生境：产围场、滦平、尚义、赤城、涿鹿、蔚县小五台山、迁西、遵化、涞源、阜平、满城、平山。生山坡、林下及河边阴湿处。

分布：分布于吉林、辽宁、山西、陕西、甘肃、四川、河南、安徽、湖北、江苏、浙江、江西。俄罗斯、朝鲜、日本也有分布。

植物名 **水田碎米荠（十字花科，碎米荠属）**

学名及出处：*Cardamine lyrata* Bunge, Enum. Pl. China Bor. 5. 1833.

药材名：水田碎米荠

生活型及简要特征：多年生草本。匍匐茎上的叶为单叶，茎生叶为大头羽状复叶；种子边缘有显著的膜质宽翅。

药用部位及功效：全草入药，清热利湿、凉血调经、明目去翳。

产地和生境： 产赤城、易县、平山。生水田旁或水边。

分布： 分布于东北、内蒙古、贵州、四川、华中、华东、广西。俄罗斯、朝鲜、日本均有分布。

植物名 **大叶碎米荠（十字花科，碎米荠属）**

学名及出处： *Cardamine macrophylla* Willd., Sp. Pl. 3(1): 484–485. 1800.

药材名： 普贤菜

生活型及简要特征： 多年生草本。茎生叶 4～5 个，长 3～8 cm；花柱极短；果梗直立开展。

药用部位及功效： 全草入药，健脾利水消肿、凉血止血。

产地和生境： 产遵化、崇礼、涿鹿、蔚县、内丘。生山坡林下潮湿处。

分布： 分布于内蒙古、山西、陕西、甘肃、青海、云南、贵州、四川、西藏、河南、湖北。俄罗斯、日本、印度也有分布。

植物名 **裸茎碎米荠（十字花科，碎米荠属）**

学名及出处： *Cardamine scaposa* Franch., Pl. David. 1: 33. 1884.

药材名： 落叶梅

生活型及简要特征： 多年生草本。根状茎短；叶全为基生，近圆形或肾圆形；具裸露的花葶。

药用部位及功效： 全草入药，清热解毒。

产地和生境： 产承德县、遵化东陵。生山坡灌丛及林下潮湿处。

分布： 分布于山西、陕西。

植物名 **紫花碎米荠（十字花科，碎米荠属）**

学名及出处： *Cardamine tangutorum* O. E. Schulz, Bot. Jahrb. Syst. 32(2–3): 360–361. 1903.

药材名： 石芥菜

生活型及简要特征： 多年生草本。根状茎匍匐，有鳞状物；茎生叶通常只有 3 枚；花紫色。

药用部位及功效： 全草入药，散瘀通络、祛湿、止血。

产地和生境： 产赤城、蔚县小五台山、灵寿。生山坡、林下。

分布： 分布于山西、陕西、甘肃、青海、新疆、云南、四川、西藏东部。

植物名 **垂果南芥（十字花科，垂果南芥属）**

学名及出处： *Catolobus pendulus* (L.) Al-Shehbaz, Novon 15: 521. 2005.

药材名： 扁担蒿

生活型及简要特征： 二年生草本。总状花序顶生或腋生，花瓣白色；长角果线形，下垂。

药用部位及功效： 果实入药，清热解毒、消肿。

产地和生境：产丰宁、康保、沽源、尚义、赤城、崇礼、怀安、怀来、蔚县、涞源、易县、满城及河北南部。生于山坡、路旁、河边草丛中及高山灌木林下和荒漠地区。
分布：分布于东北、华北、西北、西南。亚洲北部和东部，其他地区也有分布。

植物名 播娘蒿（十字花科，播娘蒿属）
学名及出处：*Descurainia sophia* (L.) Webb. ex Prantl, Nat. Pflanzenfam. 3(2[4]): 192. 1891.
药材名：播娘蒿、葶苈子
生活型及简要特征：多年生草本。叶为三回羽状深裂；花黄色或乳黄色。
药用部位及功效：全草入药（播娘蒿），利湿通淋。种子入药（葶苈子），泻肺降气、祛痰平喘、利水消肿、泄热逐邪。
产地和生境：产河北大部分地区。生路边、沟边、山坡。
分布：分布于东北、华北、西北、西南、华中、华东。亚洲其他地区、欧洲、北美洲、非洲北部也有分布。

植物名 芝麻菜（十字花科，芝麻菜属）
学名及出处：*Eruca vesicaria* subsp. *sativa* (Mill.) Thell., Ill. Fl. Mitt.-Eur. 4(1, no. 38): 201–202. 1918.
药材名：芝麻菜
生活型及简要特征：一年生草本。花黄色，有紫褐色脉纹；果实具短而扁宽的喙。
药用部位及功效：种子入药，下气行水、祛痰定喘。
产地和生境：产康保、沽源、张北、蔚县小五台山、涿州、邯郸。生于山坡上。
分布：分布于黑龙江、辽宁、内蒙古、山西、陕西、甘肃、青海、新疆、四川。欧洲北部、亚洲西部及北部、非洲西北部均有分布。

植物名 糖芥（十字花科，糖芥属）
学名及出处：*Erysimum amurense* Kitag., Bot. Mag. (Tokyo) 51(604): 155. 1937.
药材名：糖芥
生活型及简要特征：一年或二年生草本。花橘黄色，柱头 2 裂；长角果线形，具贴生丁字毛。
药用部位及功效：全草和种子入药，健脾和胃、利尿强心。
产地和生境：产河北南北各地。生山坡田间。
分布：分布于东北、华北、陕西、四川、江苏。俄罗斯、朝鲜、蒙古国也有分布。

植物名 小花糖芥（十字花科，糖芥属）
学名及出处：*Erysimum cheiranthoides* L., Sp. Pl. 2: 611. 1753.
药材名：桂竹糖芥
生活型及简要特征：一年生草本。茎下部叶近全缘；花浅黄色，花瓣长圆形。

药用部位及功效：全草和种子入药，强心利尿、和胃消食。
产地和生境：产河北南北各地。生山坡、路旁及村落荒地。
分布：分布于吉林、辽宁、内蒙古、山西、陕西、甘肃、宁夏、新疆、云南、四川、山东、河南、安徽、湖北、江苏、湖南。朝鲜、蒙古国及欧洲、非洲、美洲也有分布。

植物名 **菘蓝（十字花科，菘蓝属）**
学名及出处：*Isatis tinctoria* L., Sp. Pl. 2: 670. 1753.
药材名：板蓝根、大青叶
生活型及简要特征：二年生草本。植株光滑无毛；单叶；短角果侧扁，近长圆形。
药用部位及功效：根入药（板蓝根），清热、解毒、凉血、利咽。叶入药（大青叶），清热解毒、凉血消斑。
产地和生境：河北各地栽培。
分布：全国各地均有栽培。亚洲其他地区也有栽培。

植物名 **独行菜（十字花科，独行菜属）**
学名及出处：*Lepidium apetalum* Willd., Sp. Pl. 3(1): 439. 1800.
药材名：葶苈子、辣辣菜
生活型及简要特征：一年或二年生草本。花瓣不存或退化成丝状；短角果近圆形或宽椭圆形，上部有短翅。
药用部位及功效：种子入药（葶苈子），泻肺降气、祛痰平喘、利水消肿、泄热逐邪。全草入药（辣辣菜），清热解毒、利尿、通淋。
产地和生境：产河北各地。生山坡、山沟、路旁及村旁附近。
分布：分布于东北、华北、西北、西南、安徽、江苏、浙江。亚洲及欧洲也有分布。

植物名 **宽叶独行菜（十字花科，独行菜属）**
学名及出处：*Lepidium latifolium* L., Sp. Pl. 2: 644. 1753.
药材名：辣芥
生活型及简要特征：多年生草本。短角果宽卵形或近圆形，顶端全缘，无翅，有柔毛。
药用部位及功效：全草入药，清热燥湿。
产地和生境：产阳原。生村旁、田边、山坡及盐化草甸。
分布：分布于内蒙古、西藏。亚洲西部及中部，远东、欧洲南部、非洲北部皆有分布。

植物名 **北美独行菜（十字花科，独行菜属）**
学名及出处：*Lepidium virginicum* L., Sp. Pl. 2: 645. 1753.
药材名：大叶香荠菜、葶苈子
生活型及简要特征：一年或二年生草本。花瓣白色，和萼片等长或稍长；子叶缘倚胚根。

药用部位及功效：全草入药（大叶香荠菜），驱虫消积。种子入药（葶苈子），泻肺降气、祛痰平喘、利水消肿、泄热逐邪。

产地和生境：产遵化、丰南、曹妃甸。生田边或荒地。

分布：分布于山东、河南、安徽、湖北、江苏、浙江、江西、福建、广西。欧洲、美洲也有分布。

植物名 **豆瓣菜（十字花科，豆瓣菜属）**

学名及出处：*Nasturtium officinale* W. T. Aiton, Hort. Kew (ed. 2) 4: 110. 1812.

药材名：西洋菜干

生活型及简要特征：多年生水生草本。花常白色；果实微弯曲，一般开裂。

药用部位及功效：全草入药，祛痰定喘、泻肺行水。

产地和生境：产尚义、赤城、涿鹿、蔚县、易县、顺平、曲阳、满城、安新、石家庄、邢台县、邯郸。生冷清水中。

分布：分布于黑龙江、华北、陕西、西南、山东、河南、安徽、江苏、广东、广西。亚洲、欧洲及美洲也有分布。

植物名 **萝卜（十字花科，萝卜属）**

学名及出处：*Raphanus sativus* L., Sp. Pl. 2: 669. 1753.

药材名：莱菔、地骷髅、莱菔叶、莱菔子

生活型及简要特征：二年或一年生草本。直根肉质；长角果肉质，圆柱状；种子间缢缩。

药用部位及功效：鲜根入药（莱菔），消食、下气、化痰、止血、解渴、利尿。开花结实后的老根入药（地骷髅），行气消积、化痰、解渴、利水消肿。叶入药（莱菔叶），消食、理气、化痰、止咳、清肺利咽、散瘀消肿。种子入药（莱菔子），消食导滞、降气化痰。

产地和生境：河北普遍栽培。

分布：全国各地普遍栽培。

植物名 **蔊菜（十字花科，蔊菜属）**

学名及出处：*Rorippa indica* (L.) Hiern, Cat. Afr. Pl. 1(1): Additions and Corrections [xxvi]. 1896.

药材名：蔊菜

生活型及简要特征：一年或二年生草本。基生叶及下部叶大头羽状分裂；花黄色；长角果圆柱形。

药用部位及功效：全草入药，祛痰止咳、解表散寒、活血解毒、利湿退黄。

产地和生境：产万全、怀来、蔚县、昌黎、迁安、滦南、丰南、容城、阜平、曲阳、望都、满城、清苑、行唐、新乐、正定、无极、深泽、赞皇、鹿泉、栾城、邢台县、邯

郸。生路旁、荒地。

分布： 分布于陕西、甘肃、西南、河南、江西、湖南、华东、华南、台湾。朝鲜、日本、菲律宾、印度尼西亚、印度等也有分布。

植物名 **沼生蔊菜（十字花科，蔊菜属）**

学名及出处： *Rorippa palustris* (L.) Besser, Enum. Pl. 27, 103. 1821.

药材名： 水前草

生活型及简要特征： 一年或二年生草本。叶片羽状深裂或具齿；果实椭圆形，有时微弯曲，果梗斜向开展。

药用部位及功效： 全草入药，清热解毒、利水消肿。

产地和生境： 产河北各地。生田边、路旁潮湿地方。

分布： 分布于东北、华北、西北、西南、江苏。北半球温暖地区皆有分布。

植物名 **垂果大蒜芥（十字花科，大蒜芥属）**

学名及出处： *Sisymbrium heteromallum* C. A. Mey., Fl. Altaic. 3: 132−133. 1831.

药材名： 垂果大蒜芥

生活型及简要特征： 一年或二年生草本。叶长圆形或长圆状披针形，大头羽状分裂；花浅黄色；长角果线形。

药用部位及功效： 全草和种子入药，止咳化痰、清热、解毒。

产地和生境： 产张家口、赞皇、鹿泉、内丘、武安、峰峰矿区。生山坡、田边、路旁。

分布： 分布于东北、内蒙古、山西、陕西、甘肃、青海、新疆、云南、四川。蒙古国、俄罗斯、印度北部、欧洲北部也有分布。

植物名 **涩荠（十字花科，涩荠属）**

学名及出处： *Strigosella africana* (L.) Botsch., Bot. Zhurn. (Moscow & Leningrad) 57(9): 1038. 1972.

药材名： 紫花芥子

生活型及简要特征： 一年生草本。花紫色或粉红色，花丝无翅；长角果圆柱形或近圆柱形，近四棱。

药用部位及功效： 种子入药，祛痰定喘、泻肺行水。

产地和生境： 产万全、永清、曲阳、灵寿、井陉、石家庄、献县、深州、景县、故城、内丘、沙河、曲周、馆陶、成安、大名、临漳、邯山。生田野或麦田中。

分布： 分布于内蒙古、山西、西北、四川、河南、安徽、江苏。亚洲北部和西部以及欧洲、非洲也有分布。

植物名 **菥蓂（十字花科，菥蓂属）**

学名及出处： *Thlaspi arvense* L., Sp. Pl. 2: 646. 1753.

药材名：菥蓂

生活型及简要特征：一年生草本。短角果倒卵形或近圆形，边缘有翅；种子有同心环状条纹。

药用部位及功效：全草入药，清热解毒、利水消肿。

产地和生境：产围场、沽源、赤城、崇礼、蔚县。生在平地路旁，沟边或村落附近。

分布：分布几遍全国。亚洲、欧洲、非洲北部也有分布。

檀香科

Santalaceae R. Br.

植物名 **百蕊草（檀香科，百蕊草属）**

学名及出处：*Thesium chinense* Turcz., Bull. Soc. Imp. Naturalistes Moscou 10 (7): 157. 1837.

药材名：百蕊草

生活型及简要特征：多年生草本。叶线形，具一条明显叶脉；花单生叶腋，花柄极短而斜上；坚果具网状皱棱。

药用部位及功效：全草入药，清热、利湿、解毒。

产地和生境：产丰宁、承德县、尚义、怀来、蔚县、遵化、易县、内丘、邢台县、武安、涉县。生草坡及林缘。

分布：我国南北各省均有分布。朝鲜、日本也有分布。

植物名 **长叶百蕊草（檀香科，百蕊草属）**

学名及出处：*Thesium longifolium* Turcz., Bull. Soc. Imp. Naturalistes Moscou 25 (2): 469. 1852.

药材名：九仙草

生活型及简要特征：多年生草本。茎有明显的纵沟；叶通常 3 脉；花柄较花短；坚果只具纵棱。

药用部位及功效：全草入药，解表清热、祛风止痉。

产地和生境：产承德、兴隆、赤城、怀来、蔚县、涞源。生沙质草坡、干山坡和林缘。

分布：我国多数省区有分布。蒙古国、俄罗斯也有分布。

植物名 **急折百蕊草（檀香科，百蕊草属）**

学名及出处：*Thesium refractum* C. A. Mey., Bull. Sci. Acad. Imp. Sci. St.-Pétersbourg 8: 340. 1841.

药材名：绿珊瑚

生活型及简要特征：多年生草本。叶通常 1 脉；花轴中部的花柄明显较花长；果实成熟时常反折，坚果只具纵棱。

药用部位及功效： 全草入药，清热解痉、利湿消痞。

产地和生境： 产围场、丰宁、承德县及太行山区各地。生山坡草地、林下及林缘。

分布： 我国东北、华北、西北、西南常见。朝鲜、日本、蒙古国及俄罗斯也有分布。

植物名 **槲寄生（檀香科，槲寄生属）**

学名及出处： *Viscum coloratum* (Kom.) Nakai, Rep. Veg. Ooryongto 17. 1919.

药材名： 槲寄生

生活型及简要特征： 灌木。茎节部常成 2 叉或 3 叉分枝；叶常具 3 脉；花单性，花被一轮，通常绿色。

药用部位及功效： 带叶茎枝入药，祛风湿、补肝肾、强筋骨、安胎。

产地和生境： 产河北各地。常寄生在杨、柳、榆、栎树上。

分布： 我国大部分地区均产。朝鲜、日本、俄罗斯远东地区也有分布。

桑寄生科

Loranthaceae Juss.

植物名 **北桑寄生（桑寄生科，桑寄生属）**

学名及出处： *Loranthus tanakae* Franch. & Sav., Enum. Pl. Jap. 2: 482. 1876.

药材名： 桑寄生

生活型及简要特征： 灌木。茎常二歧分枝；叶对生；两性花成穗状花序，花被两轮，常具鲜艳颜色。

药用部位及功效： 枝叶作桑寄生入药，补肝肾、强筋骨、祛风湿、安胎元。

产地和生境： 产丰宁、宽城、怀来、蔚县、赞皇、内丘。常寄生于栎树、桦树或榆树上。

分布： 我国内蒙古、山西、陕西、甘肃、四川、山东。朝鲜、日本也有分布。

柽柳科

Tamaricaceae Link

植物名 **宽苞水柏枝（柽柳科，水柏枝属）**

学名及出处： *Myricaria bracteata* Royle, Ill. Bot. Himal. Mts. 214, pl. 44, f. 2. 1835.

药材名： 翁波、具苞水柏枝

生活型及简要特征： 灌木。叶小，无柄，密生；总状花序顶生，苞片有透明膜质宽边。

药用部位及功效： 嫩枝入药，升阳发散、解毒透疹、祛风止痒。

产地和生境：产尚义、赤城、怀安、宣化、蔚县、平山、井陉、邢台县、沙河。生河滩。

分布：我国华北、西北。蒙古国、俄罗斯、克什米尔地区、巴基斯坦、阿富汗、印度也有分布。

植物名 **柽柳（柽柳科，柽柳属）**

学名及出处：*Tamarix chinensis* Lour., Fl. Cochinch. 1: 182–183. 1790.

药材名：西河柳

生活型及简要特征：乔木或灌木。老枝深紫色或紫红色；总状花序春季生于去年枝条上，夏、秋季生于当年枝上；苞片狭披针形或钻形。

药用部位及功效：细嫩枝条入药，散风、解表、透疹。

产地和生境：产河北大部分县区。生盐渍土上。

分布：我国辽宁、山东、河南、江苏有野生，栽培于我国东部至西南各省区。

白花丹科

Plumbaginaceae Juss.

植物名 **黄花补血草（白花丹科，补血草属）**

学名及出处：*Limonium aureum* (L.) Hill., Veg. Syst. 12: 37. 1767.

药材名：黄花补血草

生活型及简要特征：多年生草本。叶基生，常早凋；穗状花序圆锥状，花序轴密被疣状突起，常呈“之”字形曲折，花萼漏斗状，花冠橙黄色。

药用部位及功效：花入药，止痛、消炎、补血。

产地和生境：产坝上草原、保定。生于土质含盐的砾石滩、黄土坡和砂土地上。

分布：分布于东北、内蒙古、山西、陕西、甘肃、青海、新疆。西伯利亚、蒙古国也有分布。

植物名 **二色补血草（白花丹科，补血草属）**

学名及出处：*Limonium bicolor* (Bunge) Kuntze, Rev. Gen. Pl. 2: 395. 1891.

药材名：二色补血草

生活型及简要特征：多年生草本。叶多基生，莲座状；穗状花序圆锥状，萼筒漏斗状，萼檐花后宿存，花冠黄色；蒴果具5棱。

药用部位及功效：带根全草入药，益气血、散瘀止血。

产地和生境：产康保、尚义、崇礼、怀来、阳原、秦皇岛地区、遵化、滦南、丰南、高阳、无极、吴桥、武强、冀州、枣强、宁晋、南宫。生于平原地区，也见于山坡下部、丘陵和海滨，喜生于含盐的钙质土上或沙地。

分布：分布于东北、黄河流域各省区和江苏北部。蒙古国也有分布。

植物名 **补血草（白花丹科，补血草属）**

学名及出处：*Limonium sinense* (Girard) Kuntze, Rev. Gen. Pl. 2: 396. 1891.

药材名：补血草

生活型及简要特征：多年生草本。叶基生；穗状花序伞房状或圆锥状，萼筒漏斗状，萼檐白色，花冠黄色。

药用部位及功效：全草入药，清热、利湿、止血、解毒。

产地和生境：产山海关、北戴河。生于沿海潮湿盐土或砂土上。

分布：分布于我国沿海各省区。越南也有分布。

蓼科

Polygonaceae Juss.

植物名 **拳参（蓼科，拳参属）**

学名及出处：*Bistorta officinalis* Raf., Fl. Tellur. 3: 12. 1836.

药材名：拳参

生活型及简要特征：多年生草本。托叶鞘先端斜形，叶柄具翅；穗状花序紧密，圆柱形。

药用部位及功效：根茎入药，清热解毒、消肿、止血。

产地和生境：产兴隆及太行山区各地。生山坡草地、山顶草甸及林下。

分布：我国东北、华北、西北、华东及华中有分布。日本、蒙古国、哈萨克斯坦、俄罗斯及欧洲也有分布。

植物名 **支柱蓼（蓼科，拳参属）**

学名及出处：*Bistorta suffulta* (Maxim.) H. Gross, Bull. Géogr. Bot. 23: 15. 1913.

药材名：支柱蓼

生活型及简要特征：多年生草本。根状茎粗壮，黑褐色；基生叶多长圆形，基部心形；总状花序短穗状，花紧密。

药用部位及功效：根状茎入药，收敛止血、止痛生肌。

产地和生境：产涿鹿、蔚县、阜平、平山、灵寿、武安。生山沟湿地、林下及林缘。

分布：我国华北、西北、西南、河南、安徽、湖北、浙江、江西、湖南。朝鲜、日本也有分布。

植物名 **珠芽蓼（蓼科，拳参属）**

学名及出处：*Bistorta vivipara* (L.) Delarbre, Fl. Auvergne. ed. 2. 2: 516. 1800.

药材名：珠芽蓼

生活型及简要特征： 多年生草本。根状茎肥厚；总状花序穗状，下部生珠芽。

药用部位及功效： 根状茎入药，清热解毒、散瘀止血。

产地和生境： 产围场、兴隆、崇礼、赤城、蔚县、涞源、平山。生山地林下、草坡。

分布： 我国东北、华北、西北、西南、河南。朝鲜、日本、蒙古国、高加索、哈萨克斯坦、印度、欧洲及北美也有分布。

植物名 金荞麦（蓼科，荞麦属）

学名及出处： *Fagopyrum dibotrys* (D. Don) Hara, Fl. E. Himalaya 69. 1966.

药材名： 金荞麦

生活型及简要特征： 多年生草本。茎、枝上部具叶；叶三角形，托叶鞘顶端截形；花梗中部具关节；瘦果宽卵形。

药用部位及功效： 根茎入药，清热解毒、排脓祛瘀。

产地和生境： 张家口、石家庄等地有栽培。

分布： 我国陕西、西南、华东、华中及华南。尼泊尔、印度、越南、泰国及克什米尔地区也有分布。

植物名 荞麦（蓼科，荞麦属）

学名及出处： *Fagopyrum esculentum* Moench, Mothodus 290. 1794.

药材名： 荞麦秸、荞麦叶、荞麦

生活型及简要特征： 一年生草本。茎红色；托叶鞘顶端斜形；瘦果具三棱，表面光滑。

药用部位及功效： 茎叶入药（荞麦秸），下气消积、清热解毒、止血、降压。叶入药（荞麦叶），利耳目、下气、止血、降压。种子入药（荞麦），健脾消积、下气宽肠、解毒敛疮。

产地和生境： 河北各地有栽培。生荒地，路边。

分布： 全国各地有栽培。亚洲、欧洲也有分布。

植物名 苦荞麦（蓼科，荞麦属）

学名及出处： *Fagopyrum tataricum* (L.) Gaertn., Fruct. Sem. Pl. 2(1): 182, pl. 119, f. 6. 1790.

药材名： 苦荞麦

生活型及简要特征： 一年生草本。茎带紫色，有细条纹；瘦果表面有小突起或小瘤状物。

药用部位及功效： 块根入药，理气止痛、健脾利湿。

产地和生境： 河北山区较多栽培或野生。生田边，路旁，山坡，河谷。

分布： 我国东北、华北、西北及西南山区有栽培，有时为野生。亚洲、欧洲及美洲有分布。

植物名 卷茎蓼（蓼科，藤蓼属）

学名及出处： *Fallopia convolvulus* (L.) Á. Löve, Taxon 19(2): 300. 1970.

药材名： 卷茎蓼

生活型及简要特征： 一年生草本。茎缠绕；总状花序有叶，腋生；花被在果期稍增大或不增大，翅极窄。

药用部位及功效：全草入药，健脾消食。

产地和生境：产河北各地山区。生山谷或山沟田埜边。

分布：我国东北、华北、西北、西南、山东、湖北西部、安徽、江苏、台湾。朝鲜、日本、蒙古国、俄罗斯（西伯利亚、远东）、印度、巴基斯坦、阿富汗、伊朗、欧洲、非洲及美洲北部有分布。

植物名　西伯利亚蓼（蓼科，西伯利亚蓼属）

学名及出处：*Knorringia sibirica* (Laxm.) Tzvelev, Novosti Sist. Vyssh. Rast. 24: 76. 1987.

药材名：西伯利亚蓼

生活型及简要特征：多年生草本。根状茎细长；叶基戟形；花序圆锥状。

药用部位及功效：根状茎入药，疏风清热、利水消肿。

产地和生境：产康保、沽源、张北、尚义、赤城、崇礼、昌黎、迁安、曹妃甸、容城、无极、武强、宁晋。

分布：我国东北、华北、西北、西南、山东、河南、安徽、湖北、江苏。蒙古国、俄罗斯、喜马拉雅山地区也有分布。

植物名　叉分蓼（蓼科，冰岛蓼属）

学名及出处：*Koenigia divaricata* (L.) T. M. Schust. & Reveal, Taxon 64(6): 1201. 2015.

药材名：酸不溜根

生活型及简要特征：多年生草本。叶基部楔形或窄楔形，托叶鞘顶端斜形；圆锥花序稀疏开展，小花梗有关节，花被白色。

药用部位及功效：根入药，温肾散寒、理气止痛、止泻止痢。

产地和生境：产河北北部、西部山区。生山坡。

分布：我国东北、华北及山东。朝鲜、蒙古国、俄罗斯也有分布。

植物名　两栖蓼（蓼科，蓼属）

学名及出处：*Persicaria amphibia* (L.) Gray, Nat. Arr. Brit. Pl. 2: 268. 1822.

药材名：两栖蓼

生活型及简要特征：多年生草本。茎节上常生不定根；托叶鞘圆筒形，先端常平截；花序穗状，花被 5 裂，花柱 2，伸出花被外。

药用部位及功效：全草入药，清热利湿。

产地和生境：产河北各地。生水沟或静水池塘，常成片。

分布：我国东北、华北、西北、西南、华东、华中。亚洲、欧洲及北美有分布。

植物名　水蓼（蓼科，蓼属）

学名及出处：*Persicaria hydropiper* (L.) Spach, Hist. Nat. Vég. 10: 536. 1841.

药材名：水蓼、水蓼根

生活型及简要特征：一年生草本。托叶鞘先端平截，叶两面有黑色腺点；花序穗状，花被密生腺点。

药用部位及功效：全草入药（水蓼），行滞化湿、散瘀止血、祛风止痒、解毒。根入药（水蓼根），活血调经、健脾利湿、解毒消肿。

产地和生境：产河北各地。生河滩、水沟边、山谷湿地。

分布：我国南北各省份均有分布。朝鲜、日本、印度、欧洲及北美也有分布。

植物名 **酸模叶蓼（蓼科，蓼属）**

学名及出处：*Persicaria lapathifolia* (L.) Delarbre, Fl. Auvergne (ed. 2) 519. 1800.

药材名：鱼蓼

生活型及简要特征：一年生草本。叶上面有黑色斑块，下面主脉有硬毛，散生腺点；圆锥花序顶生，花被 4 深裂。

药用部位及功效：全草入药，解毒、除湿、活血。

产地和生境：产河北各地。生田边、路旁、荒地、水边及湿草地。

分布：广布我国南北各省区。朝鲜、日本、蒙古国、菲律宾、印度、巴基斯坦及欧洲也有分布。

植物名 **绵毛酸模叶蓼（蓼科，蓼属）**

学名及出处：*Persicaria lapathifolia* var. *salicifolia* (Sibth.) Miyabe, J. Fac. Agric. Hokkaido Univ. 26: 522. 1934.

药材名：鱼蓼

生活型及简要特征：一年生草本。较正种不同在于叶下面密生白色绵毛。

药用部位及功效：同酸模叶蓼。

产地和生境：产河北各地。生田边、路旁、荒地、水边及湿草地。

分布：广布我国南北各省区。

植物名 **长鬃蓼（蓼科，蓼属）**

学名及出处：*Persicaria longiseta* (Bruijn) Kitag., Rep. Inst. Sci. Res. Manchoukuo 1(8): 322, in nota. 1937.

药材名：白辣蓼

生活型及简要特征：一年生草本。叶两面有小白点，托叶鞘先端平截；花序穗状，花稀疏，花柱 3，有牙齿形裂花盘。

药用部位及功效：全草入药，解毒、除湿。

产地和生境：产河北山区。生山沟水边，湿草地。

分布：我国南北各省有分布。朝鲜、日本、印度尼西亚、菲律宾也有分布。

植物名 **春蓼（蓼科，蓼属）**

学名及出处：*Persicaria maculosa* Gray, Nat. Arr. Brit. Pl. 2: 269. 1821.

药材名：马蓼

生活型及简要特征：一年生草本。植株小；茎具伸展的长毛；叶披针形；瘦果双凸镜状。

药用部位及功效：全草入药，发汗除湿、消食、杀虫。

产地和生境：产宽城、昌黎。生沟边湿地。

分布：我国东北、华北、西北、云南、贵州、华中、广西。欧洲、非洲及北美也有分布。

植物名 **红蓼（蓼科，蓼属）**

学名及出处：*Persicaria orientalis* (L.) Spach, Hist. Nat. Vég. 10: 537. 1841.

药材名：水红花子、荭草、荭草根、荭草花

生活型及简要特征：一年生草本。茎密生柔毛；托叶鞘先端扩展成绿色环；花序穗状；瘦果圆形稍扁。

药用部位及功效：果实入药（水红花子），散血消症、消积止痛。全草入药（荭草），祛风除湿、清热解毒、活血、截疟。根入药（荭草根），清热解毒、除湿通络、生肌敛疮。花序入药（荭草花），行气活血、消积、止痛。

产地和生境：产河北各地。生荒地、水边或住房附近。

分布：除西藏外，广布全国各地。朝鲜、日本、俄罗斯、印度、菲律宾、欧洲及大洋洲也有分布。

植物名 **扛板归（蓼科，蓼属）**

学名及出处：*Persicaria perfoliata* (L.) H. Gross, Beih. Bot. Centralbl., Abt. 2 37(1): 113. 1919.

药材名：扛板归、扛板归根

生活型及简要特征：一年生草本。茎和叶柄有钩状刺；叶三角形，叶柄盾状着生，托叶鞘顶端斜形。

药用部位及功效：全草入药（扛板归），清热解毒、利尿消肿。根入药（扛板归根），解毒消肿。

产地和生境：产河北各地。生山地水沟边，常攀附于灌丛上。

分布：我国东北、华北、西南、华东、华南。朝鲜、日本、俄罗斯及东南亚也有分布。

植物名 **箭头蓼（蓼科，蓼属）**

学名及出处：*Persicaria sagittata* (L.) H. Gross, Beih. Bot. Centralbl., Abt. 2 37(1): 113. 1919.

药材名：雀翘

生活型及简要特征：一年生草本。茎四棱形，棱上生倒钩刺；叶基箭形，托叶鞘无缘毛；花序头状。

药用部位及功效：全草入药，祛风除湿、清热解毒。
产地和生境：产平泉、赤城、万全、抚宁、迁安、涞源、易县、阜平。生山谷、沟边。
分布：我国东北、华北、陕西、甘肃、西南、华东及华中。朝鲜、日本、俄罗斯也有分布。

植物名 **刺蓼（蓼科，蓼属）**
学名及出处：*Persicaria senticosa* (Meisn.) H. Gross ex Nakai, Fl. Saishu & Kwan Isls. 41. 1914.
药材名：廊茵
生活型及简要特征：多年生草本。茎四棱形，具倒刺；叶三角形，托叶鞘边缘具叶状翅。
药用部位及功效：全草入药，清热解毒、和湿止痒、散瘀消肿。
产地和生境：产宽城、青龙及太行山区。生山地水沟边或林缘。
分布：我国东北、华北、云南、贵州、山东、河南、安徽、江苏、浙江、湖南、福建、广东、广西、台湾。日本、朝鲜也有分布。

植物名 **戟叶蓼（蓼科，蓼属）**
学名及出处：*Persicaria thunbergii* (Sieb. & Zucc.) H. Gross, Bot. Jahrb. Syst. 49(2): 275, in obs. 1913.
药材名：水麻蓼
生活型及简要特征：一年生草本。茎沿棱具倒生钩刺，节部生根；叶戟形，两面疏生长伏毛，托叶鞘边缘具叶状翅。
药用部位及功效：全草入药，祛风清热、活血止痛。
产地和生境：产河北各地。生山区水流边及湿草地。
分布：我国东北、华北、陕西、甘肃、云南、贵州、四川、华东、华中及华南。朝鲜、日本及俄罗斯也有分布。

植物名 **蓼蓝（蓼科，蓼属）**
学名及出处：*Persicaria tinctoria* (Ait.) Spach, Syst. Veg. 10: 536. 1841.
药材名：蓼大青叶、青黛、蓝实
生活型及简要特征：一年生草本。托叶鞘生密长缘毛；叶宽卵形，干枯后变暗蓝色；花序穗状，花紧密。
药用部位及功效：叶入药（蓼大青叶），清热解毒、凉血消斑。叶或茎叶加工所得粉末或团块入药（青黛），清热解毒、凉血、定惊。果实入药（蓝实），清热、凉血、解毒。
产地和生境：河北各地有栽培。
分布：我国南北各省有栽培或半野生。

植物名 **香蓼（蓼科，蓼属）**

学名及出处：*Persicaria viscosa* (Buch.-Ham. ex D. Don) H. Gross ex Nakai, Rep. Veg. Quelp. 42. 1914.

药材名：香蓼

生活型及简要特征：一年生草本。植株具香味；茎密被开展的长糙硬毛及腺毛；总状花序穗状。

药用部位及功效：茎叶入药，理气除湿、健胃消食。

产地和生境：产尚义、遵化、丰南、曹妃甸。生路旁湿地、沟边草丛。

分布：我国东北、陕西、西南、华东、华中、华南。朝鲜、日本、俄罗斯、印度也有分布。

植物名 **何首乌（蓼科，何首乌属）**

学名及出处：*Pleuropterus multiflorus* (Thunb.) Nakai, Repert. Spec. Nov. Regni Veg. 13: 267. 1914.

药材名：何首乌、夜交藤

生活型及简要特征：多年生草本。茎缠绕，有纵棱纹；叶卵心形；花序圆锥状；花被 5 裂，果期外 3 片增大，背部生宽且下延的翅。

药用部位及功效：块根入药（何首乌），解毒、消痈、润肠通便。带叶藤茎入药（夜交藤），养心安神、祛风、通络。

产地和生境：河北各地有栽培。

分布：产陕西、甘肃、西南、华东、华中及华南。日本也有分布。

植物名 **萹蓄（蓼科，萹蓄属）**

学名及出处：*Polygonum aviculare* L., Sp. Pl. 1: 362–363. 1753.

药材名：萹蓄

生活型及简要特征：一年生草本。叶柄有关节，托叶鞘明显具脉纹；花单生或数朵簇生于叶腋。

药用部位及功效：地上部分入药，利尿通淋、杀虫、止痒。

产地和生境：产河北各地。生路边、荒地、田边及沟边湿地。

分布：全国各地有分布。北温带广泛分布。

植物名 **习见蓼（蓼科，萹蓄属）**

学名及出处：*Polygonum plebeium* R. Br., Prodr. 420. 1810.

药材名：小萹蓄

生活型及简要特征：一年生草本。托叶鞘无脉纹；花单生或数朵簇生于叶腋，雄蕊 5；瘦果平滑。

药用部位及功效：全草入药，利尿通淋、清热解毒、化湿杀虫。

产地和生境：产赤城、崇礼、青龙、滦南、曹妃甸、涿州、定兴、容城、顺平、曲阳、高阳、宁晋、任泽、南和。生路边、荒地或低洼地。

分布：除西藏外，遍布全国。日本、印度、欧洲、非洲及大洋洲也有分布。

植物名 **翼蓼（蓼科，翼蓼属）**

学名及出处：*Pteroxygonum giraldii* Damm. et Diels, Bot. Jahrb. Syst. 36(5, Beibl. 82): 36. 1905.

药材名：红药子

生活型及简要特征：多年生草本。叶 2～4 簇生；瘦果具 3 翅，基部有 3 个角状物。

药用部位及功效：块根入药，清热解毒、凉血、活血。

产地和生境：产赞皇、内丘、武安。生山坡石缝。

分布：我国山西、陕西、甘肃、四川、河南、湖北。

植物名 **虎杖（蓼科，虎杖属）**

学名及出处：*Reynoutria japonica* Houtt., Nat. Hist. 2(8): 640, t. 51, f. 1. 1777.

药材名：虎杖、虎杖叶

生活型及简要特征：多年生草本。茎粗壮、中空，具明显纵棱，散生红色或紫红色斑点；托叶鞘膜质，脱落；雌雄异株。

药用部位及功效：根茎及根入药（虎杖），祛风利湿、散瘀定痛、止咳化痰。叶入药（虎杖叶），祛风湿、解热毒。

产地和生境：河北各地有栽培。生山沟中水湿地。

分布：中国陕西、甘肃、云南、贵州、四川、华东、华中及华南。朝鲜、日本也有分布。

植物名 **波叶大黄（蓼科，大黄属）**

学名及出处：*Rheum rhabarbarum* L., Sp. Pl. 1: 372. 1753.

药材名：山大黄

生活型及简要特征：多年生草本。基生叶宽卵形，叶柄有棱；花被片 6，柱头头状；瘦果有翅。

药用部位及功效：根及根状茎入药，泻热解毒、凉血行瘀。

产地和生境：产太行山高山地区。生阴坡、山脊、林缘。

分布：我国华北、河南。

植物名 **酸模（蓼科，酸模属）**

学名及出处：*Rumex acetosa* L., Sp. Pl. 1: 337–338. 1753.

药材名：酸模

生活型及简要特征：多年生草本。叶基箭形；内花被果时显著增大。

药用部位及功效： 根入药，凉血止血、泄热通便、利尿、杀虫。

产地和生境： 产平泉、崇礼、赤城、怀来、蔚县、曹妃甸、平山、栾城、宁晋、任泽、南和。生山坡草地、林缘或山沟湿草地。

分布： 我国南北各省。朝鲜、日本、俄罗斯、高加索、哈萨克斯坦、欧洲及北美也有分布。

植物名 **皱叶酸模（蓼科，酸模属）**

学名及出处： *Rumex crispus* L., Sp. Pl. 1: 335. 1753.

药材名： 牛耳大黄叶

生活型及简要特征： 多年生草本。叶缘具波状皱褶；内花被片都有瘤状突起；瘦果三棱形。

药用部位及功效： 叶入药，清热解毒、止咳。

产地和生境： 产沽源、崇礼、怀来、卢龙、遵化、丰南、曹妃甸、涞源、容城、阜平、曲阳、高阳、正定、井陉、武安、肥乡、魏县、邯山、峰峰矿区。

分布： 我国东北、华北、西北、西南、山东、河南、湖北。朝鲜、日本、蒙古国、俄罗斯、高加索、哈萨克斯坦、欧洲及北美也有分布。

植物名 **羊蹄（蓼科，酸模属）**

学名及出处： *Rumex japonicus* Houtt., Nat. Hist. 2 (8): 394, t. 47, f. 2. 1777.

药材名： 羊蹄、羊蹄叶

生活型及简要特征： 多年生草本。内轮花被片常有极细浅齿，全有瘤状突起。

药用部位及功效： 根入药（羊蹄），清热、通便、利水、止血、杀虫。叶入药（羊蹄叶），凉血止血、通便、解毒消肿、杀虫止痒。

产地和生境： 产涿州、顺平、定兴、满城、鹿泉、隆尧、武安。生水沟边荒地。

分布： 我国东北、河北、陕西、西南、华东、华中及华南。朝鲜、日本、俄罗斯（远东）也有分布。

植物名 **巴天酸模（蓼科，酸模属）**

学名及出处： *Rumex patientia* L., Sp. Pl. 1: 333–334. 1753.

药材名： 牛西西叶

生活型及简要特征： 多年生草本。根鲜黄色；叶基部圆形或微心形；内花被片近全缘，常仅 1 片有瘤状突起。

药用部位及功效： 叶入药，祛风止痒、敛疮、清热解热。

产地和生境： 产河北各地。生沟边湿地、水边。

分布： 我国东北、河北、西北、四川、西藏、山东、河南、湖北、湖南。蒙古国、俄罗斯、高加索、哈萨克斯坦、欧洲也有分布。

石竹科

Caryophyllaceae Juss.

植物名 **无心菜（石竹科，无心菜属）**

学名及出处： *Arenaria serpyllifolia* L., Sp. Pl. 1: 423. 1753.

药材名： 铃铃草

生活型及简要特征： 一年生或二年生草本。叶卵形，两面疏生腺点；花瓣短于萼片；种子具小瘤状凸起和乳凸。

药用部位及功效： 全草入药，止咳、清热明目。

产地和生境： 产阳原、曲阳及南部地区。生路边荒地或田野。

分布： 分布于全国各地。广泛分布于亚洲、温带欧洲、北美洲和北非。

植物名 **石竹（石竹科，石竹属）**

学名及出处： *Dianthus chinensis* L., Sp. Pl. 1: 411. 1753.

药材名： 瞿麦

生活型及简要特征： 多年生草本。花单生或 1～3 朵成聚伞状花序，花瓣先端齿裂，基部具长爪，喉部有斑纹并疏生须毛。

药用部位及功效： 地上部分入药，利小便、清湿热、活血通经。

产地和生境： 产河北大部分县区。生向阳山坡草地、丘陵坡地、林缘、灌丛间。

分布： 分布于全国北部及中部。朝鲜、日本、印度也有分布。

植物名 **瞿麦（石竹科，石竹属）**

学名及出处： *Dianthus superbus* L., Fl. Suec. ed. 2. 146. 1755.

药材名： 瞿麦

生活型及简要特征： 多年生草本。苞片 2～3 对，倒卵形，顶端长尖；萼筒较粗短，常带红紫色；蒴果与宿存萼等长或稍长。

药用部位及功效： 地上部分入药，利小便、清湿热、活血通经。

产地和生境： 产围场、丰宁、隆化、滦平、兴隆、张北、赤城、崇礼、怀来、阳原、涿鹿、蔚县、行唐、临城、内丘、峰峰矿区。生山坡草地、林缘、疏林下或高山草甸上。

分布： 分布于东北、华北、西北、贵州、四川、河南、湖北、江西及华东。俄罗斯、朝鲜、日本、哈萨克斯坦、蒙古国、北欧、中欧也有分布。

植物名 **老牛筋（石竹科，老牛筋属）**

学名及出处： *Eremogone juncea* (M. Bieb.) Fenzl, Vers. Darstell. Alsin. 37. 1833.

药材名： 山银柴胡

生活型及简要特征：多年生草本。茎直立丛生；基生叶簇生，长 10～25 cm，狭线形；聚伞花序顶生；蒴果卵形。

药用部位及功效：根入药，凉血、清虚热。

产地和生境：产围场、承德县、兴隆、康保、张北、崇礼、万全、阳原、蔚县。生山地崖壁上。

分布：分布于东北、内蒙古、山西、陕西西北部、甘肃西部、宁夏、新疆。俄罗斯、朝鲜、日本、蒙古国也有分布。

植物名 **长蕊石头花（石竹科，石头花属）**

学名及出处：*Gypsophila oldhamiana* Miq., Ann. Mus. Bot. Lugduno-Batavi 3: 187. 1867.

药材名：山银柴胡

生活型及简要特征：多年生草本。叶片长圆形；花序较密集，花瓣顶端截形或微凹，雄蕊和花柱长于花瓣。

药用部位及功效：根入药，凉血、清虚热。

产地和生境：产平泉、兴隆、康保、张北、阳原、青龙、抚宁、卢龙、北戴河、昌黎、迁西、遵化。生山坡干燥处或山谷及海滨沙地上。

分布：分布于东北、华北、西北、山东、河南（秦岭、淮河以北）、江苏。朝鲜也有分布。

植物名 **麦蓝菜（石竹科，石头花属）**

学名及出处：*Gypsophila vaccaria* (L.) Sm., Fl. Graec. Prod. 1: 279. 1809.

药材名：王不留行

生活型及简要特征：一年生或二年生草本。花萼卵状圆锥形，后期微膨大呈球形，棱绿色；种子近圆球形，红褐色至黑色。

药用部位及功效：种子入药，活血通经、下乳消痈。

产地和生境：产平泉、赤城、万全、蔚县、迁西、迁安、容城、博野、灵寿、深泽、晋州、南和、肥乡、大名、魏县、峰峰矿区。生草坡、撂荒地或麦田中。

分布：我国除华南外，全国都有分布。亦广布于亚洲和欧洲。

植物名 **孩儿参（石竹科，孩儿参属）**

学名及出处：*Pseudostellaria heterophylla* (Miq.) Pax, Nat. Pflanzenfam. (ed. 2) 16(c): 318. 1934.

药材名：太子参

生活型及简要特征：多年生草本。块根长纺锤形；叶片披针状卵形或菱状卵形，基部渐狭，具短柄，茎顶二对叶成假轮生状。

药用部位及功效：根入药，补益脾肺、益气生津。

产地和生境： 产秦皇岛、迁西、赞皇、安平、景县。生山谷或林下阴湿处。

分布： 分布于东北、陕西、四川、华中、山东、安徽、江苏、浙江。朝鲜、日本也有分布。

植物名 **漆姑草（石竹科，漆姑草属）**

学名及出处： *Sagina japonica* (Sw.) Ohwi, J. Jap. Bot. 13(6): 438. 1937.

药材名： 漆姑草

生活型及简要特征： 一年生小草本。叶片线形；花小形；种子圆肾形，褐色，表面具明显的小疣。

药用部位及功效： 全草入药，凉血解毒、杀虫止痒。

产地和生境： 产万全。生湿地。

分布： 分布于东北、华北、陕西、甘肃、西南、华中和华东。俄罗斯、朝鲜、日本、印度、尼泊尔也有分布。

植物名 **女娄菜（石竹科，蝇子草属）**

学名及出处： *Silene aprica* Turcz. ex Fisch. et Mey., Sem. Hort. Petrop., Ind. 1 1: 38. 1835.

药材名： 女娄菜

生活型及简要特征： 一年生或二年生草本。萼外密被短柔毛，萼齿披针形；花瓣白色或淡红色，2 裂。

药用部位及功效： 全草入药，活血调经、下乳、健脾、利湿、解毒。

产地和生境： 产平泉、宽城、兴隆、康保、沽源、张北、尚义、赤城、崇礼、万全、怀来、涿鹿、蔚县、秦皇岛、迁西、遵化、滦南、丰南、曹妃甸、阜平、曲阳、满城、灵寿、深泽、元氏、赞皇、晋州、鹿泉、武强、临城、内丘、武安。生山坡草地或山谷湿地。

分布： 分布于我国大部分省区。俄罗斯、朝鲜、日本、蒙古国也有分布。

植物名 **狗筋蔓（石竹科，蝇子草属）**

学名及出处： *Silene baccifera* (L.) Roth, Tent. Fl. Germ. 2(1): 491. 1789.

药材名： 铃铃草

生活型及简要特征： 多年生草本。全株疏生短绵毛；花单生于茎及分枝的顶端；果球形，浆果状，黑色。

药用部位及功效： 全草入药，止咳、清热明目。

产地和生境： 产迁西、遵化、曹妃甸、赞皇、武安。生山坡灌丛、林缘或沟边草地。

分布： 分布于东北、山西、西北、西南、华中、安徽、江苏、浙江、福建、广西、台湾。俄罗斯、朝鲜、日本、哈萨克斯坦、欧洲也有分布。

植物名 **麦瓶草（石竹科，蝇子草属）**

学名及出处： *Silene conoidea* L., Sp. Pl. 1: 418. 1753.

药材名：麦瓶草、麦瓶草种子

生活型及简要特征：一年生草本。萼筒圆锥状，绿色，具纵脉 30 条，果时膨大，密被腺毛。

药用部位及功效：全草入药（麦瓶草），养阴、清热、止血调经。种子入药（麦瓶草种子），止血、催乳。

产地和生境：产沽源、怀安、万全、清苑、石家庄、冀州、内丘、涉县、魏县、邯山、峰峰矿区、磁县。生低山或平原麦田中或荒地上。

分布：分布于黄河流域和长江流域各省区，西至新疆和西藏。广布亚洲、欧洲和非洲。

植物名 **坚硬女娄菜（石竹科，蝇子草属）**

学名及出处：*Silene firma* Sieb. et Zucc., Abh. Math.-Phys. Cl. Königl. Bayer. Akad. Wiss. 4(2): 166. 1843.

药材名：硬叶女娄菜

生活型及简要特征：一年生或二年生草本。茎单生；叶片椭圆状披针形；假轮伞状间断式总状花序。

药用部位及功效：全草入药，清热解毒、利尿、调经。

产地和生境：产康保、赤城、崇礼、涿鹿、蔚县、北戴河、遵化、涞源、易县、阜平、赞皇、井陉、内丘、武安。生山坡草地、林缘、河边。

分布：分布于我国北部和长江流域。俄罗斯、朝鲜、日本也有分布。

植物名 **鹤草（石竹科，蝇子草属）**

学名及出处：*Silene fortunei* Vis., Linnaea 24: 181. 1851.

药材名：蝇子草

生活型及简要特征：多年生草本。花萼长筒状，纵脉紫色；花瓣分裂成细裂片。

药用部位及功效：全草入药，清热利湿、活血解毒。

产地和生境：产赞皇、邢台县、武安。生山坡草地或山谷。

分布：分布于华北、西北、华中、广东和台湾。

植物名 **剪秋罗（石竹科，蝇子草属）**

学名及出处：*Silene fulgens* (Fisch.) E. H. L. Krause, Deutschl. Fl. Abbild. ed. 2. 5: 96. 1901.

药材名：大花剪秋罗

生活型及简要特征：多年生草本。叶基部圆形，无柄；花瓣深红色，瓣片叉状深 2 裂，中裂片长椭圆状条形。

药用部位及功效：根及全草入药，清热利尿、健脾、安神。

产地和生境：产兴隆、赤城、涿鹿、蔚县、遵化、涞源、阜平。生林下、林缘灌丛间。

分布：分布于东北、华北、云南、四川。俄罗斯、朝鲜、日本也有分布。

植物名 **山蚂蚱草（石竹科，蝇子草属）**

学名及出处：*Silene jeniseensis* Willd., Enum. Pl. 1: 154, 473. 1809.

药材名：山银柴胡

生活型及简要特征：多年生草本。根粗壮；叶狭倒披针形或披针状线形；花萼狭钟形；蒴果卵形。

药用部位及功效：根入药，凉血、清虚热。

产地和生境：产承德、张家口、遵化、涞源、曲阳、高阳、平山、赞皇。生山坡草地、石质山坡上。

分布：分布于东北、华北。俄罗斯、朝鲜、蒙古国也有分布。

植物名 **蔓茎蝇子草（石竹科，蝇子草属）**

学名及出处：*Silene repens* Patrin, Syn. Pl. 1: 500. 1805.

药材名：山银柴胡

生活型及简要特征：多年生草本。茎通常直立；叶具 1 条明显中脉，叶腋具短小枝叶；瓣片 2 中裂。

药用部位及功效：根入药，凉血、清虚热。

产地和生境：产隆化、张家口、涞源、井陉。生山坡草地、林下、山沟溪边。

分布：分布于东北、华北、西北以及四川、西藏。俄罗斯、朝鲜、日本、蒙古国也有分布。

植物名 **雀舌草（石竹科，繁缕属）**

学名及出处：*Stellaria alsine* Grimm, Acta Phys.-Med. Acad. Caes. Leop.-Carol. Nat. Cur. 3(app.): 313. 1767.

药材名：天蓬草

生活型及简要特征：二年生草本。叶缘波状，基部通常具纤毛，两面同色；花瓣 2 深裂达基部；聚伞花序具 3～5 花；蒴果卵圆形。

药用部位及功效：全草入药，祛风除湿、活血消肿、解毒止血。

产地和生境：产武安。生溪畔及农田附近湿地上。

分布：分布于东北、华北、陕西、甘肃、青海、西南、华中、华东、广东、广西、台湾。北温带广布，南达印度、喜马拉雅地区、越南。

植物名 **鹅肠菜（石竹科，繁缕属）**

学名及出处：*Stellaria aquatica* (L.) Scop., Fl. Carniol. 2(1): 319. 1774.

药材名：鹅肠草

生活型及简要特征：二年生或多年生草本。茎上部被腺毛；花梗细，密被腺毛；种子近肾形，褐色，具小疣。

药用部位及功效： 根及全草入药，清热利尿、健脾、安神。
产地和生境： 产康保、万全、遵化、滦南、涞源、顺平、曲阳、望都、满城、清苑、博野、灵寿、行唐、新乐、正定、无极、深泽、元氏、赞皇、鹿泉、武强、冀州、内丘、肥乡、邯山、峰峰矿区。生低山区、平原水边湿地。
分布： 分布于我国南北各省。北半球温带及亚热带以及北非也有分布。

植物名 **中国繁缕（石竹科，繁缕属）**
学名及出处： *Stellaria chinensis* Regel, Bull. Soc. Imp. Naturalistes Moscou 35 (1): 283. 1862.
药材名： 中国繁缕
生活型及简要特征： 多年生草本。叶干时边缘皱波状，叶片卵形至卵状披针形；聚伞花序疏散；花瓣 2 深裂。
药用部位及功效： 全草入药，清热解毒、活血止痛。
产地和生境： 产康保、遵化、曹妃甸、元氏、井陉、邢台县、武安。生石缝中或湿地及水边。
分布： 分布于北京、陕西、甘肃、西南、华中、华东、广西。

植物名 **叉歧繁缕（石竹科，繁缕属）**
学名及出处： *Stellaria dichotoma* L., Sp. Pl. 1: 421. 1753.
药材名： 叉歧繁缕
生活型及简要特征： 多年生草本。茎二歧分枝，被腺毛；花瓣 2 浅裂，较萼片稍短。
药用部位及功效： 根或全草入药，清热凉血、通虚热。
产地和生境： 产康保、蔚县、涞源、博野、赞皇、武安。生山坡石缝间。
分布： 分布于东北、华北、西北。俄罗斯、蒙古国也有分布。

植物名 **银柴胡（石竹科，繁缕属）**
学名及出处： *Stellaria dichotoma* var. *lanceolata* Bunge, Fl. Altaic. 34. 1836.
药材名： 银柴胡
生活型及简要特征： 多年生草本。叶片线状披针形、披针形或长圆状披针形，顶端渐尖；蒴果常具 1 种子。
药用部位及功效： 根入药，清虚热、除疳热。
产地和生境： 产蔚县。生干燥山坡石缝间。
分布： 分布于辽宁、内蒙古、陕西、甘肃、宁夏。俄罗斯、蒙古国也有分布。

植物名 **繁缕（石竹科，繁缕属）**
学名及出处： *Stellaria media* (L.) Vill., Hist. Pl. Dauphiné 3(2): 615. 1789.
药材名： 繁缕
生活型及简要特征： 一年生或二年生草本。叶片卵形，长 1～2.5 cm；萼片狭长披针形，顶端稍钝或近圆形。

药用部位及功效：全草入药，清热解毒、凉血消痈、活血止痛、下乳。

产地和生境：产张北、赤城、崇礼、万全、涿鹿、望都、行唐、新乐、赞皇、枣强、临城、信都、武安、峰峰矿区、磁县。生田野、路旁或村边杂草地。

分布：广布于全国各省区。亦为世界广布种。

植物名 **箐姑草（石竹科，繁缕属）**

学名及出处：*Stellaria vestita* Kurz, J. Bot. 11: 194. 1873.

药材名：抽筋草

生活型及简要特征：多年生草本。全株被星状毛；叶片卵形或椭圆形，下面中脉明显；种子肾脏形，脊具疣状凸起。

药用部位及功效：全草入药，平肝、舒筋活血、利湿、解毒。

产地和生境：产滦平、沽源。生田野、路旁或村边杂草地。

分布：分布于陕西、甘肃、云南、贵州、四川、西藏、华中、山东、浙江、福建、广西及台湾。印度、尼泊尔、不丹、缅甸、越南、菲律宾、印度尼西亚（爪哇）、巴布亚新几内亚也有分布。

苋科

Amaranthaceae Juss.

植物名 **牛膝（苋科，牛膝属）**

学名及出处：*Achyranthes bidentata* Blume, Bijdr. Fl. Ned. Ind. (11): 545. 1825.

药材名：牛膝

生活型及简要特征：多年生草本。花为细长的穗状花序；花在花期后期反折而贴近伸长的花序轴。

药用部位及功效：根入药，补肝肾、强筋骨、逐瘀通经、引血下行。

产地和生境：产围场、滦平、赤城、万全、蔚县、青龙、迁西、望都、满城、博野、定州、灵寿。生溪边，山脚阴湿处。

分布：除东北外，全国几乎有分布。朝鲜、俄罗斯、印度、越南、菲律宾、马来西亚及非洲均有分布。

植物名 **沙蓬（苋科，沙蓬属）**

学名及出处：*Agriophyllum pungens* (Vahl) Link, Sp. Pl. (ed. 6) 1: 124. 1831.

药材名：东廧子

生活型及简要特征：一年生草本。叶先端针刺状；胞果背腹微凸，果喙深裂成两个扁平的条状小喙，小喙先端外侧各具一小齿突。

药用部位及功效：种子入药，健脾消食、发表解热、利水。

产地和生境：产万全、固安、涞源、涿州、新乐、正定、南和、沙河、大名、魏县。生沙丘和沙地。

分布：分布于东北、华北、西北及西藏。俄罗斯、蒙古国也有分布。

植物名 **空心莲子草（苋科，莲子草属）**

学名及出处：*Alternanthera philoxeroides* (Mart.) Griseb., Abh. Königl. Ges. Wiss. Göttingen 24: 36. 1879.

药材名：空心莲子草

生活型及简要特征：多年生草本。茎基部匍匐，上部上升；头状花序有总梗。

药用部位及功效：全草入药，清热利尿、凉血解毒。

产地和生境：产涿州、曲阳、井陉、安平、邢台县、肥乡、魏县、邯山、磁县。生池沼、水沟内。

分布：我国多地有引种，后逸为野生。

植物名 **凹头苋（苋科，苋属）**

学名及出处：*Amaranthus blitum* L., Sp. Pl. 2: 990. 1753.

药材名：野苋菜、野苋子

生活型及简要特征：一年生草本。花簇大多腋生，花被片 3，雄蕊 3。

药用部位及功效：全草及根入药（野苋菜），清热解毒、利尿。种子入药（野苋子），清肝明目、利尿。

产地和生境：河北极常见。生路旁、荒地及农田。

分布：我国东北、华北、西南、华南有分布。日本、欧洲、非洲及南美也有分布。

植物名 **尾穗苋（苋科，苋属）**

学名及出处：*Amaranthus caudatus* L., Sp. Pl. 2: 990. 1753.

药材名：老枪谷根、老枪谷叶、老枪谷子

生活型及简要特征：一年生草本。茎粗壮，具条纹；圆锥花序下垂，中央花序穗尾状。

药用部位及功效：根入药（老枪谷根），健脾、消疳。叶入药（老枪谷叶），解毒消肿。种子入药（老枪谷子），清热透表。

产地和生境：各地有栽培。

分布：我国各地有栽培。原产热带，世界各地栽培。

植物名 **老鸦谷（苋科，苋属）**

学名及出处：*Amaranthus cruentus* L., Syst. Fl. (ed. 10) 2: 1269. 1759.

药材名：红粘谷

生活型及简要特征：一年生草本。圆锥花序直立或之后下垂，花穗顶端尖；苞片和花被片顶端芒刺明显。

药用部位及功效：全草入药，清热解毒、利湿。

产地和生境：产遵化、滦南、丰南、曹妃甸、新乐、正定、魏县、邯山。生路边、荒地。

分布：我国各地栽培或野生。世界广布。

植物名 **反枝苋（苋科，苋属）**

学名及出处：*Amaranthus retroflexus* L., Sp. Pl. 2: 991. 1753.

药材名：野苋菜

生活型及简要特征：一年生草本。茎粗壮，稍具钝条棱，密生短柔毛；叶两面及边缘具毛；花集成多毛刺的花簇，花被片 5。

药用部位及功效：全草及根入药，清热解毒、利尿。

产地和生境：产河北各地。生地旁，住宅附近。

分布：我国东北、华北和西北有分布。原产热带美洲，现广布世界各地。

植物名 **刺苋（苋科，苋属）**

学名及出处：*Amaranthus spinosus* L., Sp. Pl. 2: 991. 1753.

药材名：刺苋菜

生活型及简要特征：一年生草本。苞片常变为极明显的锐刺，花被片 5。

药用部位及功效：全草或根、茎、叶入药，清热利湿、解毒消肿、凉血止血。

产地和生境：产涿州、正定、栾城、武强、南宫、任泽、沙河、肥乡、大名、魏县、邯山。生空旷地和农田。

分布：我国陕西、西南、华东、华南等省。日本、印度、中南半岛、马来西亚、菲律宾、美洲等地均有分布。

植物名 **苋（苋科，苋属）**

学名及出处：*Amaranthus tricolor* L., Sp. Pl. 2: 989. 1753.

药材名：苋、苋实

生活型及简要特征：一年生草本。花密集成簇，球形；花被片 3；胞果环状开裂。

药用部位及功效：茎叶入药（苋），清热解毒、通利二便。种子入药（苋实），清肝明目、通利二便。

产地和生境：栽培或野生于河北各地。

分布：全国各地栽培或野生。日本、中亚及亚洲南部有分布。

植物名 **皱果苋（苋科，苋属）**

学名及出处：*Amaranthus viridis* L., Sp. Pl. (ed. 2) 2: 1405. 1763.

药材名：野苋菜、白苋

生活型及简要特征：一年生草本。叶上面具“V”形白斑；数个腋生穗状花序合成稀疏的顶生圆锥花序。

药用部位及功效：全草或根入药，清热解毒、利尿。

产地和生境：产河北各地。生农田、荒芜地。

分布：我国各省有分布。广布于温带、亚热带及热带地区。

植物名 **中亚滨藜（苋科，滨藜属）**

学名及出处：*Atriplex centralasiatica* Iljin, Trudy Bot. Inst. Akad. Nauk S. S. S. R., Ser. 1, Fl. Sist. Vyssh. Rast. 2: 124. 1936.

药材名：软蒺藜

生活型及简要特征：一年生草本。果期苞片有二型，一型的苞片为球状，有针刺，另一型的苞片略平坦，无刺。

药用部位及功效：果实入药，清肝明目、祛风止痒、活血消肿、通乳。

产地和生境：产阳原、石家庄地区、武强。生荒地、河岸和盐碱地上。

分布：分布于东北、华北、西北及西藏。俄罗斯、蒙古国也有分布。

植物名 **野滨藜（苋科，滨藜属）**

学名及出处：*Atriplex fera* (L.) Bunge, Mém. Acad. Imp. Sci. St.-Péterbourg. sér. 7, 27(8): 6. 1880.

药材名：粉藜

生活型及简要特征：一年生草本。叶卵状披针形或长圆状卵形，稍被白粉；果苞通常先端具 3 齿。

药用部位及功效：全草入药，利水涩肠。

产地和生境：产康保、张北、易县。生碱性草地、路边。

分布：分布于东北、内蒙古、山西、陕西、甘肃、青海至新疆东部。俄罗斯、蒙古国也有分布。

植物名 **西伯利亚滨藜（苋科，滨藜属）**

学名及出处：*Atriplex sibirica* L., Sp. Pl. (ed. 2) 2: 1493. 1763.

药材名：软蒺藜

生活型及简要特征：一年生草本。叶菱状卵形或卵状三角形；果期苞片密被针刺。

药用部位及功效：果实入药，清肝明目、祛风止痒、活血消肿、通乳。

产地和生境：产张家口地区。生盐碱地、河岸堤旁和草地、路边。

分布：分布于东北、华北、西北。俄罗斯、蒙古国也有分布。

植物名 **地肤（苋科，沙冰藜属）**

学名及出处：*Bassia scoparia* (L.) A. J. Scott, Feddes Repert. 81(2–3): 108. 1978.

药材名：地肤子

生活型及简要特征：一年生草本。叶披针形，叶腋无毛丛或稀生长毛；花腋生。

药用部位及功效：果实入药，清热利湿、祛风止痒。

产地和生境：产河北各地。生田间、荒地、路旁、堤岸、宅旁。

分布：分布于全国各地。亚洲、欧洲均有分布。

植物名 **莙荙菜（苋科，甜菜属）**

学名及出处：*Beta vulgaris* var. *cicla* L., Sp. Pl. 1: 222. 1753.

药材名：莙荙菜、莙菜根、莙荙子、红牛皮菜

生活型及简要特征：二年生草本。根不肥大；有分枝；茎生叶发达；花被下部与子房合生，合生部分果时增厚并硬化。

药用部位及功效：茎、叶入药（莙荙菜），清热解毒、行瘀止血。根入药（莙菜根），宽胞下气。果实入药（莙荙子），清热解毒、凉血止血。全草入药（红牛皮菜），清热凉血、透疹。

产地和生境：河北各地普遍栽培。

分布：我国广为栽培。

植物名 **青葙（苋科，青葙属）**

学名及出处：*Celosia argentea* L., Sp. Pl. 1: 205. 1753.

药材名：青葙、青葙花、青葙子

生活型及简要特征：一年生草本。穗状花序圆柱形或塔形，无分枝。

药用部位及功效：茎叶或根入药（青葙），燥湿清热、杀虫止痒、凉血止血。花序入药（青葙花），凉血止血、清肝除湿、明目。种子入药（青葙子），清肝、明目、退翳。

产地和生境：河北各地常见栽培。生农田、荒地或山坡。

分布：全国各地有分布。原产印度，朝鲜、日本、俄罗斯、印度、越南、缅甸、泰国、菲律宾、马来西亚及非洲热带均有分布。

植物名 **鸡冠花（苋科，青葙属）**

学名及出处：*Celosia cristata* L., Sp. Pl. 1: 205. 1753.

药材名：鸡冠苗、鸡冠花、鸡冠子

生活型及简要特征：草本。穗状花序扁平鸡冠状、卷冠状或羽毛状，多分枝。

药用部位及功效：茎叶或全草入药（鸡冠苗），清热凉血、解毒。花序入药（鸡冠花），凉血、止血。种子入药（鸡冠子），凉血止血、清肝明目。

产地和生境：河北各地普遍栽培。

分布：我国南北各地均有栽培。广布于温带地区。

植物名 杂配藜（苋科，麻叶藜属）

学名及出处： *Chenopodiastrum hybridum* (L.) S. Fuentes, Uotila & Borsch, Willdenowia 42(1): 14. 2012.

药材名： 大叶藜

生活型及简要特征： 一年生草本。叶卵形或三角状卵形，基部圆形、微心形或圆状截型，有大弯波状牙齿。

药用部位及功效： 全草入药，调经止血、解毒消肿。

产地和生境： 产围场、隆化、承德县、滦平、兴隆、赤城、崇礼、宣化、阳原、涿鹿、霸州、涞源、安新、河间、黄骅、安平、景县。生路边、森林、荒地、山坡、杂草地。

分布： 分布于东北、华北、西北、云南、四川、西藏、浙江。俄罗斯、朝鲜、日本、印度东部、蒙古国、欧洲许多地区及北美也有分布。

植物名 藜（苋科，藜属）

学名及出处： *Chenopodium album* L., Sp. Pl. 1: 219. 1753.

药材名： 藜

生活型及简要特征： 一年生草本。叶卵状三角形、长圆状三角形或菱状卵形，先端尖，基部广楔形或楔形，边缘具不整齐和数目不等的牙齿。

药用部位及功效： 幼嫩全草入药，清热祛湿、解毒消肿、杀虫止痒。

产地和生境： 产河北各地。生田间、荒地、路旁、宅旁等地。

分布： 分布于全国各地。广布于世界各国。

植物名 小藜（苋科，藜属）

学名及出处： *Chenopodium ficifolium* Smith, Fl. Brit. 1: 276–277. 1800.

药材名： 灰藋、灰藋子

生活型及简要特征： 一年生草本。叶长圆状卵形，三浅裂，中裂片较长，两侧的边缘几乎平行。

药用部位及功效： 全草入药（灰藋），疏风清热、解毒祛湿、杀虫。种子入药（灰藋子），杀虫。

产地和生境： 产兴隆、张家口各地、北戴河、迁西、安次、涿州、容城、顺平、望都、满城、清苑、高阳、博野、灵寿、行唐、新乐、正定、无极、深泽、鹿泉、任丘、肃宁、东光、武强、肥乡、魏县、邯山、峰峰矿区。生荒地、河滩、沟谷潮湿处。

分布： 除西藏外，分布于全国各地。俄罗斯、中亚、欧洲也有分布。

植物名 兴安虫实（苋科，虫实属）

学名及出处： *Corispermum chinganicum* Iljin, Izv. Glavn. Bot. Sada S. S. S. R. 28: 648. 1929.

药材名： 虫实

生活型及简要特征： 一年生草本。花序窄圆柱形至长圆状卵形或为棍棒状，花较密；胞果长圆状卵形，无毛。

药用部位及功效：全草入药，清湿热、利小便。

产地和生境：产万全、遵化、滦南、丰南、鹿泉、广宗。生沙地。

分布：分布于东北、内蒙古、甘肃、宁夏。俄罗斯、蒙古国也有分布。

植物名 **千日红（苋科，千日红属）**

学名及出处：*Gomphrena globosa* L., Sp. Pl. 1: 224. 1753.

药材名：千日红

生活型及简要特征：一年生草本。叶对生；头状花序球形，常紫红色，基部具 2 片对生叶状总苞。

药用部位及功效：花序入药，止咳平喘、清肝明目、解毒。

产地和生境：河北常见栽培。

分布：我国南北各省均有栽培。原产热带美洲。

植物名 **雾滨藜（苋科，雾滨藜属）**

学名及出处：*Grubovia dasyphylla* (Fisch. & C. A. Mey.) Freitag & Kadereit, Taxon 60(1): 72. 2011.

药材名：五星蒿

生活型及简要特征：一年生草本。雌雄同株，密被长柔毛；果期花被背部附属物钻状。

药用部位及功效：全草入药，清湿热。

产地和生境：产承德、张家口地区。生沙丘、戈壁、盐碱地、草地、河谷、河滩。

分布：分布于东北、华北、西北及西藏、山东等地。俄罗斯、蒙古国也有分布。

植物名 **灰绿藜（苋科，红叶藜属）**

学名及出处：*Oxybasis glauca* (L.) S. Fuentes, Uotila & Borsch, Willenowia 42(1): 15. 2012.

药材名：藜

生活型及简要特征：一年生草本。茎通常由基部分枝；叶厚稍肉质，表面暗深绿色，背面被较厚的白粉，中脉显著，黄褐色。

药用部位及功效：幼嫩全草入药，清热祛湿、解毒消肿、杀虫止痒。

产地和生境：产河北各地。生盐碱地、水边、田间、荒地或路旁。

分布：分布于东北、华北、西北、西藏及华中。南北半球温带地区均有分布。

植物名 **猪毛菜（苋科，猪毛菜属）**

学名及出处：*Salsola collina* Pall., Ill. Pl. 34, pl. 26. 1803.

药材名：猪毛菜

生活型及简要特征：一年生草本。植株有乳头状小突起；叶片丝状圆柱形；花序为细长穗状。

药用部位及功效：全草入药，平肝潜阳、润肠通便。

产地和生境：产河北各地。生村边、路旁、荒地及含盐碱的砂质土壤上。

分布：分布于东北、华北、西北、西南及山东、河南、江苏等地。俄罗斯、朝鲜、印度北部、巴基斯坦、蒙古国、中亚地区、欧洲也有分布。

植物名 **刺沙蓬（苋科，猪毛菜属）**

学名及出处：*Salsola tragus* L., Cent. Pl. II 13. 1756.

药材名：刺沙蓬

生活型及简要特征：一年生草本。叶窄线状圆柱形，肉质，常具细小尖锐锯齿，先端有硬针刺。

药用部位及功效：全草入药，平肝降压。

产地和生境：产永清、新乐。生沙丘、沙质草原、山坡或砂质土壤上。

分布：分布于东北、华北、西北、西藏、山东及江苏。俄罗斯、朝鲜、蒙古国、欧洲也有分布。

植物名 **菠菜（苋科，菠菜属）**

学名及出处：*Spinacia oleracea* L., Sp. Pl. 2: 1027. 1753.

药材名：菠菜、菠菜子

生活型及简要特征：一年或二年生草本。根圆锥状，带红色；茎直立，中空；叶戟形至卵形，鲜绿色，柔嫩多汁。

药用部位及功效：全草入药（菠菜），养血、止血、平肝、润燥。果实入药（菠菜子），清肝明目、止咳平喘。

产地和生境：河北各地普遍栽培。原产伊朗。

分布：我国各地普遍栽培。

植物名 **碱蓬（苋科，碱蓬属）**

学名及出处：*Suaeda glauca* (Bunge) Bunge, Bull. Acad. Imp. Sci. St.-Pétersbourg, sér. 3 25: 362. 1879.

药材名：碱蓬

生活型及简要特征：一年生草本。团伞花序生于叶片基部，总花梗与叶柄合并成短枝状，花被于果期通常呈五角星状。

药用部位及功效：全草入药，清热、消积。

产地和生境：产康保、沽源、昌黎、遵化、滦南、丰南、曹妃甸、固安、永清、文安、曲阳、满城、高阳、博野、正定、深泽、元氏、黄骅、海兴、南皮、东光、深州、武强、景县、枣强、临城、隆尧、南和、沙河、肥乡、成安、大名、魏县、临漳。生堤岸、洼地、荒野的盐碱土上。

分布：分布于东北、华北、西北、山东、河南、江苏、浙江。俄罗斯、朝鲜、日本、蒙古国也有分布。

植物名 **刺藜（苋科，刺藜属）**
学名及出处：*Teloxys aristata* (L.) Moq., Ann. Sci. Nat., Bot., sér. 2, 1: 290. 1834.
药材名：刺藜
生活型及简要特征：一年生草本。叶线形至窄披针形，全缘；花序分枝末端有针刺状的不育枝。
药用部位及功效：全草入药，活血、调经、祛风止痒。
产地和生境：产康保、崇礼、怀安、万全、阳原、蔚县、青龙、迁西、遵化、曹妃甸、固安、永清、涞水、涞源、涿州、顺平、曲阳、望都、博野、新乐、正定、藁城、赵县、井陉、献县、海兴、盐山、景县、南和、永年、成安、大名、魏县。生田边路旁和沙地。
分布：分布于东北、内蒙古、山西、西北、四川、山东及河南。亚洲及欧洲均有分布。

商陆科

Phytolaccaceae R. Br.

植物名 **商陆（商陆科，商陆属）**
学名及出处：*Phytolacca acinosa* Roxb., Fl. Ind. 2: 458. 1832.
药材名：商陆、商陆叶、商陆花
生活型及简要特征：多年生草本。茎具纵沟，绿色或紫红色；总状花序直立；心皮常8，分离。
药用部位及功效：根入药（商陆），逐水消肿、通利二便、解毒散结。叶入药（商陆叶），清热。花入药（商陆花），化痰开窍。
产地和生境：产河北各地。生山沟，林下及林缘路旁潮湿地。
分布：我国除东北，内蒙古，青海及西藏均有分布。朝鲜、日本及印度也有分布。

植物名 **垂序商陆（商陆科，商陆属）**
学名及出处：*Phytolacca americana* L., Sp. Pl. 1: 441. 1753.
药材名：商陆、商陆叶、商陆花、美商陆子
生活型及简要特征：多年生草本。茎带紫红色；总状花序下垂；心皮常10，合生。
药用部位及功效：根入药（商陆），逐水消肿、通利二便、解毒散结。叶入药（商陆叶），清热。花入药（商陆花），化痰开窍。种子入药（美商陆子），利水消肿。
产地和生境：河北常见栽培。
分布：原产北美洲，我国多地有栽培。

紫茉莉科

Nyctaginaceae Juss.

植物名 **紫茉莉（紫茉莉科，紫茉莉属）**

学名及出处： *Mirabilis jalapa* L., Sp. Pl. 1: 177. 1753.

药材名： 紫茉莉、紫茉莉叶、紫茉莉子

生活型及简要特征： 一年生草本。叶互生；总苞片绿色，花萼状；瘦果球形，成熟时黑色，具棱。

药用部位及功效： 根及全草入药（紫茉莉），清热利湿、活血调经、解毒消肿。叶入药（紫茉莉叶），清热解毒、祛风渗湿、活血。种子胚乳入药（紫茉莉子），清热化斑、利湿解毒。

产地和生境： 河北有栽培。

分布： 原产美洲热带，我国南北各省均有栽培。

粟米草科

Molluginaceae Bartl.

植物名 **粟米草（粟米草科，粟米草属）**

学名及出处： *Trigastrotheca stricta* (L.) Thulin, Taxon 65(4): 784. 2016.

药材名： 粟米草

生活型及简要特征： 一年生草本。茎纤细，有棱角；下部叶片线状披针形；花极小，花梗细长，花被绿色；种子表皮具小瘤。

药用部位及功效： 全草入药，清热化湿、解毒消肿。

产地和生境： 产肥乡、魏县、邯山。生空旷荒地。

分布： 我国秦岭—黄河以南各地。

落葵科

Basellaceae Raf.

植物名 **落葵（落葵科，落葵属）**

学名及出处： *Basella alba* L., Sp. Pl. 1: 272. 1753.

药材名： 落葵、落葵花、落葵子

生活型及简要特征： 草质藤本。茎肉质，无毛；叶广卵形，基部近心形；穗状花序，花

粉色；浆果暗紫色。

药用部位及功效：全草入药（落葵），滑肠通便、清热利湿、凉血解毒、活血。花入药（落葵花），凉血解毒。果实入药（落葵子），润泽肌肤。

产地和生境：河北有栽培。

分布：我国南北各地多有种植，南方有逸为野生。原产亚洲热带地区。

土人参科

Talinaceae Doweld

植物名　土人参（土人参科，土人参属）

学名及出处：*Talinum paniculatum* (Jacq.) Gaertn., Fruct. Sem. Pl. 2: 219–220, t. 128, f. 13. 1791.

药材名：土人参

生活型及简要特征：一年生草本。叶肉质，对生，光滑，全缘；顶生圆锥花序，花淡紫红色，萼片 2，早落；蒴果瓣裂。

药用部位及功效：根入药，补气润肺、止咳、调经。

产地和生境：河北各地有栽培。

分布：我国河南以南各省均有栽培或逸为野生。原产热带美洲。

马齿苋科

Portulacaceae Juss.

植物名　大花马齿苋（马齿苋科，马齿苋属）

学名及出处：*Portulaca grandiflora* Hook., Bot. Mag. 56: t. 2885. 1829.

药材名：午时花

生活型及简要特征：一年生草本。茎节上丛生毛；叶密集枝端，圆筒形；花大，直径约 3～5 cm，有各色。

药用部位及功效：全草入药，清热解毒、散瘀止血。

产地和生境：河北广泛栽培。

分布：原产巴西。我国各地有栽培。

植物名　马齿苋（马齿苋科，马齿苋属）

学名及出处：*Portulaca oleracea* L., Sp. Pl. 1: 445. 1753.

药材名：马齿苋、马齿苋子

生活型及简要特征：一年生草本。植株肉质无毛，根白色；叶扁宽倒卵形；花小，直径约 7 mm，黄色。

药用部位及功效：全草入药（马齿苋），清热解毒、凉血止血。种子入药（马齿苋子），清肝、化湿、明目。

产地和生境：河北广泛分布。常生于荒地、田间，性耐旱。

分布：我国南北各地均产。广布世界温带和热带地区。

山茱萸科

Cornaceae Bercht. & J. Presl

植物名 **瓜木（山茱萸科，八角枫属）**

学名及出处：*Alangium platanifolium* (Sieb. et Zucc.) Harms, Nat. Pflanzenfam. 3(8): 261. 1898.

药材名：八角枫根、八角枫叶、八角枫花

生活型及简要特征：落叶小乔木。叶常卵圆形至心脏形；腋生聚伞花序；核果长圆形，蓝黑色，具不显著棱。

药用部位及功效：根、须根及根皮入药（八角枫根），祛风除湿、舒筋活络、散瘀止痛。叶入药（八角枫叶），化瘀接骨、解毒杀虫。花入药（八角枫花），散风、理气、止痛。

产地和生境：产赞皇、井陉、沙河、武安。生山坡杂木林中或较阴处。

分布：中国吉林、辽宁、山西、甘肃、云南、贵州、四川、山东、河南、湖北、浙江、江西、台湾。朝鲜和日本也有分布。

植物名 **红瑞木（山茱萸科，山茱萸属）**

学名及出处：*Cornus alba* L., Mant. Pl. 1: 40. 1767.

药材名：红瑞木

生活型及简要特征：灌木。树皮紫红色，枝血红色，常有蜡状白粉；叶对生；聚伞花序；核果白色或带蓝紫色。

药用部位及功效：树皮、枝叶入药，清热解毒、止痢、止血。

产地和生境：产围场、承德县、康保、万全、怀来、遵化、滦南、乐亭、曹妃甸、涞源、望都、博野、深泽、冀州、肥乡、魏县、邯山。生杂木林中。

分布：中国东北、内蒙古、陕西、甘肃、青海、山东、江苏、江西。朝鲜、俄罗斯及欧洲也有分布。

植物名 **山茱萸（山茱萸科，山茱萸属）**

学名及出处：*Cornus officinalis* Sieb. et Zucc., Fl. Jap . 1: 100, pl. 50. 1835.

药材名：山茱萸

生活型及简要特征：落叶灌木或乔木。伞形花序，外被总苞；核果卵圆形，红色。
药用部位及功效：果肉入药，补益肝肾、涩精固脱。
产地和生境：河北偶有栽培。生林缘或森林中。
分布：中国山西、甘肃、山东、河南、安徽、江苏、浙江、江西、湖南。朝鲜、日本也有分布。

植物名 **毛楝（山茱萸科，山茱萸属）**
学名及出处：*Cornus walteri* Wangerin, Repert. Spec. Nov. Regni Veg. 6(107–112): 99. 1908.
药材名：毛楝枝叶
生活型及简要特征：落叶乔木。叶上面具平贴柔毛，叶下面密生贴伏柔毛；小枝绿黄色或红褐色；果实黑色。
药用部位及功效：枝叶入药，解毒敛疮。
产地和生境：产尚义、赤城、万全、蔚县、阜平、满城、井陉、武安。生阳坡或疏林中。
分布：中国辽宁、陕西、西南、华东、华中及华南各省。

凤仙花科

Balsaminaceae A. Rich.

植物名 **凤仙花（凤仙花科，凤仙花属）**
学名及出处：*Impatiens balsamina* L., Sp. Pl. 2: 938. 1753.
药材名：凤仙花
生活型及简要特征：一年生草本。蒴果纺锤形，密生灰白色细毛。
药用部位及功效：花入药，祛风除湿、活血止痛、解毒杀虫。
产地和生境：河北广泛栽培。
分布：我国各地广泛栽培。原产印度。

植物名 **水金凤（凤仙花科，凤仙花属）**
学名及出处：*Impatiens noli-tangere* L., Sp. Pl. 2: 938. 1753.
药材名：水金凤
生活型及简要特征：一年生草本。叶软而薄；花黄色，喉部常有红色斑点，花距向内弯曲；蒴果线状长圆形。
药用部位及功效：全草入药，活血调经、舒筋活络。
产地和生境：产围场、承德县、兴隆、涿鹿、蔚县、青龙、迁西、遵化、涞源、易县、平山、赞皇、内丘、武安。生水沟边、林缘、草丛和山坡林下。
分布：我国东北、华北、陕西、甘肃、山东、河南、安徽、湖北、浙江、湖南。朝鲜、日本及俄罗斯远东也有分布。

柿科

Ebenaceae Gürke

植物名 **柿（柿科，柿属）**

学名及出处： *Diospyros kaki* Thunb., Nova Acta Regiae Soc. Sci. Upsal., ser. 2 3: 208. 1780.

药材名： 柿花、柿蒂、柿皮、柿霜、柿饼、柿叶、柿子、柿根

生活型及简要特征： 落叶大乔木。叶纸质，卵状椭圆形至倒卵形或近圆形；雄花序弯垂，通常有花 3 朵，花冠钟状，黄白色，雌花单生叶腋，花冠淡黄白色或黄白色而带紫红色，壶形或近钟形；果形多样。

药用部位及功效： 花入药（柿花），降逆和胃、解毒收敛。宿存花萼入药（柿蒂），降逆下气。外果皮入药（柿皮），清热解毒。果实制成“柿饼”时外表所生的白色粉霜入药（柿霜），清热、润燥、化痰。果实经加工而成的饼状食品入药（柿饼），润肺、涩肠、止血。叶入药（柿叶），止咳定喘、生津止渴、活血止血。果实入药（柿子），清热、润肺、生津、解毒。根或根皮入药（柿根），清热解毒、凉血止血。

产地和生境： 河北各地均有栽培。

分布： 各省、区多有栽培。俄罗斯、朝鲜、日本、东南亚、法国、美国、大洋洲、北非的阿尔及利亚等有栽培。

植物名 **君迁子（柿科，柿属）**

学名及出处： *Diospyros lotus* L., Sp. Pl. 2: 1057. 1753.

药材名： 君迁子

生活型及简要特征： 落叶乔木。叶近膜质，侧脉 7～10 条；雄花花冠壶形，淡黄色或带红色，雌花花冠壶形，淡绿色或带红色；果初熟时为淡黄色，后则变为蓝黑色，常被有白色薄蜡层。

药用部位及功效： 果实入药，清热、止渴、除痰。

产地和生境： 河北各地均有栽培。

分布： 分布于辽宁、山西、陕西、甘肃、西南、华中、山东、安徽、江苏、浙江等地。

报春花科

Primulaceae Batsch ex Borkh.

植物名 **东北点地梅（报春花科，点地梅属）**

学名及出处： *Androsace filiformis* Retz., Observ. Bot. 2: 10. 1781.

药材名： 丝点地梅、喉咙草

生活型及简要特征： 一年生草本。莲座状叶丛单生，叶长圆形至卵状长圆形；花葶通常 3

至多枚自叶丛中抽出，伞形花序多花，花冠白色；蒴果近球形，果皮近膜质，带白色。
药用部位及功效：全草入药，清热解毒、消炎止痛。
产地和生境：产河北北部。生于潮湿草地、林下和水沟边。
分布：分布于东北、内蒙古和新疆北部。俄罗斯远东地区、朝鲜、蒙古国亦有分布。

植物名 **狼尾花（报春花科，珍珠菜属）**
学名及出处：*Lysimachia barystachys* Bunge, Enum. Pl. China Bor. 53. 1833.
药材名：狼尾巴花
生活型及简要特征：多年生草本。全株密被柔毛，有地下根状茎；叶互生或近对生；总状花序顶生，花冠白色，5裂；蒴果球形，包于宿存花萼内。
药用部位及功效：全草入药，活血利水、解毒消肿。
产地和生境：产兴隆雾灵山、北戴河、涞源白石山。生于山坡、草地、路旁灌丛或海边田埂。
分布：分布于东北、华北、西北以及云南、贵州、四川、山东、河南、安徽、湖北、江苏、浙江等地。

植物名 **黄连花（报春花科，珍珠菜属）**
学名及出处：*Lysimachia davurica* Ledeb., Mém. Acad. Imp. Sci. St. Pétersbourg Hist. Acad. 5: 523. 1814.
药材名：黄连花
生活型及简要特征：多年生草本。叶对生，或3～4片轮生，两面均散生黑色腺点，网脉明显；总状花序顶生，苞片线形，密被小腺毛，花冠深黄色；蒴果褐色。
药用部位及功效：全草入药，镇静、降压。
产地和生境：产围场、丰宁、赤城。生草甸、林缘和灌丛中。
分布：分布于东北、华北及云南、四川、山东、湖北、江苏、浙江等地。

植物名 **胭脂花（报春花科，报春花属）**
学名及出处：*Primula maximowiczii* Regel, Trudy Imp. St.-Péterburgsk. Bot. Sada 3(1): 139. 1874.
药材名：胭脂花
生活型及简要特征：多年生草本。叶基生，叶柄具膜质宽翅；花葶粗壮，花萼狭钟状，花冠暗红色；蒴果圆柱形，伸出萼外。
药用部位及功效：全草入药，祛风定痫、止痛。
产地和生境：产围场、丰宁、兴隆、张北、涿鹿、蔚县、平山、灵寿。生于亚高山草甸上或山地林下、林绿及潮湿腐殖质丰富的地方。
分布：分布于东北、内蒙古、山西、陕西、甘肃、青海等地。

山矾科

Symplocaceae Desf.

植物名 **日本白檀（山矾科，山矾属）**

学名及出处： *Symplocos paniculata* (Thunb.) Miq., Ann. Mus. Bot. Lugduno-Batavi 3: 102. 1867.

药材名： 白檀

生活型及简要特征： 落叶灌木或小乔木。叶膜质或薄纸质；圆锥花序，花萼筒褐色，萼裂片淡黄色，边缘有毛，花冠白色；核果熟时蓝色，顶端宿萼裂片直立。

药用部位及功效： 根、叶、花或种子入药，清热解毒、调气散结、祛风止痒。

产地和生境： 产青龙。生于山坡、路边、疏林或密林中。

分布： 分布于东北、华北、西南、华中、华南各地。朝鲜、日本、印度也有分布，北美有栽培。

猕猴桃科

Actinidiaceae Gilg & Werderm.

植物名 **狗枣猕猴桃（猕猴桃科，猕猴桃属）**

学名及出处： *Actinidia kolomikta* (Maxim. & Rupr.) Maxim., Mem. Acad. Imp. Sci. St.-Petersbourg Divers Savans 9: 63. 1859.

药材名： 狗枣猕猴桃、狗枣子

生活型及简要特征： 藤本。小枝髓部片状；萼片宿存，花药黄色；浆果表面有 12 条深色纵条纹。

药用部位及功效： 果实入药，滋养强壮。

产地和生境： 产承德县、青龙、遵化、曹妃甸。生山坡杂木林中、林缘及沟谷。

分布： 我国东北、云南、四川等。

杜鹃花科

Ericaceae Juss.

植物名 **松下兰（杜鹃花科，松下兰属）**

学名及出处： *Hypopitys monotropa* Crantz, Inst. Rei Herb. 2: 467. 1766.

药材名： 松下兰

生活型及简要特征：多年生草本。全株无绿素，白色或淡黄色，肉质，干后变黑褐色；叶鳞片状；总状花序，花初下垂，花冠筒状钟形；蒴果椭圆状球形。

药用部位及功效：全草入药，镇咳、补虚。

产地和生境：产平泉、小五台山。生林下湿地。

分布：分布于吉林、辽宁、山西、陕西、甘肃、青海、新疆、四川（马尔康）、湖北（神农架）。俄罗斯、朝鲜、日本、欧洲、北美也有分布。

植物名　红花鹿蹄草（杜鹃花科，鹿蹄草属）

学名及出处：*Pyrola asarifolia* subsp. *incarnata* (DC.) Haber & H. Takah., Bot. Mag. (Tokyo) 101 (1064): 492. 1988.

药材名：鹿衔草

生活型及简要特征：常绿草本状小半灌木。叶近圆形、圆卵形或卵状椭圆形；花葶上的鳞片状叶狭长圆形或长圆状卵形，萼片三角状宽披针形，花柱伸出花冠。

药用部位及功效：全草入药，祛风湿、强筋骨、止血。

产地和生境：产围场、隆化、雾灵山、小五台山。生针叶林、针阔叶混交林或阔叶林下。

分布：分布于东北、内蒙古（东部）、山西、新疆、河南。俄罗斯、朝鲜、日本、蒙古国也有分布。

植物名　鹿蹄草（杜鹃花科，鹿蹄草属）

学名及出处：*Pyrola calliantha* Andres, Acta Horti Gothob. 1(5): 173–174, f. 1: 9. 1924.

药材名：鹿衔草

生活型及简要特征：常绿草本状小半灌木。叶基生，椭圆形或圆卵形，叶下面常有白霜；萼片边缘近全缘，花冠白色，有时稍带淡红色。

药用部位及功效：全草入药，祛风湿、强筋骨、止血。

产地和生境：产赤城、蔚县。生山地针叶林、针阔叶混交林或阔叶林下。

分布：分布于山西、陕西、甘肃、青海、云南、贵州、四川、西藏、华中、山东、安徽、江苏、浙江、福建。

植物名　肾叶鹿蹄草（杜鹃花科，鹿蹄草属）

学名及出处：*Pyrola renifolia* Maxim., Mém. Acad. Imp. Sci. St.-Pétersbourg Divers Savans 9: 190. 1859.

药材名：鹿衔草

生活型及简要特征：常绿草本状小半灌木。叶肾形或圆肾形，上面深绿色，下面淡绿色，边缘有不整齐的疏细锯齿；萼片半圆形或三角状半圆形，苞片狭披针形。

药用部位及功效：全草入药，祛风湿、强筋骨、止血。

产地和生境：产蔚县。生针叶林下。

分布：分布于东北、内蒙古。俄罗斯远东地区、朝鲜、日本也有分布。

植物名 **日本鹿蹄草（杜鹃花科，鹿蹄草属）**

学名及出处：*Pyrola rotundifolia* L., Sp. Pl. 1: 396. 1753.

药材名：鹿衔草

生活型及简要特征：常绿草本状小半灌木。叶基生，椭圆形或卵状椭圆形；总状花序，花倾斜，半下垂，苞片线状披针形，萼片披针状三角形，花冠碗形，白色；蒴果扁球形。

药用部位及功效：全草入药，祛风湿、强筋骨、止血。

产地和生境：产围场、兴隆、蔚县、阜平。生于针阔叶混交林或阔叶林内。

分布：分布于东北、内蒙古、河南。俄罗斯远东地区、朝鲜、日本也有分布。

植物名 **照山白（杜鹃花科，杜鹃属）**

学名及出处：*Rhododendron micranthum* Turcz., Bull. Soc. Imp. Naturalistes Moscou 10(7): 155. 1837.

药材名：照山白

生活型及简要特征：常绿灌木。幼枝被鳞片及细柔毛；叶近革质，常被鳞片；花冠钟状；蒴果长圆形。

药用部位及功效：以枝叶入药，祛风通络、调经止痛、化痰止咳。

产地和生境：产围场、丰宁、隆化、承德县、滦平、宽城、兴隆、尚义、赤城、崇礼、怀来、阳原、涿鹿、蔚县、秦皇岛地区、遵化、涞源、易县、阜平、满城、平山、灵寿、赞皇、井陉、临城、内丘、邢台县、武安。生于山坡灌丛、山谷、峭壁及石岩上。

分布：分布于东北、华北、西北地区及四川、山东、河南、湖北、湖南等省。朝鲜也有分布。

植物名 **迎红杜鹃（杜鹃花科，杜鹃属）**

学名及出处：*Rhododendron mucronulatum* Turcz., Bull. Soc. Imp. Naturalistes Moscou 10(7): 155. 1837.

药材名：迎山红

生活型及简要特征：落叶灌木。叶椭圆形或椭圆状披针形，生鳞片；花序腋生枝顶或假顶生，先叶开放，伞形着生，花冠宽漏斗状，淡红紫色；蒴果长圆形。

药用部位及功效：叶入药，解表、化痰、止咳、平喘。

产地和生境：产丰宁、隆化、平泉、承德县、滦平、宽城、赤城、怀来、蔚县、青龙、迁西、涞水、涞源、阜平、平山、灵寿、赞皇、临城、内丘、武安。生于山地灌丛。

分布：分布于辽宁、内蒙古（北达满洲里）、山东、江苏北部。俄罗斯（西伯利亚东南、阿穆尔）、朝鲜、日本、蒙古国也有分布。

杜仲科

Eucommiaceae Engl.

植物名 **杜仲（杜仲科，杜仲属）**

学名及出处： *Eucommia ulmoides* Oliv., Hooker's Icon. Pl. 20: pl. 1950. 1890.

药材名： 杜仲、杜仲叶

生活型及简要特征： 乔木。树皮折断有银白色细丝；果为具翅小坚果。

药用部位及功效： 树皮入药（杜仲），补肝肾、强筋骨、安胎。叶入药（杜仲叶），补肝肾、强筋骨、降血压。

产地和生境： 河北有栽培。生低山、谷地。

分布： 我国陕西、甘肃、云南、贵州、四川、河南、湖北、浙江、湖南。现各地广泛栽种。

茜草科

Rubiaceae Juss.

植物名 **原拉拉藤（茜草科，拉拉藤属）**

学名及出处： *Galium aparine* L., Sp. Pl. 1: 108. 1753.

药材名： 八仙草

生活型及简要特征： 多枝、蔓生或攀缘状草本。茎有 4 棱角；棱上、叶缘、叶脉上均有倒生的小刺毛；聚伞花序腋生或顶生，花冠黄绿色或白色，镊合状排列。

药用部位及功效： 全草入药，清热解毒、利尿通淋、消肿止痛。

产地和生境： 产康保、崇礼、万全、迁西、遵化、易县、曲阳、灵寿、正定、赞皇。生于山坡、旷野、沟边、河滩、田中、林缘、草地。

分布： 除海南及南海诸岛外，全国均有分布。俄罗斯、朝鲜、日本、印度、巴基斯坦、尼泊尔、欧洲、美洲北部、非洲等地区均有分布。

植物名 **北方拉拉藤（茜草科，拉拉藤属）**

学名及出处： *Galium boreale* L., Sp. Pl. 1: 108. 1753.

药材名： 砧草

生活型及简要特征： 多年生直立草本。叶 4 片轮生，基出脉 3 条；聚伞花序顶生和生于上部叶腋，常在枝顶结成圆锥花序式，花小，花冠白色或淡黄色。

药用部位及功效： 全草入药，清热解毒、祛风活血。

产地和生境： 产兴隆、沽源。生于山坡、沟旁、草地的草丛、灌丛或林下。

分布：分布于东北、内蒙古、山西、甘肃、青海、新疆、四川、西藏、山东等省区。

植物名 **四叶葎（茜草科，拉拉藤属）**

学名及出处：*Galium bungei* Steud., Nom. Bot. (ed. 2) 1: 657. 1840.

药材名：四叶葎

生活型及简要特征：多年生丛生直立草本。叶 4 片轮生；聚伞花序顶生和腋生，常 3 歧分枝，再形成圆锥状花序，花冠黄绿色或白色。

药用部位及功效：全草入药，清热解毒、利尿、止血、消食。

产地和生境：产围场、万全、崇礼、迁西、滦南、丰南、曹妃甸、灵寿、赞皇、元氏、临城。生于山地、丘陵、旷野、田间、沟边的林中、灌丛或草地。

分布：分布于黑龙江、辽宁、内蒙古、山西、陕西、甘肃、宁夏、云南、贵州、四川、山东、河南、安徽、湖北、江苏、浙江、江西、湖南、福建、广东、广西、台湾。朝鲜、日本也有分布。

植物名 **蓬子菜（茜草科，拉拉藤属）**

学名及出处：*Galium verum* L., Sp. Pl. 1: 107. 1753.

药材名：蓬子菜

生活型及简要特征：多年生近直立草本。叶轮生，线形，边缘极反卷，常卷成管状；聚伞花序顶生和腋生，通常在枝顶结成带叶的圆锥花序状，花冠黄色。

药用部位及功效：全草入药，清热解毒、活血通经、祛风止痒。

产地和生境：产围场、滦平、康保、沽源、张北、赤城、崇礼、怀安、怀来、阳原、涿鹿、蔚县、抚宁、昌黎、遵化、丰南、涞源、顺平、阜平、满城、博野、正定、深泽、元氏、赞皇、临城。生于山坡灌丛及旷野草地。

分布：分布于东北、西北至长江流域。

植物名 **栀子（茜草科，栀子属）**

学名及出处：*Gardenia jasminoides* Ellis, Philos. Trans. 51(2): 935, pl. 23. 1761.

药材名：栀子、栀子根、栀子花、栀子叶

生活型及简要特征：灌木。叶对生，少为 3 枚轮生；花芳香，通常单朵生于枝顶，花冠白色或乳黄色，高脚碟状；浆果卵形、近球形、椭圆形或长圆形，黄色或橙红色。

药用部位及功效：果实入药（栀子），泻火除烦、清热利尿、凉血解毒。根入药（栀子根），泻火解毒、清热利湿、凉血散瘀。花入药（栀子花），清肺止咳、凉血止血。叶入药（栀子叶），活血消肿、清热解毒。

产地和生境：河北各地有栽培。

分布：分布于云南、贵州、四川、山东、安徽、湖北、江苏、浙江、江西、湖南、福建、广东、广西、海南、香港、台湾，陕西和甘肃有栽培。国外分布于朝鲜、日本、印

度、巴基斯坦、越南、老挝、柬埔寨、尼泊尔、太平洋岛屿和美洲北部，野生或栽培。

植物名 茜草（茜草科，茜草属）

学名及出处： *Rubia cordifolia* L., Syst. Nat. (ed. 12) 2: 229. 1767.

药材名： 茜草

生活型及简要特征： 草质攀援藤木。叶通常4片轮生，基出脉3条；聚伞花序腋生和顶生，花冠淡黄色，干时淡褐色。

药用部位及功效： 根及根状茎入药，凉血、止血、祛瘀、通经。

产地和生境： 产兴隆、双桥、双滦、康保、赤城、崇礼、万全、怀来、蔚县、青龙、抚宁、卢龙、北戴河、迁西、遵化、涞源、涿州、定兴、顺平、阜平、望都、高阳、博野、石家庄地区、武强、冀州、枣强、宁晋、临城、隆尧、南宫、任泽、大名、魏县、邯山、峰峰矿区、磁县。常生于疏林、林缘、灌丛或草地上。

分布： 分布于东北、华北、西北和四川（北部）及西藏（昌都地区）等地。俄罗斯远东地区、朝鲜和日本也有分布。

龙胆科

Gentianaceae Juss.

植物名 达乌里秦艽（龙胆科，龙胆属）

学名及出处： *Gentiana dahurica* Fisch., Mém. Soc. Imp. Naturalistes Moscou 3: 63. 1812.

药材名： 秦艽

生活型及简要特征： 多年生草本。莲座丛叶叶脉3～5条，茎生叶叶脉1～3条；聚伞花序顶生及腋生，花萼筒黄绿色或带紫红色，5裂，花冠深蓝色；蒴果内藏。

药用部位及功效： 根入药，祛风湿、清湿热、止痹痛。

产地和生境： 产河北西部及北部。生于田边、路旁、河滩、湖边沙地、水沟边、向阳山坡及干草原等地。

分布： 分布于东北、华北、西北、四川北部等地区。

植物名 秦艽（龙胆科，龙胆属）

学名及出处： *Gentiana macrophylla* Pall., Fl. Ross. 1(2): 108, t. 96. 1789.

药材名： 秦艽

生活型及简要特征： 多年生草本。莲座丛叶叶脉5～7条，茎生叶叶脉3～5条；花簇生枝顶呈头状或腋生作轮状，花冠筒部黄绿色，冠檐蓝色或蓝紫色；蒴果内藏或先端外露。

药用部位及功效： 根入药，祛风湿、清湿热、止痹痛。

产地和生境：产河北西部及北部。生于河滩、路旁、水沟边、山坡草地、草甸、林下及林缘。

分布：分布于东北、内蒙古、山西、陕西、宁夏、新疆。

植物名 **扁蕾（龙胆科，扁蕾属）**

学名及出处：*Gentianopsis barbata* (Froel.) Ma, Acta Phytotax. Sin. 1(1): 8. 1951.

药材名：扁蕾

生活型及简要特征：一年生或二年生草本。茎生叶 3～10 对，无柄；花单生茎或分枝顶端，花萼筒状，具白色膜质边缘，花冠筒部黄白色，檐部蓝色或淡蓝色；蒴果具短柄。

药用部位及功效：全草入药，清热解毒、消肿止痛。

产地和生境：产围场、丰宁、赤城、崇礼、怀安、蔚县、涞源、阜平、灵寿、赞皇、内丘、邢台县、武安。生于水沟边、山坡草地、林下、灌丛中、沙丘边缘。

分布：分布于东北、华北、西北、西南及湖北西部等地区。

植物名 **花锚（龙胆科，花锚属）**

学名及出处：*Halenia corniculata* (L.) Cornaz, Bull. Soc. Neuchateloise Sci. Nat. 25: 171. 1897.

药材名：花锚

生活型及简要特征：一年生草本。茎近四棱形；茎生叶叶脉 3 条；聚伞花序顶生和腋生，花 4 数，花冠黄色、钟形，冠筒先端具小尖头，具距。

药用部位及功效：全草入药，清热解毒、凉血止血。

产地和生境：产围场、丰宁、平泉、兴隆、沽源、赤城、崇礼、怀安、阳原、涿鹿、蔚县、涞源、易县、阜平。生于山坡草地、林下及林缘。

分布：分布于东北、内蒙古、山西、陕西。

植物名 **辐状肋柱花（龙胆科，肋柱花属）**

学名及出处：*Lomatogonium rotatum* (L.) Fries ex Fern., Rhodora 21: 194. 1919.

药材名：肋柱花

生活型及简要特征：一年生草本。茎近四棱形；叶无柄，基部钝，半抱茎；花 5 数，花冠淡蓝色，具深色脉纹，边缘具不整齐的裂片状流苏。

药用部位及功效：全草入药，清热利湿、解毒。

产地和生境：产围场、丰宁、宽城、兴隆、赤城、蔚县。生于水沟边、山坡草地。

分布：分布于东北、华北、西北、西南等地区。

植物名 **北方獐牙菜（龙胆科，獐牙菜属）**

学名及出处：*Swertia diluta* (Turcz.) Benth. & Hook. f., Gen. Pl. 2: 817. 1876.

药材名：淡花当药

生活型及简要特征：一年生草本。根黄色；茎四棱形，棱上具窄翅；叶无柄；圆锥状复聚伞花序，花梗四棱形，花冠浅蓝色，周缘具长柔毛状流苏；蒴果卵形。
药用部位及功效：全草入药，清热解毒、利湿健胃。
产地和生境：产张北、阳原、涿鹿、遵化、涞源、易县、顺平、赞皇。生于阴湿山坡、山坡林下、田边、谷地。
分布：分布于东北、内蒙古、山西、陕西、甘肃、青海、四川北部、山东、河南。

植物名 红直獐牙菜（龙胆科，獐牙菜属）
学名及出处：*Swertia erythrosticta* Maxim., Bull. Acad. Imp. Sci. Saint-Petersbourg, sér. 3 27(4): 503. 1881.
药材名：红直獐牙菜
生活型及简要特征：多年生草本。茎常带紫色，具明显的条棱；茎生叶对生，叶柄下部连合成筒状抱茎；圆锥状复聚伞花序，花冠绿色或黄绿色，具红褐色斑点。
药用部位及功效：全草入药，清热解毒、健胃杀虫。
产地和生境：产赤城、怀安、蔚县。生于河滩、干草原、高山草甸及疏林下。
分布：分布于内蒙古、山西、甘肃、青海、四川、湖北。

植物名 瘤毛獐牙菜（龙胆科，獐牙菜属）
学名及出处：*Swertia pseudochinensis* Hara, J. Jap. Bot. 25(5): 89, f. 2a. 1950.
药材名：瘤毛獐牙菜
生活型及简要特征：一年生草本。茎四棱形，棱上有窄翅；圆锥状复聚伞花序，花冠蓝紫色，具深色脉纹，边缘具长柔毛状流苏，流苏表面有瘤状突起。
药用部位及功效：全草入药，泻火解毒、利湿、健脾。
产地和生境：产丰宁、隆化、平泉、承德县、怀安、阳原、涿鹿、蔚县、临城、内丘、邢台县、沙河。生于山坡上、河滩、林下、灌丛中。
分布：分布于东北、内蒙古、山西、山东、河南。

夹竹桃科

Apocynaceae Juss.

植物名 罗布麻（夹竹桃科，罗布麻属）
学名及出处：*Apocynum venetum* L., Sp. Pl. 1: 213. 1753.
药材名：罗布麻
生活型及简要特征：直立半灌木。具乳汁；叶对生；圆锥状聚伞花序，花冠圆筒状钟形，紫红色或粉红色，花冠裂片具 3 条明显紫红色的脉纹；蓇葖果 2。

药用部位及功效：全草入药，清火、降压、强心、利尿。

产地和生境：产秦皇岛、唐山、石家庄、衡水、邢台、邯郸。生盐碱荒地和沙漠边缘及河流两岸、冲积平原、河泊周围及荒滩上。

分布：分布于辽宁、内蒙古、山西、陕西、甘肃、青海、新疆、山东、河南、江苏等省区。

植物名 **长春花（夹竹桃科，长春花属）**

学名及出处：*Catharanthus roseus* (L.) G. Don, Gen. Hist. 4(1): 95. 1838.

药材名：长春花

生活型及简要特征：半灌木。茎近方形；叶侧脉约 8 对；聚伞花序腋生或顶生，花冠红色，高脚碟状，雄蕊着生于花冠筒的上半部；蓇葖果双生。

药用部位及功效：全草入药，凉血降压、镇静安神。

产地和生境：河北各地有栽培。

分布：西南、华中、华东、华南等省区也有栽培。

植物名 **牛皮消（夹竹桃科，鹅绒藤属）**

学名及出处：*Cynanchum auriculatum* Royle ex Wight, Contr. Bot. India 56. 1834.

药材名：牛皮消

生活型及简要特征：蔓性半灌木。宿根肥厚，呈块状；叶对生，基部心形；聚伞花序伞房状，着花 30 朵，花冠白色，辐状，裂片反折，副花冠浅杯状；蓇葖果双生。

药用部位及功效：块根入药，养阴清热、润肺止咳。

产地和生境：产青龙、涞源、易县、顺平、平山、元氏、赞皇、井陉、临城、内丘、武安、峰峰矿区。生长于山坡林缘及路旁灌木丛中或河流、水沟边潮湿地。

分布：分布于陕西、甘肃、云南、贵州、四川、西藏、华中、山东、安徽、江苏、浙江、福建、广东、广西、台湾等省区。

植物名 **白首乌（夹竹桃科，鹅绒藤属）**

学名及出处：*Cynanchum bungei* Decne., Prodr. 8: 549. 1844.

药材名：白首乌

生活型及简要特征：攀援性半灌木。块根粗壮；叶对生，戟形；伞形聚伞花序腋生，花冠白色，副花冠 5 深裂，内面中间有舌状片；蓇葖果披针形。

药用部位及功效：块根入药，补肝肾、强筋骨、益精血、健脾消食、解毒疗疮。

产地和生境：产丰宁、隆化、滦平、尚义、赤城、怀安、万全、怀来、涿鹿、青龙、抚宁、昌黎、遵化、丰南、涞源、易县、阜平、满城、平山、灵寿、行唐、无极、赞皇、井陉、鹿泉、武强、临城、内丘、邢台县、沙河、武安、磁县。生于山坡、山谷或河坝、路边的灌木丛中或岩石隙缝中。

分布：分布于辽宁、内蒙古、山西、甘肃、山东、河南等省区。

植物名 **鹅绒藤（夹竹桃科，鹅绒藤属）**

学名及出处：*Cynanchum chinense* R. Br., Mem. Wern. Nat. Hist. Soc. 1: 44. 1810.

药材名：鹅绒藤

生活型及简要特征：缠绕草本。叶宽三角状心形；花冠白色，裂片长圆状披针形，花冠裂片两面无毛。

药用部位及功效：根及茎中的白色乳汁入药，化瘀解毒。

产地和生境：广布河北各地市。生长于山坡向阳灌木丛中或路旁、河畔、田埂边。

分布：分布于辽宁、山西、陕西、甘肃、宁夏、山东、河南、江苏、浙江等省区。

植物名 **萝藦（夹竹桃科，鹅绒藤属）**

学名及出处：*Cynanchum rostellatum* (Turcz.) Liede & Khanum, Taxon 65(3): 480. 2016.

药材名：萝藦

生活型及简要特征：多年生草质藤本。花蕾圆锥状，花冠内面被柔毛，白色，有淡紫红色斑纹；蓇葖叉生，纺锤形，基部膨大。

药用部位及功效：全草或根入药，补精益气、通乳、解毒。

产地和生境：产承德县、双桥、双滦、康保、怀来、青龙、抚宁、卢龙、北戴河、昌黎、遵化、滦南、丰南、乐亭、曹妃甸、涿州、容城、顺平、望都、满城、安新、清苑、高阳、博野、正定、无极、深泽、元氏、晋州、井陉、鹿泉、栾城、武强、隆尧、邢台县、任泽、肥乡、大名、魏县、邯山、峰峰矿区、涉县。生长于林边荒地、山脚、河边、路旁灌木丛中。

分布：分布于东北、华北、陕西、甘肃、贵州、河南、湖北和华东等省区。

植物名 **地梢瓜（夹竹桃科，鹅绒藤属）**

学名及出处：*Cynanchum thesioides* (Freyn) K. Schum., Nat. Pflanzenfam. 4(2): 252. 1895.

药材名：地梢瓜

生活型及简要特征：半灌木。叶对生或近对生，线形，叶背中脉隆起；伞形聚伞花序腋生，花萼外面被柔毛，花冠绿白色，副花冠杯状；蓇葖纺锤形，中部膨大。

药用部位及功效：全草入药，补肺气、清热降火、生津止渴、消炎止痛。

产地和生境：广布河北各地市。生长于山坡、沙丘或干旱山谷、荒地、田边等处。

分布：分布于东北、内蒙古、山西、陕西、甘肃、新疆、山东、河南和江苏等省区。也分布于俄罗斯、朝鲜和蒙古国。

植物名 **隔山消（夹竹桃科，鹅绒藤属）**

学名及出处：*Cynanchum wilfordii* (Maxim.) Hook. f., Fl. Brit. India 4(10): 25. 1883.

药材名：隔山消

生活型及简要特征：多年生草质藤本。叶对生，基部耳状心形，干时叶面经常呈黑褐色；近伞房状聚伞花序半球形，花冠淡黄色；蓇葖果单生，披针形。

药用部位及功效：块根入药，补肝肾、强筋骨、健脾胃、解毒。

产地和生境：产遵化、满城、峰峰矿区。生于山坡、山谷或灌木丛中或路边草地。

分布：分布于辽宁、山西、陕西、甘肃、新疆、四川、山东、河南、安徽、湖北、江苏、湖南等省区。

植物名　夹竹桃（夹竹桃科，夹竹桃属）

学名及出处：*Nerium oleander* L., Sp. Pl. 1: 209. 1753.

药材名：夹竹桃

生活型及简要特征：常绿直立大灌木。叶3～4枚轮生，叶缘反卷；聚伞花序顶生，花冠深红色或粉红色，栽培演变有白色或黄色，花冠喉部具5片宽鳞片状副花冠；蓇葖果2，离生。

药用部位及功效：叶入药，强心利尿、祛痰定喘、镇痛、祛瘀。

产地和生境：河北各地有栽培。

分布：全国各省区有栽培，尤以南方为多。

植物名　杠柳（夹竹桃科，杠柳属）

学名及出处：*Periploca sepium* Bunge, Enum. Pl. China Bor. 43. 1835.

药材名：香加皮、北五加皮

生活型及简要特征：落叶蔓性灌木。叶卵状长圆形；聚伞花序腋生，花冠紫红色，副花冠环状，10裂；蓇葖果2，圆柱状。

药用部位及功效：根皮入药，祛风湿、强筋骨。

产地和生境：产河北各区县。生于平原及低山丘的林缘、沟坡、河边砂质地或地埂等处。

分布：分布于吉林、辽宁、内蒙古、山西、陕西、甘肃、贵州、四川、山东、河南、江苏、江西等省区。

植物名　络石（夹竹桃科，络石属）

学名及出处：*Trachelospermum jasminoides* (Lindl.) Lem., Jard. Fleur. 1: sub pl. 61. 1851.

药材名：络石藤

生活型及简要特征：常绿木质藤本。具乳汁；叶革质或近革质；二歧聚伞花序腋生或顶生，花多朵组成圆锥状，花白色，芳香；蓇葖果双生。

药用部位及功效：带叶藤茎入药，通络止痛、凉血清热、解毒消肿。

产地和生境：河北各地有栽培。

分布：陕西、云南、贵州、四川、华中、山东、安徽、江苏、浙江、福建、广东、广西、台湾等省区都有分布。

植物名 **合掌消（夹竹桃科，白前属）**
学名及出处： *Vincetoxicum amplexicaule* Siebold et Zucc., Abh. Math.-Phys. Cl. Königl. Bayer. Akad. Wiss. 4(3): 162–163. 1846.
药材名： 合掌消
生活型及简要特征： 直立多年生草本。全株流白色乳液；叶基部下延近抱茎；多歧聚伞花序顶生及腋生，花冠黄绿色或棕黄色，副花冠 5 裂；蓇葖果单生。
药用部位及功效： 全草入药，清热解毒、祛风湿、活血消肿。
产地和生境： 产承德、秦皇岛。生山坡草地或田边、湿地及沙滩草丛中。
分布： 分布于黑龙江、辽宁等省。

植物名 **潮风草（夹竹桃科，白前属）**
学名及出处： *Vincetoxicum ascyrifolium* Franch. & Sav., Enum. Pl. Jap. 2: 441. 1877.
药材名： 潮风草
生活型及简要特征： 直立草本。叶对生或四叶轮生，基部宽楔形；伞形聚伞花序顶生及腋生，着花 10～12 朵，花冠白色，副花冠杯状，5 裂至中部；蓇葖果单生。
药用部位及功效： 根入药，清热凉血、利尿通淋、解毒疗疮。
产地和生境： 产赞皇、内丘及太行山东侧。生长于疏林下向阳处或山坡草地上或沟边。
分布： 分布于吉林、辽宁、山东。朝鲜、日本也有分布。

植物名 **白薇（夹竹桃科，白前属）**
学名及出处： *Vincetoxicum atratum* (Bunge) Morren et Decne., Bull. Acad. Roy. Sci. Bruxelles 3: 172. 1836.
药材名： 白薇
生活型及简要特征： 直立多年生草本。叶两面均被有白色绒毛，侧脉 6～7 对；伞状聚伞花序，花深紫色，花冠辐状；蓇葖单生，中间膨大。
药用部位及功效： 根及部分根状茎供药用，除虚烦、清热散肿、生肌止痛。
产地和生境： 产河北燕山山系西北部各县、太行山南部涉县等地。生于河边、干荒地及草丛中，山沟、林下草地。
分布： 分布于东北、山西、陕西、云南、贵州、四川、山东、河南、湖北、江苏、江西、湖南、福建、广东、广西等省区。

植物名 **竹灵消（夹竹桃科，白前属）**
学名及出处： *Vincetoxicum inamoenum* Maxim., Mélanges Biol. Bull. Phys.-Math. Acad. Imp. Sci. St.-Pétersbourg 9: 787. 1876.
药材名： 大羊角瓢

生活型及简要特征：直立草本。茎干后中空；叶基部近心形；伞形聚伞花序，花黄色，花冠辐状，副花冠较厚，裂片三角形；蓇葖果双生，狭披针形。

药用部位及功效：根及根状茎入药，清热凉血、退热除烦。

产地和生境：产滦平、怀来、蔚县、易县。生于山地疏林、灌木丛中或山顶、山坡草地上。

分布：分布于辽宁、山西、陕西、甘肃、贵州、四川、西藏、山东、河南、安徽、湖北、浙江、湖南。

植物名 **华北白前（夹竹桃科，白前属）**

学名及出处：*Vincetoxicum mongolicum* Maxim., Mélanges Biol. Bull. Phys.-Math. Acad. Imp. Sci. Saint-Pétersbourg 9: 780. 1876.

药材名：对叶草

生活型及简要特征：多年生直立草本。叶对生，基部宽楔形；伞形聚伞花序腋生，花萼5深裂，花冠紫红色，副花冠肉质、裂片龙骨状；蓇葖果双生，狭披针形。

药用部位及功效：全草入药，活血、止痛、消炎。

产地和生境：产阳原、涿鹿、蔚县、迁西、遵化。生长于山岭旷野。

分布：分布在内蒙古北部高原和黄土高原的南缘，即秦岭山脉及太行山一带。

植物名 **徐长卿（夹竹桃科，白前属）**

学名及出处：*Vincetoxicum pycnostelma* Kitag., J. Jap. Bot. 16: 19. 1940.

药材名：徐长卿

生活型及简要特征：多年生直立草本。叶对生，披针形至线形；圆锥状聚伞花序生于顶端的叶腋内，花冠黄绿色，副花冠裂片5，基部增厚；蓇葖果单生，披针形。

药用部位及功效：干燥根及根状茎入药，祛风化湿、止痛止痒。

产地和生境：产围场、隆化、平泉、承德县、宽城、尚义、赤城、怀来、青龙、抚宁、卢龙、昌黎、遵化、滦南、丰南、曹妃甸、涞源、顺平、曲阳、满城、平山、灵寿、行唐、井陉、临城、武安。生于向阳山坡及草丛中。

分布：分布于辽宁、内蒙古、山西、陕西、甘肃、云南、贵州、四川、华中、山东、安徽、江苏、浙江、广东和广西等省区。

植物名 **柳叶白前（夹竹桃科，白前属）**

学名及出处：*Vincetoxicum stauntonii* (Decne.) C. Y. Wu et D. Z. Li, Acta Bot. Yunnan. 11(1): 47. 1989.

药材名：白前

生活型及简要特征：直立半灌木。叶对生，狭披针形，侧脉约6对。伞形聚伞花序腋生，花萼5深裂，花冠紫红色，辐状，副花冠裂片盾状；蓇葖果单生，长披针形。

药用部位及功效：干燥根茎及根入药，降气、消痰、止咳。

产地和生境：产满城。生长于低海拔的山谷湿地、水旁以至半浸在水中。

分布：分布于甘肃、贵州、安徽、江苏、浙江、江西、湖南、福建、广东、广西等省区。

植物名 **变色白前（夹竹桃科，白前属）**

学名及出处：*Vincetoxicum versicolor* (Bunge) Decne., Prodr. 8: 524. 1844.

药材名：白色白前

生活型及简要特征：半灌木。叶对生，基部圆形或近心形；聚伞花序腋生，花冠初呈黄白色，渐变为黑紫色，枯干时呈暗褐色，钟状辐形；蓇葖果单生，宽披针形。

药用部位及功效：根和根状茎入药，解热利尿。

产地和生境：产承德地区、青龙、抚宁、卢龙、昌黎、遵化、曹妃甸、灵寿、武安。生于花岗岩石山上的灌木丛中及溪流旁。

分布：分布于吉林、辽宁、四川、山东、河南、江苏和浙江等省。

紫草科

Boraginaceae Juss.

植物名 **狼紫草（紫草科，牛舌草属）**

学名及出处：*Anchusa ovata* Lehmann, Pl. Asperif. Nucif. 1: 122. 1818.

药材名：狼紫草

生活型及简要特征：一年生草本。花冠蓝紫色，有时紫红色，筒下部稍膝曲，附属物疣状至鳞片状，密生短毛；小坚果肾形，淡褐色。

药用部位及功效：叶入药，消炎止痛。

产地和生境：产张家口西北部。生山坡、河滩、田边等处。

分布：分布于内蒙古、山西、陕西、甘肃、宁夏、青海、新疆、西藏、河南。俄罗斯中亚地区至欧洲也有分布。

植物名 **斑种草（紫草科，斑种草属）**

学名及出处：*Bothriospermum chinense* Bunge, Enum. Pl. China Bor. 47. 1833.

药材名：蛤蟆草

生活型及简要特征：一年生草本，稀为二年生。密生开展或向上的硬毛；花冠淡蓝色；小坚果肾形，腹面有椭圆形的横凹陷。

药用部位及功效：全草入药，解毒消肿、利湿止痒。

产地和生境：河北各地均产。生荒野路边、山坡草丛及竹林下。

分布：分布于辽宁、山西、陕西、甘肃、山东、河南。

植物名 多苞斑种草（紫草科，斑种草属）

学名及出处：*Bothriospermum secundum* Maxim., Mém. Acad. Imp. Sci. Saint Pétersbourg, Sér. 7 9: 202. 1859.

药材名：野山蚂蟥

生活型及简要特征：一年生或二年生草本。花冠蓝色至淡蓝色，喉部附属物梯形；小坚果卵状椭圆形，密生疣状突起，腹面有纵椭圆形的环状凹陷。

药用部位及功效：全草入药，祛风、解毒、杀虫。

产地和生境：产尚义、赤城、万全、蔚县、抚宁、卢龙、昌黎、迁西、遵化、丰南、曹妃甸、涞源、涿州、定兴、顺平、阜平、满城、新乐、正定、赞皇、邢台县、武安、邯山县。生山坡、道旁、河床、农田路边及山坡林缘灌木林下、山谷溪边阴湿处等。

分布：分布于东北、山西、陕西、甘肃、云南、山东、江苏。

植物名 大果琉璃草（紫草科，琉璃草属）

学名及出处：*Cynoglossum divaricatum* Stephan ex Lehm., Pl. Asperif. Nucif. 1: 161. 1818.

药材名：琉璃草根

生活型及简要特征：多年生草本。叶灰绿色，茎下部叶长圆状披针形或披针形，上面密生短柔毛；花萼裂片卵形或卵状披针形；小坚果背面平，中央无龙骨突起。

药用部位及功效：根入药，清热解毒。

产地和生境：产围场、丰宁、张北、赤城、怀安、阳原、涿鹿、蔚县、涞源、博野。生干山坡、草地、沙丘、石滩及路边。

分布：分布于东北、华北、陕西、甘肃、新疆。俄罗斯西伯利亚及蒙古国有分布。

植物名 琉璃草（紫草科，琉璃草属）

学名及出处：*Cynoglossum furcatum* Wallich, Fl. Ind. 2: 6–7. 1824.

药材名：贴骨散

生活型及简要特征：直立草本。叶长圆形或长圆状披针形，两面密生短伏毛；花冠蓝色，漏斗状，檐部直径约 5 mm，喉部附属物梯形。

药用部位及功效：根和叶入药，清热利湿、活血调经。

产地和生境：产康保。生林间草地、向阳山坡及路边。

分布：自陕西、甘肃南部及河南至西南、华东、华南、台湾广布。日本、印度、巴基斯坦、阿富汗、斯里兰卡、泰国、越南、菲律宾、马来西亚、巴布亚、新几内亚也有分布。

植物名 紫草（紫草科，紫草属）

学名及出处：*Lithospermum erythrorhizon* Sieb. et Zucc., Abh. Math.-Phys. Cl. Königl. Bayer. Akad. Wiss. 4(3): 149. 1846.

药材名：紫草

生活型及简要特征：多年生草本。根富含紫色物质；花冠较大，长 7～9 mm，筒部与檐部近等长，裂片宽卵形，长宽度近相等，喉部附属物无毛。
药用部位及功效：根入药，凉血、活血、解毒透疹。
产地和生境：产围场、隆化、承德县、滦平、沽源、赤城、怀来、蔚县、涞源。生于山坡草地。
分布：分布于辽宁、山西、陕西至甘肃东南部、贵州、四川、山东、河南、湖北、江西、湖南、广西北部。朝鲜、日本也有分布。

植物名 **紫筒草（紫草科，紫筒草属）**
学名及出处：*Stenosolenium saxatile* (Pall.) Turcz., Bull. Soc. Imp. Naturalistes Moscou 13: 253. 1840.
药材名：紫筒草
生活型及简要特征：多年生草本。根细锥形，根皮紫褐色，稍含紫红色物质；花冠蓝紫色，紫色或白色，外面有稀疏短伏毛，花冠筒细，明显较檐部长，通常稍弧曲。
药用部位及功效：全草入药，祛风除湿。
产地和生境：产尚义、万全、阳原、涿鹿、蔚县、顺平、曲阳、望都、行唐、无极、元氏、井陉、鹿泉、枣强、任泽。生低山、丘陵及平原地区的草地、路旁、田边等处。
分布：分布于东北、内蒙古、山西、陕西北部、甘肃西北部、宁夏及青海。俄罗斯西伯利亚及蒙古国也有分布。

植物名 **附地菜（紫草科，附地菜属）**
学名及出处：*Trigonotis peduncularis* (Trevir.) Benth. & Baker et S. Moore, J. Linn. Bot. 17(102): 384. 1879.
药材名：附地菜
生活型及简要特征：一年生或二年生草本。花萼裂片卵形，花冠淡蓝色或粉色，筒部甚短，檐部直径 1.5～2.5 mm，裂片平展，倒卵形，先端圆钝。
药用部位及功效：全草入药，温中健胃、消肿止痛、止血。
产地和生境：河北各地均产。生平原、丘陵草地、林缘、田间及荒地。
分布：分布于东北、内蒙古、甘肃、新疆、云南、西藏、江西、福建、广西北部等省区。亚洲温带的其他地区、欧洲东部也有分布。

旋花科

Convolvulaceae Juss.

植物名 **打碗花（旋花科，打碗花属）**
学名及出处：*Calystegia hederacea* Wall., Fl. Ind. 2: 94–95. 1824.

药材名：面根藤

生活型及简要特征：一年生草本。花腋生，1 朵，苞片宽卵形，萼片长圆形，花冠淡紫色或淡红色，钟状，冠檐近截形或微裂；蒴果卵球形；种子黑褐色，表面有小疣。

药用部位及功效：全草或根茎入药，健脾、利湿、调经。

产地和生境：河北各地普遍分布，为农田、荒地、路旁常见的杂草。

分布：全国各地均有。也分布于亚洲南部、东部以至马来西亚，东非的埃塞俄比亚。

植物名 **旋花（旋花科，打碗花属）**

学名及出处：*Calystegia sepium* (L.) R. Br., Prodr. 483. 1810.

药材名：旋花、旋花根、旋花苗

生活型及简要特征：多年生草本。花腋生，花冠通常白色或有时淡红或紫色，漏斗状；蒴果卵形，为增大宿存的苞片和萼片所包被；种子黑褐色，表面有小疣。

药用部位及功效：花入药（旋花），益气、养颜、涩精。根入药（旋花根），气补虚、续筋接骨、解毒、杀虫。茎叶入药（旋花苗），清热解毒。

产地和生境：产平泉、赤城、怀来、蔚县、青龙、抚宁、迁西、遵化、定兴、晋州。生于路旁、溪边草丛、农田边或山坡林缘。

分布：我国大部分地区均有。也分布于俄罗斯西伯利亚和阿尔泰，印度尼西亚的爪哇以至澳大利亚，新西兰，欧洲，北美洲。

植物名 **银灰旋花（旋花科，旋花属）**

学名及出处：*Convolvulus ammannii* Desr., Encycl. 3(2): 549. 1792.

药材名：银灰旋花

生活型及简要特征：多年生草本。叶互生，线形或狭披针形；花单生枝端，花冠淡玫瑰色或白色带紫色条纹，有毛；蒴果球形，2 裂；种子卵圆形，具喙，淡褐红色。

药用部位及功效：全草入药，解表、止咳。

产地和生境：产康保、张北、尚义、崇礼、怀安、怀来、涿鹿、蔚县、武强。生于旱山坡草地或路旁。

分布：分布于东北、内蒙古、山西、陕西、甘肃、宁夏、青海、新疆、西藏东部、河南。俄罗斯、朝鲜、蒙古国也有分布。

植物名 **田旋花（旋花科，旋花属）**

学名及出处：*Convolvulus arvensis* L., Sp. Pl. 1: 153. 1753.

药材名：田旋花

生活型及简要特征：多年生草本。叶卵状长圆形至披针形；花序腋生，花冠宽漏斗形，白色或粉红色，或白色具粉红或红色的瓣中带，或粉红色具红色或白色的瓣中带；蒴果卵状球形，或圆锥形。

药用部位及功效：全草及花入药，祛风止痒、止痛。

产地和生境：河北普遍分布。生于耕地及荒坡草地上。

分布：分布于东北、内蒙古、山西、西北、四川、西藏、山东、河南、江苏等省区。广布两半球温带，亚热带及热带地区偶有分布。

植物名 **南方菟丝子（旋花科，菟丝子属）**

学名及出处：*Cuscuta australis* R. Br., Prodr. 1: 491. 1810.

药材名：菟丝子

生活型及简要特征：一年生寄生草本。茎缠绕，金黄色，纤细，无叶；花序侧生，花冠乳白色或淡黄色，杯状；蒴果扁球形；种子淡褐色，卵形，表面粗糙。

药用部位及功效：种子入药，补肾益精、养肝明目、固胎止泄。

产地和生境：产平泉、张家口地区、卢龙、遵化、滦南、丰南、乐亭、曹妃甸、平山、井陉、衡水地区、武安、永年。寄生于田边、路旁的豆科、菊科蒿子、马鞭草科牡荆属等草本或小灌木上。

分布：分布于吉林、辽宁、陕西、甘肃、宁夏、新疆、云南、四川、山东、安徽、湖北、江苏、浙江、江西、湖南、福建、广东、台湾等省区。自亚洲的中、南、东部，向南经马来西亚，印度尼西亚以至大洋洲也有分布。

植物名 **菟丝子（旋花科，菟丝子属）**

学名及出处：*Cuscuta chinensis* Lam., Encycl. 2(1): 229. 1786.

药材名：菟丝子

生活型及简要特征：一年生寄生草本。茎缠绕，黄色，纤细，无叶；花序侧生，花冠白色，壶形；蒴果球形，几乎全为宿存的花冠所包围，成熟时整齐的周裂。

药用部位及功效：种子入药，滋补肝肾、固精缩尿、安胎、明目、止泻。

产地和生境：河北各地普遍分布。生田边、山坡阳处、路边灌丛或海边沙丘，通常寄生于豆科、菊科、蒺藜科等多种植物上。

分布：分布于东北、内蒙古、山西、陕西、甘肃、宁夏、新疆、云南、四川、山东、河南、安徽、江苏、浙江、福建等省。也分布于伊朗，阿富汗向东至日本，朝鲜，南至斯里兰卡，马达加斯加，澳大利亚。

植物名 **金灯藤（旋花科，菟丝子属）**

学名及出处：*Cuscuta japonica* Choisy, Syst. Verz. 2: 134. 1854.

药材名：菟丝

生活型及简要特征：一年生寄生缠绕草本。茎较粗壮，肉质，黄色，常带紫红色瘤状斑点，多分枝，无叶；穗状花序，花冠钟状，淡红色或绿白色；蒴果卵圆形。

药用部位及功效：全草入药，清热、凉血、利水、解毒。

产地和生境：产河北各地。寄生于草本或灌木上。

分布：分布于我国南北各省区。朝鲜、日本、越南也有分布。

植物名 **蕹菜（旋花科，番薯属）**

学名及出处：*Ipomoea aquatica* Forssk., Fl. Aegypt.-Arab. 44. 1775.

药材名：蕹菜

生活型及简要特征：一年生草本。茎圆柱形，有节，节上生根；花冠白色、淡红色或紫红色，漏斗状；蒴果卵球形至球形；种子密被短柔毛或有时无毛。

药用部位及功效：全草及根入药，清热解毒、利尿、止血。

产地和生境：河北各地有栽培。生长于气候温暖湿润，土壤肥沃多湿处。

分布：原产我国，现已作为蔬菜广泛栽培，或有时逸为野生状态。我国中部及南部各省常见栽培，北方比较少，亦分布遍及热带亚洲、大洋洲和非洲。

植物名 **番薯（旋花科，番薯属）**

学名及出处：*Ipomoea batatas* (L.) Lam., Tabl. Encycl. 1(2[2]): 465. 1791.

药材名：甘薯

生活型及简要特征：一年生草本。地下部分具圆形、椭圆形或纺锤形的块根；茎平卧或上升；聚伞花序腋生，花冠粉红色、白色、淡紫色或紫色，钟状或漏斗状。

药用部位及功效：根和藤入药，补中、生津、止血、排脓。

产地和生境：河北各地有栽培。

分布：我国大多数地区都普遍栽培。原产南美洲及大、小安的列斯群岛，现已广泛栽培在全世界的热带、亚热带地区。

植物名 **牵牛（旋花科，番薯属）**

学名及出处：*Ipomoea nil* (L.) Roth, Catal. Bot. 1: 36. 1797.

药材名：牵牛子

生活型及简要特征：一年生缠绕草本。茎上被倒向的短柔毛及杂有倒向或开展的长硬毛；叶宽卵形或近圆形；花腋生，花冠漏斗状，蓝紫色或紫红色；种子卵状三棱形，黑褐色或米黄色，被褐色短绒毛。

药用部位及功效：种子入药，泻水通便、消痰涤饮、杀虫攻积。

产地和生境：产卢龙、遵化、曹妃甸、涿州、曲阳、望都、清苑、高阳、博野、灵寿、行唐、新乐、无极、深泽、元氏、赞皇、晋州、井陉、鹿泉、武强、冀州、枣强、临城、隆尧、南宫、内丘、邢台县、南和、肥乡、大名、魏县、邯山、峰峰矿区。生于山坡灌丛、干燥河谷路边、园边宅旁、山地路边，或为栽培。

分布：我国除东北和西北的一些省外，大部分地区都有分布。原产热带美洲，现已广植于热带和亚热带地区。

植物名 **圆叶牵牛（旋花科，番薯属）**

学名及出处： *Ipomoea purpurea* (L.) Roth, Bot. Abh. Beobacht. 27. 1787.

药材名： 牵牛子

生活型及简要特征： 一年生缠绕草本。叶圆心形或宽卵状心形，叶片通常全缘；花腋生，花冠漏斗状，紫红色、红色或白色，外萼片长椭圆形，渐尖。

药用部位及功效： 种子入药，泻水通便、消痰涤饮、杀虫攻积。

产地和生境： 河北广布。生于田边、路边、宅旁或山谷林内，栽培或逸为野生。

分布： 我国大部分地区有分布。原产热带美洲，广泛引植于世界各地，或已成为归化植物。

植物名 **北鱼黄草（旋花科，鱼黄草属）**

学名及出处： *Merremia sibirica* (L.) Hall. f., Bot. Jahrb. Syst. 16(4–5): 551, in obs. 1893.

药材名： 北鱼黄草

生活型及简要特征： 缠绕草本。茎圆柱状，具细棱；叶卵状心形；聚伞花序腋生，花冠淡红色，钟状；蒴果近球形；种子黑色，椭圆状三棱形。

药用部位及功效： 全草入药，活血解毒。

产地和生境： 产承德地区、曲阳、平山、井陉、内丘、邯郸地区。生于路边、田边、山地草丛或山坡灌丛。

分布： 分布于吉林、山西、陕西、甘肃、云南、贵州、四川、山东、安徽、江苏、浙江、湖南、广西等省区。也分布于俄罗斯东西伯利亚、印度至蒙古国。

茄科

Solanaceae Juss.

植物名 **挂金灯（茄科，酸浆属）**

学名及出处： *Alkekengi officinarum* var. *franchetii* (Mast.) R. J. Wang, Phytotaxa 178(1): 59. 2014.

药材名： 酸浆根、锦灯笼

生活型及简要特征： 多年生草本。茎节膨大；萼钟形，成熟时红色；浆果橙红色，被膨大的宿萼包被。

药用部位及功效： 根入药（酸浆根），清热、利湿。宿萼或带果宿萼入药（锦灯笼），清热解毒、利咽、化痰、利尿。

产地和生境： 产丰宁、隆化、平泉、滦平、宽城、兴隆、宣化、抚宁、迁西、迁安、涞源、易县、满城、邢台县、永年、磁县。生村边、路旁、荒地。

分布：中国广泛分布。朝鲜、日本也有分布。

植物名　**辣椒（茄科，辣椒属）**

学名及出处：*Capsicum annuum* L., Sp. Pl. 1: 188–189. 1753.

药材名：辣椒

生活型及简要特征：草本。花单生或 2 至数朵簇生于枝腋或叶腋，花萼扩钟状至杯状。

药用部位及功效：果实入药，温中散寒、下气消食。

产地和生境：河北有栽培。

分布：世界各国普遍栽培。

植物名　**朝天椒（茄科，辣椒属）**

学名及出处：*Capsicum annuum* var. *conoides* (Mill.) Irish, Rep. (Annual) Missouri Bot. Gard. 9: 65. 1898.

药材名：指天椒

生活型及简要特征：草本。植株多二歧分枝；花常单生于二分叉间，花梗直立，花稍俯垂；果梗及果实直立。

药用部位及功效：果实入药，活血、消肿、解毒。

产地和生境：河北有栽培。

分布：我国南北各省均有栽培。

植物名　**毛曼陀罗（茄科，曼陀罗属）**

学名及出处：*Datura innoxia* Mill., Gard. Dict. (ed. 8) Datura no. 5. 1768.

药材名：曼陀罗根、曼陀罗叶、曼陀罗子、洋金花

生活型及简要特征：草本或半灌木状。全株密被短绒毛或腺毛；花冠裂片间具三角状突起；蒴果下垂，外面密被柔软针刺。

药用部位及功效：根入药（曼陀罗根），镇咳、止痛、拔脓。叶入药（曼陀罗叶），镇咳平喘、止痛拔脓。果实或种子入药（曼陀罗子），平喘、祛风、止痛。花入药（洋金花），平喘止咳、镇痛、解痉。

产地和生境：产平泉、阳原、曲阳、望都、安国、景县、枣强、永年、肥乡、大名、魏县、邯山、峰峰矿区。

分布：中国新疆、山东、河南、湖北、江苏等省区有野生。广布欧亚大陆及南北美洲。

植物名　**洋金花（茄科，曼陀罗属）**

学名及出处：*Datura metel* L., Sp. Pl. 1: 179. 1753.

药材名：曼陀罗叶、曼陀罗子、洋金花

生活型及简要特征：草本或半灌木状。蒴果近球形或扁球形，疏生粗短刺。

药用部位及功效：叶入药（曼陀罗叶），镇咳平喘、止痛拔脓。果实或种子入药（曼陀

罗子），平喘、祛风、止痛。花入药（洋金花），平喘止咳、镇痛、解痉。
产地和生境：产遵化、曹妃甸、定兴、容城、顺平、安新、灵寿、井陉、青县、南皮、东光、冀州、隆尧。
分布：中国西南、华南等省区有野生，其他省区多有栽培。分布于热带及亚热带地区，温带地区普遍栽培。

植物名 **曼陀罗（茄科，曼陀罗属）**
学名及出处：*Datura stramonium* L., Sp. Pl. 1: 179. 1753.
药材名：曼陀罗
生活型及简要特征：草本或半灌木状。蒴果直立，具长短不等的短刺，成熟时顶端不规则 4 瓣裂。
药用部位及功效：全株入药，镇静、镇痛、麻醉。
产地和生境：产河北多地。生路边、草地。
分布：中国各省区都有。广布于世界各大洲。

植物名 **天仙子（茄科，天仙子属）**
学名及出处：*Hyoscyamus niger* L., Sp. Pl. 1: 179–180. 1753.
药材名：莨菪根、莨菪叶、天仙子
生活型及简要特征：二年生草本。全株被粘性腺毛；蝎尾式总状或穗状花序；萼果期增大，花冠黄绿色带紫色脉纹；蒴果盖裂。
药用部位及功效：根入药（莨菪根），截疟、攻癖、杀虫。叶片入药（莨菪叶），镇痛、解痉。种子入药（天仙子），解痉止痛、安神定喘。
产地和生境：产围场、隆化、承德县、康保、沽源、张北、尚义、赤城、怀安、万全、怀来、阳原、涿鹿、蔚县、青龙、冀州、任丘。生山坡、路旁、杂草地。
分布：中国华北、西北、西南。蒙古国、俄罗斯、印度及欧洲也有分布。

植物名 **宁夏枸杞（茄科，枸杞属）**
学名及出处：*Lycium barbarum* L., Sp. Pl. 1: 192. 1753.
药材名：地骨皮、枸杞叶、枸杞子
生活型及简要特征：灌木。茎有纵棱纹；花萼通常 2 中裂，裂片边缘无缘毛。
药用部位及功效：根皮入药（地骨皮），凉血除蒸、清肺降火。嫩茎叶入药（枸杞叶），补虚益精、清热明目。果实入药（枸杞子），滋补肝肾、益精明目。
产地和生境：河北有栽培。
分布：原产我国北部，现中部及南部多省区有栽培。

植物名 **枸杞（茄科，枸杞属）**
学名及出处：*Lycium chinense* Mill., Card. Dict. (ed. 8) Lycium no. 5. 1768.

药材名：地骨皮、枸杞叶、枸杞子

生活型及简要特征：灌木。花萼通常 3 中裂或 4～5 齿裂，花冠裂皮边缘缘毛浓密。

药用部位及功效：根皮入药（地骨皮），凉血除蒸、清肺降火。嫩茎叶入药（枸杞叶），补虚益精、清热明目。果实入药（枸杞子），滋补肝肾、益精明目。

产地和生境：河北有野生及栽培。生山坡、荒地、丘陵地、路旁等处。

分布：中国多数省区。朝鲜、日本及欧洲有栽培或逸为野生。

植物名 **假酸浆（茄科，假酸浆属）**

学名及出处：*Nicandra physalodes* (L.) Gaertn., Fruct. Sem. Pl. 2: 237. 1791.

药材名：大千生

生活型及简要特征：草本。茎有棱条，无毛；花萼在花后显著增大成五棱状，花单生。

药用部位及功效：全草、果及种子入药，镇静、祛痰、清热解毒。

产地和生境：河北有栽培并逸为野生。生田边、荒地或住宅区。

分布：中国南北均有栽培。原产南美洲。

植物名 **烟草（茄科，烟草属）**

学名及出处：*Nicotiana tabacum* L., Sp. Pl. 1: 180. 1753.

药材名：烟草

生活型及简要特征：草本。全株被腺毛；叶柄有翅或近无柄；圆锥花序，花冠粉红色。

药用部位及功效：叶入药，行气止痛、燥湿、消肿、解毒杀虫。

产地和生境：河北有栽培。

分布：中国各省区广为栽培。原产南美洲。

植物名 **小酸浆（茄科，洋酸浆属）**

学名及出处：*Physalis minima* L., Sp. Pl. 1: 183-184. 1753.

药材名：天泡子

生活型及简要特征：一年生草本。植株矮小，分枝横卧地上或稍斜升；花冠及花药均为黄色，花萼裂片三角形，果萼较小。

药用部位及功效：全草或果实入药，清热利湿、祛痰止咳、软坚散结。

产地和生境：产迁安、滦南、涿州、定兴、顺平、阜平、曲阳、望都、清苑、安国、灵寿、行唐、赞皇、井陉、内丘、邢台县、南和、沙河、永年、大名、魏县、邯山。

分布：中国云南、四川、广东、广西。

植物名 **野海茄（茄科，茄属）**

学名及出处：*Solanum japonense* Nakai, Fl. Sylv. Kor. 14: 58. 1923.

药材名：毛风藤

生活型及简要特征：草质藤本。叶三角状披针形或卵状披针形，中部裂片边缘不具波状齿或浅齿。

药用部位及功效：全草入药，祛风湿、活血通经。

产地和生境：产兴隆、赞皇、临城、内丘。生荒坡、山谷、水边、路旁及疏林下。

分布：中国东北、西北、云南、四川、河南、安徽、江苏、浙江、湖南、广东、广西。

植物名 **白英（茄科，茄属）**

学名及出处：*Solanum lyratum* Thunb. ex Murray, Syst. Veg. (ed. 14) 224. 1784.

药材名：白毛藤、白毛藤根

生活型及简要特征：草质藤本。茎及小枝密被具节长柔毛；叶两面具白色发亮长柔毛。

药用部位及功效：全草入药（白毛藤），清热利湿、解毒消肿。根入药（白毛藤根），清热解毒、消肿止痛。

产地和生境：产安新。生山谷草地或路旁。

分布：中国山西、陕西、甘肃、云南、四川、华东、华中、华南等省。朝鲜、日本、中南半岛也有分布。

植物名 **茄（茄科，茄属）**

学名及出处：*Solanum melongena* L., Sp. Pl. 1: 186. 1753.

药材名：茄根、茄叶、茄花、茄子、茄萼

生活型及简要特征：草本至亚灌木。植株被星状毛；叶上面具 3～7 分枝短而平贴的星状绒毛；花柄及萼外被星状绒毛及小皮刺。

药用部位及功效：根入药（茄根），祛风利湿、清热止血。叶入药（茄叶），散血消肿。花入药（茄花），敛疮、止痛、利湿。果实入药（茄子），清热、活血、消肿。宿萼入药（茄萼），凉血、解毒。

产地和生境：河北各地有栽培。

分布：中国各省均有栽培。

植物名 **龙葵（茄科，茄属）**

学名及出处：*Solanum nigrum* L., Sp. Pl. ed. 1: 186. 1753.

药材名：龙葵根、龙葵

生活型及简要特征：一年生草本。蝎尾状花序腋外生；浆果黑色。

药用部位及功效：根入药（龙葵根），清热利湿、活血解毒。全草入药（龙葵），清热解毒、活血消肿。

产地和生境：产河北各地。生路旁、旷野。

分布：全国均有分布。世界温带和热带地区广泛分布。

植物名 **青杞（茄科，茄属）**

学名及出处：*Solanum septemlobum* Bunge, Enum. Pl. China Bor. 48. 1833.

药材名：蜀羊泉

生活型及简要特征：直立草本或灌木状。茎具棱角；叶通常 5～7 羽状裂；二歧聚伞花序顶生或腋外生。

药用部位及功效：全草和果实入药，清热解毒。

产地和生境：产怀来、蔚县、涿州、易县、井陉、鹿泉、栾城、枣强、宁晋、临城、隆尧、任泽、武安、永年、肥乡、大名、魏县、邯山、峰峰矿区、磁县。生山坡向阳处。

分布：中国东北、华北、陕西、甘肃、新疆、四川、山东、河南、安徽、江苏。

植物名 **马铃薯（茄科，茄属）**

学名及出处：*Solanum tuberosum* L., Sp. Pl. ed. 1: 185. 1753.

药材名：马铃薯

生活型及简要特征：草本。奇数羽状复叶，小叶片具柄；伞房花序。

药用部位及功效：块茎入药，和胃健中、解毒消肿。

产地和生境：河北各地有栽培。

分布：中国各地均有栽培。广泛种植于全球温带地区。

木樨科

Oleaceae Hoffmanns. & Link

植物名 **连翘（木樨科，连翘属）**

学名及出处：*Forsythia suspensa* (Thunb.) Vahl, Enum. pl. 1: 39. 1804.

药材名：连翘

生活型及简要特征：落叶灌木。小枝略呈四棱形；叶缘除基部外具锐锯齿或粗锯齿；花先于叶开放，花萼绿色，裂片边缘具睫毛，花冠黄色。

药用部位及功效：果实入药，清热解毒、消肿散结。

产地和生境：产青龙、井陉、沙河、武安、涉县、磁县。生山坡灌丛、林下或草丛中，或山谷、山沟疏林中。

分布：分布于辽宁、山西、陕西、甘肃、云南、四川、山东、河南、湖北、江苏、江西等地。我国除华南地区外，其他各地均有栽培，日本也有栽培。

植物名 **金钟花（木樨科，连翘属）**

学名及出处：*Forsythia viridissima* Lindl., J. Hort. Soc. London 1: 226–228. 1846.

药材名：金钟花

生活型及简要特征：落叶灌木。小枝呈四棱形，皮孔明显，具片状髓；花先于叶开放，花冠深黄色，花冠管内面基部具橘黄色条纹，反卷。

药用部位及功效：果壳、根或叶入药，清热、解毒、散结。
产地和生境：河北各地均有栽培。生于山坡灌丛中、溪岸、林缘。
分布：分布于云南、安徽、湖北、江苏、浙江、江西、湖南、福建。

植物名 **白蜡树（木樨科，梣属）**
学名及出处：*Fraxinus chinensis* Roxb., Fl. Ind. 1: 150. 1820.
药材名：白蜡树皮
生活型及简要特征：落叶乔木。羽状复叶，叶缘具整齐锯齿；圆锥花序顶生或腋生枝梢，雄花密集，花萼钟状，无花冠，雌花疏离，花萼桶状，4浅裂；翅果匙形。
药用部位及功效：树皮入药，调经、解毒。
产地和生境：产兴隆、蔚县、遵化、安国等地，河北各地有栽培。生山地杂木林中。
分布：分布于南北各省区，多为栽培。朝鲜、越南也有分布。

植物名 **花曲柳（木樨科，梣属）**
学名及出处：*Fraxinus chinensis* subsp. *rhynchophylla* (Hance) E. Murray, Kalmia 13: 6. 1983.
药材名：秦皮
生活型及简要特征：落叶大乔木。羽状复叶，叶柄基部膨大，小叶着生处具关节，革质；雄花与两性花异株，两性花花萼浅杯状，无花冠，雄花花萼小；翅果线形，具宿存萼。
药用部位及功效：树皮入药，清热燥湿、收涩、明目。
产地和生境：产围场、承德县、宽城、兴隆、赤城、秦皇岛地区、迁西、涞源、内丘。生山坡、河岸、路旁。
分布：分布于东北和黄河流域各省，云南、西藏、福建也有栽培。俄罗斯、朝鲜也有分布。

植物名 **迎春花（木樨科，素馨属）**
学名及出处：*Jasminum nudiflorum* Lindl., J. Hort. Soc. London 1: 153-154. 1846.
药材名：迎春花叶、迎春花
生活型及简要特征：落叶灌木。枝条下垂，小枝四棱形；叶对生，三出复叶；花萼绿色，裂片5～6枚，花冠黄色，裂片5～6枚。
药用部位及功效：叶入药（迎春花叶），解毒消肿、止血、止痛。花入药（迎春花），清热利尿、解毒。
产地和生境：河北各地有栽培。生于山坡灌丛。
分布：分布于陕西、甘肃、云南、四川、西藏，各地有栽培。

植物名 **女贞（木樨科，女贞属）**
学名及出处：*Ligustrum lucidum* W. T. Aiton, Hortus Kew. (ed. 2) 1: 19. 1810.
药材名：女贞根、女贞子、女贞叶、女贞皮

生活型及简要特征：灌木或乔木。叶片常绿，革质；圆锥花序顶生，花冠反折；果肾形或近肾形，深蓝黑色，成熟时呈红黑色，被白粉。

药用部位及功效：根入药（女贞根），行气活血、止咳喘、祛湿浊。果实入药（女贞子），补益肝肾、清虚热、明目。叶入药（女贞叶），清热明目、解毒散瘀、消肿止咳。树皮入药（女贞皮），强筋健骨。

产地和生境：河北各地有栽培。

分布：分布于陕西、甘肃及长江以南各地。

植物名 **小叶女贞（木樨科，女贞属）**

学名及出处：*Ligustrum quihoui* Carrière, Rev. Hort. (Paris) 41: 377–378. 1869.

药材名：小白蜡条

生活型及简要特征：落叶灌木。叶片薄革质，叶缘反卷；圆锥花序顶生，近圆柱形，花萼齿宽卵形或钝三角形，花冠裂片卵形或椭圆形，先端钝。

药用部位及功效：根皮、叶及果入药，清热解毒。

产地和生境：产沙河、大名、魏县、邯山县。生沟边、路旁或河边灌丛中。

分布：分布于陕西南部、云南、贵州西北部、四川、西藏察隅、山东、河南、安徽、湖北、江苏、浙江、江西。

植物名 **小蜡（木樨科，女贞属）**

学名及出处：*Ligustrum sinense* Lour., Fl. Cochinch. 1: 19. 1790.

药材名：小蜡树

生活型及简要特征：落叶灌木或小乔木。叶片纸质或薄革质，侧脉 4～8 对；圆锥花序顶生或腋生，塔形；果近球形。

药用部位及功效：叶入药，清热解毒、抑菌杀菌、消肿止痛、祛腐生肌。

产地和生境：产遵化、滦南、丰南。生丁疏林或密林中。

分布：分布于云南、贵州、四川、安徽、湖北、江苏、浙江、江西、湖南、福建、广东、广西、台湾。

植物名 **紫丁香（木樨科，丁香属）**

学名及出处：*Syringa oblata* Lindl., Gard. Chron. 1859: 868. 1859.

药材名：紫丁香

生活型及简要特征：灌木或小乔木。小枝、花序轴、花梗、苞片、花萼、幼叶两面以及叶柄均密被腺毛；圆锥花序直立，近球形或长圆形，花冠紫色；果倒卵状椭圆形、卵形至长椭圆形。

药用部位及功效：叶及树皮入药，清热、解毒、利湿、退黄。

产地和生境：河北各地有栽培。生于山谷溪边、山坡丛林或滩地水边。

分布：分布于东北、华北、西北以至西南达四川西北部。

植物名 **花叶丁香（木樨科，丁香属）**

学名及出处：*Syringa* × *persica* L., Sp. Pl. 9. 1753.

药材名：白丁香

生活型及简要特征：小灌木。枝细弱，直立或稍弓曲；花序由侧芽抽生，呈顶生圆锥花序状，花芳香，花冠淡紫色，花冠裂片呈直角开展。

药用部位及功效：花蕾入药，温胃散寒、降逆止呕。

产地和生境：河北有栽培。生于山坡灌木丛中。

分布：我国北部地区有栽培。中亚、西亚、地中海地区至欧洲也有分布。

植物名 **暴马丁香（木樨科，丁香属）**

学名及出处：*Syringa reticulata* subsp. *amurensis* (Rupr.) P. S. Green & M. C. Chang, Novon 5(4): 329. 1995.

药材名：暴马丁香

生活型及简要特征：落叶小乔木或大乔木。圆锥花序由 1 到多对着生于同一枝条上的侧芽抽生，花序轴、花梗和花萼均无毛，花冠白色，呈辐状。

药用部位及功效：树皮入药，清肺祛痰、止咳、平喘、利水。

产地和生境：产围场、丰宁、隆化、康保、尚义、怀安、万全、蔚县、遵化、滦南、丰南、曹妃甸、涞源、阜平、望都、博野、无极、武强、冀州、隆尧、武安、磁县。生山坡灌丛或林边、草地、沟边，或针、阔叶混交林中。

分布：分布于东北地区。

苦苣苔科

Gesneriaceae Rich. & Juss.

植物名 **珊瑚苣苔（苦苣苔科，珊瑚苣苔属）**

学名及出处：*Corallodiscus lanuginosus* (Wallich ex R. Brown) B. L. Burtt, Gard. Chron., ser. 3 122 (3180): 212. 1947.

药材名：滴滴花

生活型及简要特征：多年生草本。叶基生；聚伞花序 2～3 次分枝；花冠下唇内面密被髯毛。

药用部位及功效：全草入药，健脾、止血、化瘀。

产地和生境：产河北太行山区。生阳坡石缝中。

分布：中国山西、陕西、云南、贵州、四川、河南、河北、湖南、广东、广西。

植物名 **旋蒴苣苔（苦苣苔科，旋蒴苣苔属）**

学名及出处： *Dorcoceras hygrometricum* Bunge, Enum. Pl. China Bor. 54. 1833.

药材名： 牛耳草

生活型及简要特征： 多年生草本。聚伞花序疏散，可育雄蕊 2；蒴果成熟时螺旋状卷曲。

药用部位及功效： 全草入药，散瘀止血、清热解毒、化痰止咳。

产地和生境： 产河北山区各地。生阴湿的石缝中或地上。

分布： 中国辽宁、陕西、山西、云南、四川、山东、河南、湖北、浙江、江西、湖南、福建、广东、广西。

车前科

Plantaginaceae Juss.

植物名 **杉叶藻（车前科，杉叶藻属）**

学名及出处： *Hippuris vulgaris* L., Sp. Pl. 1: 4. 1753.

药材名： 杉叶藻

生活型及简要特征： 多年生水生草本。有匍匐根状茎；叶 6～12 轮生，线形；花小，无花被，花柱丝状；核果椭圆形。

药用部位及功效： 全草入药，清热凉血、生津养液。

产地和生境： 产沽源、张北、蔚县、易县。生浅水或沼泽中。

分布： 我国东北、华北、西北、西南及台湾。全世界有分布。

植物名 **柳穿鱼（车前科，柳穿鱼属）**

学名及出处： *Linaria vulgaris* subsp. *chinensis* (Debeaux) D. Y. Hong, Fl. Reipubl. Popularis Sin. 67(2): 206, 400 (addenda), pl. 56. 1979.

药材名： 柳穿鱼

生活型及简要特征： 多年生草本。叶线形或披针状线形；总状花序顶生，花冠假面状。

药用部位及功效： 全草入药，清热解毒、散瘀消肿。

产地和生境： 产围场、丰宁、沽源、张北、赤城、崇礼、万全、蔚县、抚宁、昌黎、武强、冀州、南宫、涉县。生湿草地、山坡、路边。

分布： 中国东北、华北、陕西、甘肃、山东、河南、江苏。

植物名 **车前（车前科，车前属）**

学名及出处： *Plantago asiatica* L., Sp. Pl. 1: 113. 1753.

药材名： 车前草、车前子

生活型及简要特征：二年生或多年生草本。须根多数；叶卵形或宽卵形，叶柄绿色。

药用部位及功效：全草入药（车前草），清热利尿、祛痰、凉血、解毒。种子入药（车前子），清热利尿、渗湿通淋、明目、祛痰。

产地和生境：产河北各地。生路边、沟旁、河滩及潮湿地带。

分布：中国多数省区有。朝鲜、日本、俄罗斯、尼泊尔、马来西亚及印度尼西亚也有分布。

植物名　平车前（车前科，车前属）

学名及出处：*Plantago depressa* Willd., Enum. Pl. Suppl. 8: 1813.

药材名：车前草、车前子

生活型及简要特征：一年生或二年生草本。具主根；叶椭圆形、长圆形、椭圆状披针形或披针形。

药用部位及功效：全草入药（车前草），清热利尿、祛痰、凉血、解毒。种子入药（车前子），清热利尿、渗湿通淋、明目、祛痰。

产地和生境：产河北各地。生原野及路旁。

分布：中国多数省区有分布。朝鲜、蒙古国、俄罗斯、哈萨克斯坦、阿富汗、巴基斯坦、克什米尔地区、印度也有分布。

植物名　大车前（车前科，车前属）

学名及出处：*Plantago major* L., Sp. Pl. 1: 112-113. 1753.

药材名：车前草、车前子

生活型及简要特征：二年生或多年生草本。具须根；叶密生白毛。

药用部位及功效：全草入药（车前草），清热利尿、祛痰、凉血、解毒。种子入药（车前子），清热利尿、渗湿通淋、明目、祛痰。

产地和生境：产双滦、康保、崇礼、蔚县、昌黎、涞源、涿州、易县、容城、顺平、曲阳、博野、深泽、元氏、鹿泉、安平、武强、景县、枣强、临城、南和、沙河、峰峰矿区。生路边、沟旁、田埂或潮湿处。

分布：中国大部分省区。欧亚大陆温带及寒温带均有分布，现为世界各地规划植物。

植物名　水蔓菁（车前科，兔尾苗属）

学名及出处：*Pseudolysimachion linariifolium* subsp. *dilatata* (Nakai et Kitag.) D. Y. Hong, Fl. Reipubl. Popularis Sin. 67(2): 265, 402. 1979.

药材名：水蔓青

生活型及简要特征：多年生草本。叶宽线形至椭圆状披针形；总状花序，单出或复出，长穗状；蒴果球形。

药用部位及功效：全草入药，清热解毒、化痰止咳。

产地和生境： 产围场、丰宁、隆化、平泉、宽城、沽源、崇礼、赤城、怀安、怀来、涿鹿、蔚县、青龙、抚宁、遵化、乐亭、涞源、易县、阜平、平山、灵寿、井陉、邢台县、沙河。生山坡草地、灌丛间。

分布： 中国东北、内蒙古。朝鲜、日本、蒙古国、俄罗斯西伯利亚。

植物名 北水苦荬（车前科，婆婆纳属）

学名及出处： *Veronica anagallis-aquatica* L., Sp. Pl. 1: 12. 1753.

药材名： 水苦荬

生活型及简要特征： 多年生草本。花梗弯曲上升，花序宽不足 1 cm。

药用部位及功效： 全草入药，清热解毒、活血止血。

产地和生境： 产阜平、井陉、涉县、大名。生水边湿地及浅水沟中。

分布： 中国长江以北及西南各省区。广布亚洲温带地区及欧洲。

植物名 婆婆纳（车前科，婆婆纳属）

学名及出处： *Veronica polita* Fries, Novit. Fl. Suec. 5: 63. 1817.

药材名： 婆婆纳

生活型及简要特征： 一年生草本。植株被长毛；叶心形至卵形；蒴果近肾形，密被腺毛。

药用部位及功效： 全草入药，补肾强腰、解毒消肿。

产地和生境： 产怀来、遵化、望都、赞皇、鹿泉、临城、峰峰矿区。生沟边、路旁。

分布： 中国西北、西南、华东、华中。广布于欧亚大陆。

植物名 水苦荬（车前科，婆婆纳属）

学名及出处： *Veronica undulata* Jack ex Wall., Fl. Ind. 1: 147−148. 1820.

药材名： 水苦荬

生活型及简要特征： 多年生草本。花序轴、花萼及蒴果上有腺毛；花梗直而横叉开。

药用部位及功效： 全草入药，清热解毒、活血止血。

产地和生境： 产宽城、兴隆、张北、蔚县、迁西、阜平、顺平、曲阳、满城、清苑、深泽、井陉、鹿泉、沙河、武安、涉县、大名。生荒地、路旁。

分布： 中国各省区。朝鲜、日本、尼泊尔、印度和巴基斯坦也有分布。

植物名 草本威灵仙（车前科，腹水草属）

学名及出处： *Veronicastrum sibiricum* (L.) Pennell, Monogr. Acad. Nat. Sci. Philadelphia 1: 321. 1935.

药材名： 草本威灵仙

生活型及简要特征： 多年生草本。根状茎横走；叶通常 4～6 轮生。

药用部位及功效： 全草入药，祛风除湿、清热解毒。

产地和生境： 产围场、兴隆、蔚县、青龙、迁西、阜平、武安。生山坡草地及山地灌丛中。

分布： 中国东北、华北、陕西、甘肃、山东。朝鲜、日本及俄罗斯也有分布。

玄参科

Scrophulariaceae Juss.

植物名 **醉鱼草（玄参科，醉鱼草属）**

学名及出处： *Buddleja lindleyana* Fort., Edwards's Bot. Reg. 30 (Misc.): 25. 1844.

药材名： 醉鱼草

生活型及简要特征： 灌木。小枝具四棱，棱上略有窄翅；叶对生，萌芽枝条上的叶为互生或近轮生；穗状聚伞花序顶生，花紫色，芳香；果序穗状，蒴果，基部常有宿存花萼。

药用部位及功效： 全草入药，祛风、杀虫、活血。

产地和生境： 产遵化、滦南、曹妃甸、定兴。生山坡、林缘或河边土坎上。

分布： 分布于西南及安徽、湖北、江苏、浙江、江西、湖南、福建、广东、广西等地。

植物名 **北玄参（玄参科，玄参属）**

学名及出处： *Scrophularia buergeriana* Miq., Ann. Mus. Bot. Lugduno-Batavi 2: 166. 1865.

药材名： 玄参

生活型及简要特征： 多年生草本。茎四棱，根状茎的支根纺锤形；聚伞圆锥花序紧缩成穗状，花冠黄绿色。

药用部位及功效： 根入药，清热凉血、滋阴降火、解毒散结。

产地和生境： 产蔚县、青龙、迁西、沙河。生低山荒坡或湿草地。

分布： 中国东北、山东、河南。朝鲜、日本也有分布。

植物名 **玄参（玄参科，玄参属）**

学名及出处： *Scrophularia ningpoensis* Hemsl., J. Linn. Soc., Bot. 26(174): 178–179. 1890.

药材名： 玄参

生活型及简要特征： 多年生草本。支根纺锤形或胡萝卜状，干时内部变黑；圆锥花序大而疏散、被腺毛，花冠紫褐色。

药用部位及功效： 根入药，清热凉血、滋阴降火、解毒散结。

产地和生境： 产河北南部。生山地高草丛中。

分布： 中国山西、陕西、贵州、四川、华东、华中及华南等地。

母草科

Linderniaceae Borsch, K. Müll. & Eb. Fisch.

植物名 **母草（母草科，陌上菜属）**

学名及出处： *Lindernia crustacea* (L.) F. Muell, Syst. Census Austral. Pl. 1: 97. 1882.

药材名： 母草

生活型及简要特征： 草本。叶脉平行3～5条；花冠粉红色或紫色，前2雄蕊花丝附属物腺体状；蒴果球形。

药用部位及功效： 全草入药，清热利湿、活血止痛。

产地和生境： 产万全、抚宁、青龙、隆尧。生水边湿地。

分布： 中国西南、河南、安徽、湖北、江苏、浙江、江西、湖南、福建、广东、广西、海南。热带和亚热带地区广布。

芝麻科

Pedaliaceae R. Br.

植物名 **芝麻（芝麻科，芝麻属）**

学名及出处： *Sesamum indicum* L., Sp. Pl. 2: 634. 1753.

药材名： 黑芝麻、麻油

生活型及简要特征： 一年生草本。全株有毛；茎四棱；花单生或2～3朵生于叶腋；蒴果圆筒形，纵列。

药用部位及功效： 种子入药（黑芝麻），补肝肾、益精血、润肠燥。种子榨取的脂肪油入药（麻油），润燥通便、解毒、生肌。

产地和生境： 各地栽培。

分布： 中国各地栽培。原产印度。

爵床科

Acanthaceae Juss.

植物名 **穿心莲（爵床科，穿心莲属）**

学名及出处： *Andrographis paniculata* (Burm. f.) Wall., Pl. Asiat. Rar. 3(12): 116. 1832.

药材名： 穿心莲

生活型及简要特征： 一年生草本。花序圆锥状，花白色；蒴果扁，中有1沟，疏生腺毛。

药用部位及功效：地上部分入药，清热解毒，凉血，消肿。
产地和生境：河北有少量栽培。
分布：中国云南、福建、广东、海南等地常见栽培。南亚及澳大利亚也有分布。

紫葳科

Bignoniaceae Juss.

植物名 **凌霄（紫葳科，凌霄属）**
学名及出处：*Campsis grandiflora* (Thunb.) Schum., Nat. Pflanzenfam. 109[IV, 3b]: 230. 1894.
药材名：紫葳根、紫葳茎叶、凌霄花
生活型及简要特征：攀援藤本。羽状复叶对生，小叶 7～9；花橘红色，排成顶生的聚伞或圆锥花序，花萼 5 裂至 1/2 处。
药用部位及功效：根入药（紫葳根），解毒消肿、活血散瘀。茎叶入药（紫葳茎叶），清热、凉血、散瘀。花入药（凌霄花），凉血、化瘀、祛风。
产地和生境：河北各地多栽培。
分布：中国各地多见栽培。

植物名 **厚萼凌霄（紫葳科，凌霄属）**
学名及出处：*Campsis radicans* (L.) Bureau, Monogr. Bignon. 2(Atlas): 16. 1864.
药材名：紫葳根、紫葳茎叶、凌霄花
生活型及简要特征：藤本。叶下面被毛，小叶 9～11；花萼 5 裂至 1/3 处，裂片短。
药用部位及功效：根入药（紫葳根），解毒消肿、活血散瘀。茎叶入药（紫葳茎叶），清热、凉血、散瘀。花入药（凌霄花），凉血、化瘀、祛风。
产地和生境：河北有栽培。
分布：中国各地有栽培。

植物名 **楸（紫葳科，梓属）**
学名及出处：*Catalpa bungei* C. A. Mey., Bull. Sci. Acad. Imp. Sci. St.-Petersbourg 2: 51. 1837.
药材名：楸木皮、楸叶、楸木果
生活型及简要特征：乔木。叶背光滑；花冠白色，内有紫色斑点。
药用部位及功效：根皮或树皮的韧皮部入药（楸木皮），降逆气、解疮毒。叶片入药（楸叶），消肿拔毒、排脓生肌。果实入药（楸木果），利尿通淋、清热解毒。
产地和生境：产涉县。生肥沃山地。
分布：中国山西、陕西、甘肃、山东、河南、江苏、浙江、湖南。

植物名 **灰楸（紫葳科，梓属）**

学名及出处： *Catalpa fargesii* Bureau, Nouv. Arch. Mus. Hist. Nat., Sér. 3 7: 195, pl. 3. 1894.

药材名： 泡桐木皮

生活型及简要特征： 乔木。叶背具绒毛或密生具分枝的毛；花序被毛，花冠淡红色或紫色，喉部具紫褐色斑点。

药用部位及功效： 树皮入药，清热除痹、利湿解毒。

产地和生境： 产武安。生沟边坡地。

分布： 中国陕西、甘肃、云南、贵州、四川、山东、河南、湖北、湖南、广东、广西。

植物名 **梓（紫葳科，梓属）**

学名及出处： *Catalpa ovata* G. Don, Gen. Hist. 4(1): 230. 1838.

药材名： 梓木、梓叶、梓实

生活型及简要特征： 乔木。叶柄具毛；顶生圆锥花序，花冠黄白色，内有黄色线纹和紫色斑点。

药用部位及功效： 木材入药（梓木），催吐、止痛。叶片入药（梓叶），清热解毒、杀虫止痒。果实入药（梓实），利水消肿。

产地和生境： 河北有栽培。

分布： 长江流域及以北地区。日本也有分布。

植物名 **角蒿（紫葳科，角蒿属）**

学名及出处： *Incarvillea sinensis* Lam., Encycl. 3(1): 243. 1789.

药材名： 角蒿

生活型及简要特征： 草本。二至三回羽状复叶；花红色；蒴果长角状弯曲。

药用部位及功效： 全草入药，祛风湿、调经活血、解毒、杀虫。

产地和生境： 产河北各地。生山坡、河滩、路边。

分布： 中国东北、华北、西北、西南、山东、河南。

马鞭草科

Verbenaceae J. St.-Hil.

植物名 **马缨丹（马鞭草科，马缨丹属）**

学名及出处： *Lantana camara* L., Sp. Pl. 2: 627. 1753.

药材名： 五色梅叶

生活型及简要特征： 直立或蔓性的灌木。茎枝呈四方形，有短柔毛，通常有短而倒钩状刺；单叶对生，揉烂后有强烈的气味；花冠黄色或橙黄色，开花后不久转为深红色。

药用部位及功效：叶或嫩枝叶入药，清热解毒、祛风止痒。

产地和生境：河北有栽培。常生于空旷地区。

分布：原产美洲热带地区，现在我国福建、广东、广西、台湾见有逸生。世界热带地区均有分布。

植物名 **马鞭草（马鞭草科，马鞭草属）**

学名及出处：*Verbena officinalis* L., Sp. Pl. 1: 20–21. 1753.

药材名：马鞭草

生活型及简要特征：多年生草本。叶片卵圆形至倒卵形或长圆状披针形；穗状花序顶生和腋生，花冠淡紫至蓝色，外面有微毛；果长圆形，外果皮薄，成熟时 4 瓣裂。

药用部位及功效：全草入药，清热解毒、活血散瘀、利水消肿。

产地和生境：河北有栽培。常生长在路边、山坡、溪边或林旁。

分布：分布于山西、陕西、甘肃、新疆、云南、贵州、四川、西藏、安徽、湖北、江苏、浙江、江西、湖南、福建、广东、广西。全世界的温带至热带地区均有分布。

唇形科

Lamiaceae Martinov

植物名 **藿香（唇形科，藿香属）**

学名及出处：*Agastache rugosa* (Fisch. et Mey.) O. Ktze., Rev. Gen. Pl. 2: 511. 1891.

药材名：藿香

生活型及简要特征：多年生草本。叶心状卵形至长圆状披针形；轮伞花序多花，花冠淡紫蓝色；成熟小坚果卵状长圆形，腹面具棱，先端具短硬毛，褐色。

药用部位及功效：全草入药，快气、和中、辟秽、祛湿。

产地和生境：产承德县、滦平、宽城、兴隆、康保、怀安、怀来、蔚县、青龙、抚宁、迁西、遵化、滦南、涞源、阜平、满城、博野、灵寿、平山、无极、元氏、赞皇、高邑、鹿泉、武强、临城、内丘、邢台县、沙河、武安、永年。生山坡、草地、路旁等处。

分布：各地广泛分布，常见栽培。俄罗斯、朝鲜、日本及北美洲也有分布。

植物名 **筋骨草（唇形科，筋骨草属）**

学名及出处：*Ajuga ciliata* Bunge, Mém. Acad. Imp. Sci. St.-Pétersbourg Divers Savans 2: 125. 1833.

药材名：筋骨草

生活型及简要特征：多年生草本。茎直立，无匍匐茎，紫红色或绿紫色；叶卵状椭圆形至狭椭圆形，边缘有不整齐的双重牙齿；穗状聚伞花序密集。

药用部位及功效：全草入药，清热解毒、凉血消肿。

产地和生境：产围场、尚义、涞源、阜平、曲阳、平山、灵寿、赞皇、临城、沙河、武安。生于山谷溪旁，阴湿的草地上，林下湿润处及路旁草丛中。

分布：分布于山西、陕西、甘肃、四川、山东、河南、浙江。

植物名 **白苞筋骨草（唇形科，筋骨草属）**

学名及出处：*Ajuga lupulina* Maxim., Bull. Acad. Imp. Sci. St.-Petersbourg, sér. 3 23(2): 391. 1877.

药材名：忽布筋骨草

生活型及简要特征：多年生草本。穗状聚伞花序，苞叶大，向上渐小，白黄、白或绿紫色，卵形或阔卵形，花冠白、白绿或白黄色，具紫色斑纹，狭漏斗状。

药用部位及功效：全草入药，清热解毒、活血消肿。

产地和生境：产涿鹿、蔚县、平山。生于河滩沙地、高山草地或陡坡石缝中。

分布：分布于山西、甘肃、青海、四川西部及西北部、西藏东部。

植物名 **水棘针（唇形科，水棘针属）**

学名及出处：*Amethystea caerulea* L., Sp. Pl. 1: 21. 1753.

药材名：水棘针

生活型及简要特征：一年生草本。茎四棱形，紫色，灰紫黑色或紫绿色；圆锥花序，花冠蓝色或紫蓝色；小坚果倒卵状三棱形，背面具网状皱纹，腹面具棱。

药用部位及功效：全草入药，疏风解表、宣肺平喘。

产地和生境：产承德、张家口、保定、石家庄、邢台、邯郸各地区。生于田边旷野、河岸沙地、开阔路边及溪旁。

分布：分布于吉林、辽宁、内蒙古、山西、陕西、甘肃、新疆、云南、四川、山东、河南、安徽、湖北。俄罗斯、朝鲜、日本、蒙古国、伊朗也有分布。

植物名 **白棠子树（唇形科，紫珠属）**

学名及出处：*Callicarpa dichotoma* (Lour.) K. Koch, Dendrologie 2(1): 336. 1872.

药材名：紫珠

生活型及简要特征：多分枝的小灌木。叶倒卵形或披针形，边缘仅上半部具数个粗锯齿；聚伞花序在叶腋的上方着生，花冠紫色。

药用部位及功效：叶入药，收敛止血、清热解毒。

产地和生境：河北有栽培。生于低山丘陵灌丛中。

分布：分布于贵州、山东、河南、安徽、湖北、江苏、浙江、江西、湖南、福建、广东、广西、台湾。日本、越南也有分布。

植物名 **蒙古莸（唇形科，莸属）**

学名及出处：*Caryopteris mongholica* Bunge, Pl. Mongh.-China 28. 1835.

药材名：蒙莸、蓝花茶

生活型及简要特征：落叶小灌木。叶片厚纸质，线状披针形或线状长圆形，背面密生灰白色绒毛；子房长圆形，无毛；蒴果椭圆状球形，果瓣具翅。

药用部位及功效：全株入药（蒙莸），消食理气、祛风湿、活血止痛。嫩茎叶入药（蓝花茶），理气消食、利水消肿。

产地和生境：产康保、阳原、遵化、迁安、曹妃甸、肥乡。生于干旱坡地、沙丘荒野及干旱碱质土壤上。

分布：分布于内蒙古、山西、陕西、甘肃。蒙古国也有分布。

植物名 **臭牡丹（唇形科，大青属）**

学名及出处：*Clerodendrum bungei* Steud., Nomencl. Bot. (ed. 2) 1: 382. 1840.

药材名：臭牡丹

生活型及简要特征：灌木。植株有臭味；伞房状聚伞花序顶生，密集，花冠淡红色、红色或紫红色；核果近球形，成熟时蓝黑色。

药用部位及功效：茎和叶入药，解毒消肿、祛风湿、降血压。

产地和生境：河北有栽培。生于山坡、林缘、沟谷、路旁、灌丛润湿处。

分布：分布于华北、西北、西南以及安徽、湖北、江苏、浙江、江西、湖南、广西。印度北部、越南、马来西亚也有分布。

植物名 **海州常山（唇形科，大青属）**

学名及出处：*Clerodendrum trichotomum* Thunb., Nova Acta Regiae Soc. Sci. Upsal., ser. 2 3: 201. 1780.

药材名：臭梧桐花、臭梧桐子、臭梧桐

生活型及简要特征：灌木或小乔木。花香，花冠白色或带粉红色，花丝与花柱同伸出花冠外；核果近球形，包藏于增大的宿萼内，成熟时外果皮蓝紫色。

药用部位及功效：花入药（臭梧桐花），祛风、降压、止痢。果实或带宿萼的果实入药（臭梧桐子），祛风、止痛、平喘。叶入药（臭梧桐），祛除风湿、降压。

产地和生境：产河北中部、南部太行山区，平原有栽培。

分布：分布于辽宁、华北、陕西、甘肃、西南以及华中、华南各地。朝鲜、日本以至菲律宾北部也有分布。

植物名 **风轮菜（唇形科，风轮菜属）**

学名及出处：*Clinopodium chinense* (Benth.) O. Ktze., Revis. Gen. Pl. 2: 515. 1891.

药材名：风轮菜

生活型及简要特征：多年生草本。轮伞花序多花密集，半球状，苞片针状，极细，无明显中肋，花萼狭管状，常染紫红色，花冠紫红色，长约 9 mm，外面被微柔毛。

药用部位及功效：全草入药，疏风清热、解毒止痢、止血。

产地和生境： 产丰宁、承德县、赤城、怀安、怀来、蔚县、青龙、涞源、平山、赞皇。生于山坡、草丛、路边、沟边、灌丛、林下。

分布： 分布于云南、山东、安徽、湖北、江苏、浙江、江西、湖南、福建、广东、广西、台湾。日本也有分布。

植物名 灯笼草（唇形科，风轮菜属）

学名及出处： *Clinopodium polycephalum* (Vaniot) C. Y. Wu & Hsuan ex Hsu, Observ. Fl. Hwangshan. 169. 1965.

药材名： 断血流

生活型及简要特征： 直立多年生草本。叶卵形；轮伞花序多花，花梗密被腺柔毛，花萼圆筒形，花冠紫红色；小坚果卵形，褐色，光滑。

药用部位及功效： 地上部分入药，止血。

产地和生境： 产正定。生于山坡、路边、林下、灌丛中。

分布： 分布于山西、陕西、甘肃、云南、贵州、四川、西藏、华中、山东、安徽、江苏、浙江、福建、广西。

植物名 香青兰（唇形科，青兰属）

学名及出处： *Dracocephalum moldavica* L., Sp. Pl. 2: 595. 1753.

药材名： 青兰

生活型及简要特征： 一年生草本。叶草质，基部圆形或宽楔形，边缘具较密的牙齿；花萼明显二唇形。

药用部位及功效： 地上部分入药，清肺解表、凉肝止血。

产地和生境： 产围场、丰宁、隆化、承德县、兴隆、双桥、康保、沽源、张北、尚义、赤城、崇礼、怀安、万全、怀来、宣化、阳原、涿鹿、青龙、遵化、易县、阜平、满城、博野、平山、灵寿、鹿泉、沙河。生于干燥山地、山谷、河滩多石处。

分布： 分布于东北、内蒙古、山西、陕西、甘肃、青海及河南。俄罗斯西伯利亚、东欧、中欧、南延至克什米尔地区均有分布。

植物名 香薷（唇形科，香薷属）

学名及出处： *Elsholtzia ciliata* (Thunb.) Hyland., Bot. Not. 1941: 129. 1941.

药材名： 香薷

生活型及简要特征： 一年生草本。叶卵形或椭圆状披针形，边缘具锯齿；萼前 2 齿较其余 3 齿为长。

药用部位及功效： 全草入药，发汗、利尿、解热。

产地和生境： 产承德和张家口地区、唐山、保定、石家庄、邢台、邯郸等地区的山区各县。生于山坡、路旁、荒地。

分布：除青海、新疆外，分布几遍全国各地。俄罗斯西伯利亚、朝鲜、日本、印度、蒙古国、中南半岛也有分布。

植物名 **海州香薷（唇形科，香薷属）**

学名及出处：*Elsholtzia splendens* Nakai ex F. Maekawa, Bot. Mag. (Tokyo) 48(565): 50–51, f. 20. 1934.

药材名：海州香薷

生活型及简要特征：一年生草本。叶卵状三角形、卵状长圆形至长圆状披针形或披针形，边缘具整齐锐或稍钝的疏锯齿；萼齿近等长。

药用部位及功效：全草入药，发表解暑、散湿行水。

产地和生境：产涿鹿、迁西。生于山坡路旁或草丛中。

分布：分布于辽宁、山东、河南、江苏、浙江、江西、广东。朝鲜也有分布。

植物名 **鼬瓣花（唇形科，鼬瓣花属）**

学名及出处：*Galeopsis bifida* Boenn., Prodr. Fl. Monast. Westphal. 178. 1824.

药材名：鼬瓣花根、鼬瓣花

生活型及简要特征：一年生草本。轮伞花序 6 至多花，花冠下唇颚上在两侧裂片与中裂片相交处有向上齿状突起（盾片），萼齿有尖芒。

药用部位及功效：根入药（鼬瓣花根），补虚、止咳、调经。全草入药（鼬瓣花），清热解毒、明目退翳。

产地和生境：产崇礼。生于林缘、路旁、田边、灌丛、草地等空旷处。

分布：分布于黑龙江、吉林、内蒙古、山西、陕西、甘肃、青海、云南西北部及东北部、贵州西北部、四川西部、西藏、湖北西部等地。俄罗斯、朝鲜、日本、蒙古国、斯堪的纳维亚半岛南部、中欧各国以及北美也有分布。

植物名 **白透骨消（唇形科，活血丹属）**

学名及出处：*Glechoma biondiana* (Diels) C. Y. Wu et C. Chen, Acta Phytotax. Sin. 12(1): 31, pl. 9, f. 7–9. 1974.

药材名：白透骨消

生活型及简要特征：多年生草本。全株被长柔毛及倒向短柔毛；萼齿狭三角形，先端具长芒状细尖。

药用部位及功效：全草入药，祛风活血、利湿解毒。

产地和生境：产邢台县、武安。生于溪边、林缘阴湿肥沃土上。

分布：分布于陕西南部秦岭一带。

植物名 **无毛透骨消（唇形科，活血丹属）**

学名及出处：*Glechoma biondiana* var. *glabrescens* C. Y. Wu et C. Chen, Acta Phytotax. Sin.

12 (1): 31, pl. 9, f. 4–6. 1974.

药材名：无毛透骨消

生活型及简要特征：多年生草本。这一变种与原变种不同在于植株无毛或仅于幼嫩部分被微柔毛，具较长的匍匐茎；花萼钟形，除萼齿具疏柔毛外，其余部分几无毛。

药用部位及功效：全草入药，消肿。

产地和生境：产涞源、武安。生于山谷林下、水沟边及阴湿肥沃土上。

分布：分布于陕西、甘肃、河南、湖北。

植物名 **活血丹（唇形科，活血丹属）**

学名及出处：*Glechoma longituba* (Nakai) Kupr., Bot. Zhurn. (Moscow & Leningrad) 33(2): 236, f. 1(4), 2. 1948.

药材名：活血丹

生活型及简要特征：多年生草本。花萼长 9 mm 以上，萼齿较长，卵状三角形，长为花萼全长的 1/3 或 2/5；叶被柔毛。

药用部位及功效：全草入药，利湿通淋、清热解毒、散瘀消肿。

产地和生境：产承德县、怀来、迁西、曹妃甸、顺平、平山、灵寿、赞皇、井陉、临城、内丘、沙河、武安、魏县。生于林缘、疏林下、草地中、溪边等阴湿处。

分布：除甘肃、青海、新疆及西藏外，全国各地均有分布。俄罗斯远东地区、朝鲜也有分布。

植物名 **蓝萼香茶菜（唇形科，香茶菜属）**

学名及出处：*Isodon japonicus* var. *glaucocalyx* (Maxim.) H. W. Li, J. Arnold Arbor. 69(4): 307. 1988.

药材名：蓝萼香茶菜

生活型及简要特征：多年生草本。叶疏被短柔毛及腺点，顶齿卵形或披针形而渐尖，锯齿较钝；花萼常带蓝色，外面密被贴生微柔毛。

药用部位及功效：地上全草入药，清热解毒、活血化瘀。

产地和生境：产承德地区、张家口地区、卢龙、唐山北部山区各县、平山、灵寿、行唐、赞皇、井陉、邢台县和邯郸地区的山区各县。生于山坡、路旁、林缘、林下及草丛中。

分布：分布于东北、山西、山东。俄罗斯远东地区、朝鲜、日本也有分布。

植物名 **夏至草（唇形科，夏至草属）**

学名及出处：*Lagopsis supina* (Steph. ex Willd.) Ik.-Gal. ex Knorr., Fl. SSSR 20: 250, pl. 16, f. 1. 1954.

药材名：夏至草

生活型及简要特征：多年生草本。轮伞花序组成稀疏、伸长、满布枝条上的穗状花序，花冠白色，稀粉红色。

药用部位及功效：全草入药，养血活血、清热利湿。

产地和生境：产河北各县。生于路旁、旷地上。

分布：分布于东北、内蒙古、山西、陕西、甘肃、青海、新疆、云南、贵州、四川、山东、河南、安徽、湖北、江苏、浙江等地。俄罗斯西伯利亚、朝鲜也有分布。

植物名 **野芝麻（唇形科，野芝麻属）**

学名及出处：*Lamium barbatum* Sieb. et. Zucc., Abh. Math.-Phys. Cl. Königl. Bayer. Akad. Wiss. 4: 158. 1846.

药材名：野芝麻

生活型及简要特征：多年生草本。苞叶通常具柄，柄向上渐变短；花白色或浅黄色。

药用部位及功效：全草或花入药，凉血止血、活血止痛、利湿消肿。

产地和生境：产宁晋、南宫、南和、武安。生于路边、溪旁、田埂及荒坡上。

分布：分布于东北、华北、陕西、甘肃、贵州、四川、湖北、湖南、华东。俄罗斯远东地区、朝鲜、日本也有分布。

植物名 **益母草（唇形科，益母草属）**

学名及出处：*Leonurus japonicus* Houttuyn, Nat. Hist. 2(9): 366, t. 57, f. 1. 1778.

药材名：益母草

生活型及简要特征：一年生或二年生草本。叶分裂成的小裂片通常宽在 3 mm 以上，花序上的苞叶全缘或具稀少牙齿；花冠较小，外被柔毛，下唇与上唇约等长。

药用部位及功效：新鲜或干燥地上部分入药，活血调经、利尿消肿。

产地和生境：产我省各地。生长于多种生境，尤以阳处为多。

分布：分布于我国各地。俄罗斯、朝鲜、日本、热带亚洲、美洲以及非洲各地也有分布。

植物名 **錾菜（唇形科，益母草属）**

学名及出处：*Leonurus pseudomacranthus* Kitagawa, Bot. Mag. (Tokyo) 48(566): 109–110. 1934.

药材名：錾菜

生活型及简要特征：多年生草本。植株各部被长硬毛或糙伏小硬毛；茎生叶卵圆形，沿主脉有散布黄色小腺点。

药用部位及功效：全草入药，活血调经、解毒消肿。

产地和生境：产丰宁、隆化、平泉、赤城、抚宁、卢龙、迁西、遵化、迁安、滦南、丰南、曹妃甸、三河、顺平、元氏、赞皇、邢台县、武安、涉县、峰峰矿区。生于山坡上。

分布：分布于辽宁、山西、陕西南部、甘肃南部、山东、河南、安徽及江苏。

植物名 **地笋（唇形科，地笋属）**

学名及出处：*Lycopus lucidus* Turcz., Prodr. 12: 178–179. 1848.

药材名：地笋

生活型及简要特征：多年生草本。茎叶边缘均具锐尖粗牙齿状锯齿，或茎下部叶近羽状深裂，中部叶有疏锯齿，上部叶近全缘。

药用部位及功效：根茎入药，化瘀止血、益气利水。

产地和生境：产隆化、崇礼、抚宁、遵化、滦南、丰南、曹妃甸、顺平、曲阳、平山、枣强、任泽。生于沼泽地、水边、沟边等潮湿处。

分布：分布于东北、陕西、云南、贵州、四川。俄罗斯、日本也有分布。

植物名 **硬毛地笋（唇形科，地笋属）**

学名及出处：*Lycopus lucidus* var. *hirtus* Regel, Mém. Acad. Imp. Sci. St.-Pétersbourg, sér. 7 4: 115. 1861.

药材名：地笋

生活型及简要特征：多年生草本。茎棱上被向上小硬毛，节上密集硬毛；叶暗绿色披针形，上面密被细刚毛状硬毛，叶缘具缘毛，下面主要在肋及脉上被刚毛状硬毛，两端渐狭，边缘具锐齿。

药用部位及功效：根茎入药，化瘀止血、益气利水。

产地和生境：产崇礼、石家庄市西郊、肥乡、大名、魏县、邯山、峰峰矿区。生于沼泽地、水边等潮湿处。

分布：分布几遍及全国。俄罗斯、日本也有分布。

植物名 **薄荷（唇形科，薄荷属）**

学名及出处：*Mentha canadensis* L., Sp. Pl. 2: 577. 1753.

药材名：薄荷

生活型及简要特征：多年生草本。茎多分枝，上部被微柔毛；叶通常长圆状披针形，边缘在基部以上疏生粗大的牙齿状锯齿；雄蕊及花柱通常稍伸出。

药用部位及功效：干燥地上部分入药，散风热、清头目、利咽喉、透疹、解郁。

产地和生境：产河北各地。生于水旁潮湿地。

分布：分布于我国南北各地。俄罗斯远东地区、朝鲜、日本、热带亚洲、北美洲（南达墨西哥）也有分布。

植物名 **留兰香（唇形科，薄荷属）**

学名及出处：*Mentha spicata* L., Sp. Pl. 2: 576. 1753.

药材名：留兰香

生活型及简要特征：多年生草本。植株亮绿色；上部茎叶无柄或近于无柄；花序细长，沿全长间断。

药用部位及功效：全草入药，解表、和中、理气。

产地和生境：河北有栽培。

分布：我国新疆有野生，云南、贵州、四川、江苏、浙江、广东、广西等地有栽培或逸为野生。原产俄罗斯、南欧、加那利群岛、马德拉群岛。

植物名 **罗勒（唇形科，罗勒属）**

学名及出处：*Ocimum basilicum* L., Sp. Pl. 2: 597. 1753.

药材名：罗勒

生活型及简要特征：一年生草本。叶较大，卵圆形至卵圆状长圆形，长 2.5～5 cm，宽 1～2.5 cm，两面绿色；花较大，长约 6 mm。

药用部位及功效：全草入药，疏风解表、化湿和中、行气活血、解毒消肿。

产地和生境：河北有栽培。

分布：分布于吉林、新疆、云南、贵州、四川、安徽、湖北、江苏、浙江、江西、湖南、福建、广东、广西及台湾，多为栽培，南部各省区有逸为野生的。亚洲温暖地带至非洲也有分布。

植物名 **紫苏（唇形科，紫苏属）**

学名及出处：*Perilla frutescens* (L.) Britt., Mem. Torrey Bot. Club 5(18): 277. 1894.

药材名：紫苏叶、紫苏子、紫苏梗

生活型及简要特征：多年生草本。轮伞花序 2 花，花小，具梗，花冠白色至紫红色，冠筒短，喉部斜钟形。

药用部位及功效：干燥叶（或带嫩枝）入药（紫苏叶），解表散寒、行气和胃。干燥成熟果实（紫苏子），降气、消痰、平喘、润肠。干燥茎入药（紫苏梗），理气宽中、安胎、和血。

产地和生境：河北各地有栽培。

分布：全国各地广泛栽培。朝鲜、日本、印度、不丹、中南半岛、南至印度尼西亚（爪哇）也有分布。

植物名 **串铃草（唇形科，糙苏属）**

学名及出处：*Phlomoides mongolica* (Turcz.) Kamelin & A. L. Budantzev, Byull. Moskovsk. Obshch. Isp. Prir. Otd. Biol. 95: 120. 1990.

药材名：串铃草

生活型及简要特征：多年生草本。基生叶卵状三角形至三角状披针形，上面疏被中枝特长的星状刚毛及单毛（或被稀疏刚毛至近无毛），下面被疏或较密的星状柔毛。

药用部位及功效：根或全草入药，祛风除湿、活血止痛。

产地和生境：产康保、沽源、张北、尚义、阳原、小五台山、涞源、博野。生于山坡草地上。

分布：分布于内蒙古西部及南部、山西、陕西北部、甘肃东部。

植物名 **糙苏（唇形科，糙苏属）**

学名及出处：*Phlomoides umbrosa* (Turcz.) Kamelin & Makhm., Bot. Zhurn. (Kiev) 75: 242. 1990.

药材名：糙苏

生活型及简要特征：多年生草本。苞片与花萼等长或略超过；茎疏被向下短硬毛，有时上部被星状短柔毛。

药用部位及功效：根及全草入药，祛风化痰、利湿除痹、祛痰、解毒消肿。

产地和生境：产围场、隆化、宽城、双桥、张北、尚义、赤城、崇礼、怀安、万全、怀来、阳原、蔚县、青龙、抚宁、涞源、易县、平山、灵寿、临城、内丘。生于疏林下或草坡上。

分布：分布于辽宁、内蒙古、山西、陕西、甘肃、贵州、四川、山东、湖北、广东。

植物名 **丹参（唇形科，鼠尾草属）**

学名及出处：*Salvia miltiorrhiza* Bunge, Mém. Acad. Imp. Sci. St.-Pétersbourg Divers Savans 2: 124. 1833.

药材名：丹参

生活型及简要特征：多年生草本。小叶卵圆形或椭圆状卵圆形或宽披针形，两面被疏柔毛，下面较密；花萼钟形，花冠较大，冠筒常外伸及向上弯曲；雄蕊呈丁字形构造。

药用部位及功效：根及根茎入药，祛瘀止痛、活血通经、清心除烦。

产地和生境：产承德地区南部、尚义、万全、青龙、抚宁、卢龙、昌黎、唐山、保定、石家庄、武强、邢台、邯郸等地区。生于山坡、林下草丛或溪谷旁。

分布：分布于山西、陕西、山东、河南、安徽、江苏、浙江、江西及湖南。日本也有分布。

植物名 **荔枝草（唇形科，鼠尾草属）**

学名及出处：*Salvia plebeia* R. Br., Prodr. 500–501. 1810.

药材名：荔枝草

生活型及简要特征：一年生或二年生草本。多分枝；叶全部为单叶；花冠小。

药用部位及功效：全草入药，清热解毒、凉散瘀、利水消肿。

产地和生境：产宽城、康保、青龙、抚宁、卢龙、昌黎、唐山、保定、石家庄、沧州、衡水、邢台、邯郸各地区。生于山坡，路旁，沟边，田野潮湿的土壤上。

分布：产除甘肃、青海、新疆及西藏外的全国各地。朝鲜、日本、印度、阿富汗、缅甸、泰国、越南、马来西亚至澳大利亚也有分布。

植物名 **多裂叶荆芥（唇形科，裂叶荆芥属）**

学名及出处： *Schizonepeta multifida* (L.) Briq., Nat. Pflanzenfam. 4. 3a: 235. 1895.

药材名： 荆芥

生活型及简要特征： 多年生草本。叶一回羽状深裂或分裂，有时浅裂至近全缘；穗状花序连续，很少间断，萼齿先端急尖，无芒尖。

药用部位及功效： 茎叶和花穗入药，祛风、解表、透疹、止血。

产地和生境： 产围场、丰宁、承德县、康保、沽源、张北、尚义、赤城、崇礼、怀安、万全、阳原、涿鹿、满城。生于松林林缘、山坡草丛中或湿润的草原上。

分布： 分布于内蒙古、山西、陕西、甘肃。俄罗斯、蒙古国也有分布。

植物名 **裂叶荆芥（唇形科，裂叶荆芥属）**

学名及出处： *Schizonepeta tenuifolia* (Benth.) Briq., Nat. Pflanzenfam. 4. 3a: 235. 1895.

药材名： 荆芥

生活型及简要特征： 一年生草本。叶指状三裂；穗状花序间断。

药用部位及功效： 茎叶和花穗入药，祛风、解表、透疹、止血。

产地和生境： 产承德、张家口、唐山、廊坊、保定、石家庄、安平、武强、邢台、邯郸。生于山坡路边或山谷、林缘。

分布： 黑龙江、辽宁、山西、陕西、甘肃、青海、贵州、四川（城口、南川）、河南诸省均有野生，云南、江苏、浙江、福建等省均有栽培。朝鲜也有分布。

植物名 **单花莸（唇形科，四棱草属）**

学名及出处： *Schnabelia nepetifolia* (Benth.) P. D. Cantino, Syst. Bot. 23(3): 381. 1998.

药材名： 莸

生活型及简要特征： 多年生草本。叶片宽卵形至近圆形；单花腋生，淡蓝色，花萼裂片卵圆形。

药用部位及功效： 全草入药，清暑解表、利湿解毒。

产地和生境： 产灵寿、井陉、邢台县。生于阴湿山坡、林边、路旁或水沟边。

分布： 分布于安徽、江苏、浙江、江西、福建等地。

植物名 **三花莸（唇形科，四棱草属）**

学名及出处： *Schnabelia terniflora* (Maxim.) P. D. Cantino, Syst. Bot. 23(3): 381. 1998.

药材名： 六月寒

生活型及简要特征： 多年生直立草本。叶对生，宽卵形；聚伞花序腋生，花序梗长 1～3 cm，花冠淡紫红色；蒴果，4 裂，为宿萼所包。

药用部位及功效： 全草入药，解表宣肺。

产地和生境：产万全、满城、平山、无极、井陉、鹿泉、武强、武安、邯山县、磁县。多生于山坡下部灌丛草地。

分布：分布于陕西、甘肃、四川等地。

植物名 **黄芩（唇形科，黄芩属）**

学名及出处：*Scutellaria baicalensis* Georgi, Bemerk. Reise Russ. Reich. 1: 223. 1775.

药材名：黄芩、黄芩子

生活型及简要特征：多年生草本。通常高大草本；茎叶披针形至线状披针形；总状花序在茎及分枝上顶生，因而植株上部明显聚成圆锥花序。

药用部位及功效：根入药（黄芩），清热泻火、燥湿解毒、止血、安胎。果实入药（黄芩子），止痢。

产地和生境：产承德、张家口、青龙、抚宁、卢龙、昌黎、唐山、廊坊、保定、石家庄、安平、武强、邢台、邯郸各地区。生于向阳草坡地、休荒地上。

分布：分布于黑龙江、辽宁、内蒙古、山西、陕西、甘肃、四川、山东、河南等地，江苏有栽培。俄罗斯东西伯利亚、朝鲜、日本、蒙古国均有分布。

植物名 **半枝莲（唇形科，黄芩属）**

学名及出处：*Scutellaria barbata* D. Don, Prodr. Fl. Nepal. 109–110. 1825.

药材名：半枝莲

生活型及简要特征：多年生草本。花稍大，长达 1.3 cm，花梗于花后下垂；苞叶与茎叶异形，细小，苞片状。

药用部位及功效：全草入药，清热解毒、化瘀利尿。

产地和生境：产丰宁、承德县、双滦、尚义、赤城、万全、蔚县、满城、平山、无极、鹿泉、武强。生于水田边、溪边或湿润草地上。

分布：分布于陕西南部、云南、贵州、四川、山东、河南、湖北、江苏、浙江、江西、湖南、福建、广东、广西、台湾等省区。朝鲜、日本、印度东北部、尼泊尔、缅甸、老挝、泰国、越南也有分布。

植物名 **并头黄芩（唇形科，黄芩属）**

学名及出处：*Scutellaria scordifolia* Fisch. ex Schrank, Denkschr. Bayer. Bot. Ges. Regensburg 2: 55. 1822.

药材名：头巾草

生活型及简要特征：多年生草本。叶无毛或疏被微柔毛，或被紧贴的短柔毛，或被具节长伏毛，但不为硬毛或糙伏毛。

药用部位及功效：全草入药，清热利湿、解毒消肿。

产地和生境：产张家口、昌黎、阜平、博野、平山、灵寿、赞皇、内丘、沙河。生于草地或湿草甸。

分布：分布于黑龙江、内蒙古、山西、青海等地。俄罗斯、日本、蒙古国也有分布。

植物名 **毛水苏（唇形科，水苏属）**

学名及出处：*Stachys baicalensis* Fisch. ex Benth., Labiat. Gen. Spec. fasc. 5: 543. 1834.

药材名：毛水苏

生活型及简要特征：多年生草本。茎密被刚毛或小刚毛；花萼密被白色长柔毛状刚毛。

药用部位及功效：全草入药，祛风解毒、止血。

产地和生境：产围场、平泉、沽源。生于湿草地及河岸上。

分布：分布于东北、内蒙古、山西、陕西、山东等地。俄罗斯东西伯利亚也有分布。

植物名 **水苏（唇形科，水苏属）**

学名及出处：*Stachys japonica* Miq., Ann. Mus. Bot. Lugduno-Batavi 2: 111. 1865.

药材名：水苏

生活型及简要特征：多年生草本。叶长圆状宽披针形，两面均无毛，边缘为圆齿状锯齿，叶柄明显，长 3～17 mm；花萼被具腺微柔毛。

药用部位及功效：全草入药，清热解毒、止咳利咽、止血消肿。

产地和生境：产曹妃甸、武强。生于水沟、河岸等湿地上。

分布：分布于辽宁、内蒙古、山东、河南、安徽、江苏、浙江、江西、福建。俄罗斯、日本也有分布。

植物名 **甘露子（唇形科，水苏属）**

学名及出处：*Stachys sieboldii* Miq., Ann. Mus. Bot. Lugduno-Batavi 2: 112. 1865.

药材名：甘露子

生活型及简要特征：多年生草本。叶柄较短，最长达 3 cm；花粉红至紫红。

药用部位及功效：全草或块茎入药，祛风热利湿、活血散瘀。

产地和生境：产怀来、涿鹿、青龙、卢龙。生于湿润地及积水处。

分布：分布于辽宁、山西、陕西、甘肃、青海、云南、四川、山东、河南、江苏、江西、湖南、广东、广西。日本、欧洲、北美等地广为栽培。

植物名 **百里香（唇形科，百里香属）**

学名及出处：*Thymus mongolicus* (Ronniger) Ronniger, Acta Horti Gothob. 9(5): 99. 1934.

药材名：地椒

生活型及简要特征：半灌木。叶卵圆形，脉较纤细，在下面微突起。

药用部位及功效：全草入药，祛风止咳、健脾行气、利湿通淋。

产地和生境：产围场、张家口、抚宁、昌黎、涞源、阜平。生于多石山地、斜坡、山谷、山沟、路旁及杂草丛中。

分布： 分布于内蒙古、山西、陕西、甘肃、青海。

植物名 **叉枝莸（唇形科，叉枝莸属）**

学名及出处： *Tripora divaricata* (Maxim.) P. D. Cantino, Syst. Bot. 23(3): 382. 1998.

药材名： 莸

生活型及简要特征： 多年生草本。嫩枝与花序有柔毛；叶片卵圆形、卵状披针形至长圆形；花序较开展，花冠红色或紫色，花冠管长约 1.6 cm。

药用部位及功效： 全草入药，祛暑解表、利尿解毒。

产地和生境： 河北有栽培。生于山坡草地或疏林。

分布： 分布于山西、陕西、甘肃、云南中北部、四川、河南、湖北、江西。朝鲜、日本也有分布。

植物名 **牡荆（唇形科，牡荆属）**

学名及出处： *Vitex negundo* var. *cannabifolia* (Sieb. et Zucc.) Hand.-Mazz., Acta Horti Gotob. 9(4): 67. 1934.

药材名： 黄荆沥、黄荆枝、黄荆子、黄荆叶、黄荆根

生活型及简要特征： 落叶灌木或小乔木。叶对生，掌状复叶，小叶片披针形或椭圆状披针形，通常被柔毛；圆锥花序顶生，花冠淡紫色；果实近球形，黑色。

药用部位及功效： 茎用火烧灼而流出的液汁入药（黄荆沥），清热、化痰、定惊。枝条入药（黄荆枝），祛风解表、消肿止痛。果实入药（黄荆子），祛风、除痰、行气、止痛。叶入药（黄荆叶），解表清热、利湿解毒。根入药（黄荆根），解表、止咳、祛风除湿、理气止痛。

产地和生境： 产遵化、滦南。生于山坡路边灌丛中。

分布： 分布于云南、贵州、四川、湖北、湖南、华东、广东、广西各省。日本也有分布。

植物名 **荆条（唇形科，牡荆属）**

学名及出处： *Vitex negundo* var. *heterophylla* (Franch.) Rehd., J. Arnold. Arbor. 28(2): 258. 1947.

药材名： 黄荆

生活型及简要特征： 小叶片边缘有缺刻状锯齿，浅裂以至深裂，背面密被灰白色绒毛。

药用部位及功效： 同黄荆。

产地和生境： 产太行山、燕山。生于山坡路旁。

分布： 分布于辽宁、山西、陕西、甘肃、贵州、四川、山东、河南、安徽、江苏、江西、湖南。日本也有分布。

植物名 **单叶蔓荆（唇形科，牡荆属）**

学名及出处： *Vitex rotundifolia* L. f., Suppl. Pl. 294. 1781.

药材名：蔓荆子

生活型及简要特征：落叶灌木。茎匍匐，节处常生不定根；单叶对生，叶片倒卵形或近圆形，全缘；花和果实的形态特征同原变种。

药用部位及功效：果实入药，疏散风热、清利头目。

产地和生境：产沿海地区。生于沙滩、海边及湖畔。

分布：分布于辽宁、山东、安徽、江苏、浙江、江西、福建、广东、台湾。日本、印度、缅甸、泰国、越南、马来西亚、澳大利亚、新西兰也有分布。

通泉草科

Mazaceae Reveal

植物名 通泉草（通泉草科，通泉草属）

学名及出处：*Mazus pumilus* (Burm. f.) Steenis, Nova Guinea, n.s. 9(1): 31. 1958.

药材名：通泉草

生活型及简要特征：一年生草本。叶基下延成带翅的叶柄；总状花序，花萼钟状，花冠蓝紫色；蒴果球形。

药用部位及功效：全草入药，止痛、健胃、解毒。

产地和生境：产尚义、怀来、阳原、抚宁、昌黎、遵化、曹妃甸、固安、涿州、顺平、曲阳、望都、满城、清苑、博野、平山、行唐、新乐、深泽、灵寿、井陉、鹿泉、冀州、枣强、临城、隆尧、沙河、武安、肥乡、大名、魏县、邯山、峰峰矿区。生砂质河岸湿草地、草坡、沟边路旁。

分布：分布于中国多数省区。朝鲜、日本、俄罗斯、越南、菲律宾也有分布。

植物名 弹刀子菜（通泉草科，通泉草属）

学名及出处：*Mazus stachydifolius* (Turcz.) Maxim., Bull. Acad. Imp. Sci. St.-Pétersbourg, sér. 3 20(3): 438–439. 1875.

药材名：弹刀子菜

生活型及简要特征：多年生草本。茎、叶具细长柔毛；萼裂片披针形，脉纹 10 条明显；子房和果被长硬毛。

药用部位及功效：全草入药，清热解毒、凉血散瘀。

产地和生境：产平泉、兴隆、赤城、阳原、抚宁、昌黎、迁西、遵化、滦南、丰南、曹妃甸、易县、顺平、阜平、满城、平山、灵寿、行唐、无极、赞皇、井陉、枣强、沙河、武安、肥乡、魏县、邯山。生湿润的路旁、草坡及林缘。

分布：分布于中国多数省区。朝鲜、蒙古国、俄罗斯也有分布。

透骨草科

Phrymaceae Schauer

植物名 **透骨草（透骨草科，透骨草属）**

学名及出处： *Phryma leptostachya* subsp. *asiatica* (Hara) Kitamura, Acta Phytotax. Geobot. 17: 7. 1957.

药材名： 毒蛆草

生活型及简要特征： 多年生草本。茎四棱，被倒生短毛；叶对生；穗状花序顶生或腋生，花小，花萼上唇3齿，成芒状钩；瘦果贴生于花序轴上。

药用部位及功效： 全草入药，清热利湿、活血消肿。

产地和生境： 产河北各地。生阴湿山谷或林下。

分布： 中国多数省区有分布。朝鲜、韩国、日本、越南、印度、尼泊尔、克什米尔地区、巴基斯坦也有分布。

泡桐科

Paulowniaceae Nakai

植物名 **白花泡桐（泡桐科，泡桐属）**

学名及出处： *Paulownia fortunei* (Seem.) Hemsl., Gard. Chron. ser. 37: 448. 1890.

药材名： 泡桐根、泡桐树皮、泡桐花、泡桐果

生活型及简要特征： 乔木。叶片卵状心脏形；花序圆柱形；果实长圆形。

药用部位及功效： 根或根皮入药（泡桐根），祛风止痛、解毒活血。树皮入药（泡桐树皮），祛风除湿、消肿解毒。花入药（泡桐花），清肺利咽、解毒消肿。果实入药（泡桐果），化痰、止咳、平喘。

产地和生境： 河北有栽培。

分布： 中国陕西、云南、贵州、四川、山东、河南、安徽、湖北、浙江、江西、湖南、福建、广东、广西、台湾野生或栽培。越南、老挝也有分布。

植物名 **毛泡桐（泡桐科，泡桐属）**

学名及出处： *Paulownia tomentosa* (Thunb.) Steud., Nomencl. Bot. (ed. 2) 2: 278. 1841.

药材名： 泡桐花

生活型及简要特征： 乔木。叶下面密被树枝状毛或黏质腺毛；萼深裂过半，萼齿较萼管长；果实卵圆形。

药用部位及功效： 花入药，清肺利咽、解毒消肿。

产地和生境： 河北有栽培。

分布：中国辽宁、山东、河南、安徽、湖北、江苏、江西常栽培。朝鲜、日本、欧洲及北美也有分布。

列当科

Orobanchaceae Vent.

植物名　**草苁蓉（列当科，草苁蓉属）**

学名及出处：*Boschniakia rossica* (Cham. et Schltdl.) B. Fedtsch., Fl. Europ. Ross. 896. 1910.

药材名：草苁蓉

生活型及简要特征：草本。植株无毛；雄蕊伸出花冠筒外，花药不成对靠合，花萼 3～5 浅齿裂。

药用部位及功效：全草入药，补肾壮阳、润肠通便、止血。

产地和生境：产易县。生山地林区的低洼地与河边，寄生在植物根上。

分布：中国黑龙江、吉林和内蒙古。朝鲜、日本和俄罗斯西伯利亚也有分布。

植物名　**大黄花（列当科，大黄花属）**

学名及出处：*Cymbaria daurica* L., Sp. Pl. 2: 618. 1753.

药材名：大黄花

生活型及简要特征：多年生草本。植株密被白色绵毛，呈银灰色；叶全缘。

药用部位及功效：全草入药，祛风除湿、利尿、止血。

产地和生境：产康保、沽源、张北、怀安、怀来、阳原、涿鹿、蔚县。生山坡、土丘及沟边。

分布：中国东北、内蒙古。蒙古国及俄罗斯也有分布。

植物名　**小米草（列当科，小米草属）**

学名及出处：*Euphrasia pectinata* Ten., Fl. Napol. 1: 36. 1811.

药材名：小米草

生活型及简要特征：一年生小草本。植株无腺毛；穗状花序顶生，苞片叶状；花萼管状，花药紫色。

药用部位及功效：全草入药，清热解毒、利尿。

产地和生境：产围场、丰宁、沽源、赤城、崇礼、怀安、万全、阳原、蔚县、涞源、易县。生阴坡草地及灌丛中。

分布：中国华北、甘肃、宁夏、新疆。蒙古国、俄罗斯西伯利亚及欧洲也有分布。

植物名　**山罗花（列当科，山罗花属）**

学名及出处：*Melampyrum roseum* Maxim., Prim. Fl. Amur. 210–211. 1859.

药材名：山萝花

生活型及简要特征：一年生草本。茎微四棱形；叶对生；花冠紫红色，上唇风帽状，边缘密生紫红色须毛。

药用部位及功效：全草入药，清热解毒。

产地和生境：产围场、丰宁、平泉、承德县、滦平、宽城、赤城、蔚县、青龙、抚宁、迁西、平山、赞皇、沙河、武安、涉县。生山地疏林下、林缘及林间草地。

分布：中国东北、山西、陕西、甘肃、河南、湖北、华东、华南各省。朝鲜、日本及俄罗斯远东也有分布。

植物名 **疗齿草（列当科，疗齿草属）**

学名及出处：*Odontites vulgaris* Moench, Methodus 439. 1794.

药材名：齿叶草

生活型及简要特征：一年生草本。植株被贴伏倒生的白色细硬毛；茎上部四棱形；花冠上唇紫红色，全缘，花梗极短。

药用部位及功效：全草入药，清热泻火、活血止痛。

产地和生境：产围场、宽城、沽源、张北、赤城、崇礼、怀安、万全、阳原、涿鹿、蔚县、易县。生低洼草甸及水边。

分布：中国东北、华北、西北。欧洲及蒙古国也有分布。

植物名 **列当（列当科，列当属）**

学名及出处：*Orobanche coerulescens* Steph., Sp. Pl. 3(1): 349. 1800.

药材名：列当

生活型及简要特征：二年生或多年生草本。花序长穗状，被蛛丝状绵毛，花冠紫色。

药用部位及功效：全草入药，补肾壮阳、强筋骨、润肠。

产地和生境：产河北各地。生沙丘、向阳山坡和山沟草地，常寄生在蒿属植物根上。

分布：中国东北、华北、西北、云南、四川、西藏、山东、湖北。朝鲜、日本、俄罗斯（高加索、西伯利亚、远东）也有分布。

植物名 **黄花列当（列当科，列当属）**

学名及出处：*Orobanche pycnostachya* Hance, J. Linn. Soc. Bot. 13: 84–85. 1873.

药材名：列当

生活型及简要特征：二年生或多年生草本。花序密穗状，被腺毛，花冠淡黄色。

药用部位及功效：全草入药，补肾壮阳、强筋骨、润肠。

产地和生境：分布极为普遍。生沙丘、山坡、草原，常寄生在蒿属植物根上。

分布：中国东北、华北、陕西、山东、河南、安徽。朝鲜及俄罗斯西伯利亚及远东也有分布。

植物名 **藓生马先蒿（列当科，马先蒿属）**

学名及出处： *Pedicularis muscicola* Maxim, Bull. Acad. Imp. Sci. St.-Pétersbourg, sér. 3 32: 523. 1888.

药材名： 藓生马先蒿

生活型及简要特征： 多年生草本。茎丛生，多弯曲斜升；叶具柄，羽状全裂；花单生叶腋，花冠玫瑰色，管部细长，花柱稍伸出喙端。

药用部位及功效： 根入药，补气固表、安神。

产地和生境： 产阜平、平山、灵寿。生灌丛下阴湿处。

分布： 中国山西、陕西、甘肃、青海、湖北。

植物名 **返顾马先蒿（列当科，马先蒿属）**

学名及出处： *Pedicularis resupinata* L., Sp. Pl. 2: 608. 1753.

药材名： 马先蒿

生活型及简要特征： 多年生草本。叶互生，边缘有缺刻状重齿；总状花序，花淡紫红色，盔瓣具短喙。

药用部位及功效： 根入药，祛风湿、利小便。

产地和生境： 产围场、丰宁、承德县、滦平、沽源、赤城、崇礼、阳原、涿鹿、蔚县、青龙、涞源、易县、阜平。生山地林下、林缘草地及沟谷。

分布： 中国东北、华北、陕西、甘肃、贵州、四川、山东、安徽。朝鲜、日本、蒙古国、俄罗斯及欧洲也有分布。

植物名 **轮叶马先蒿（列当科，马先蒿属）**

学名及出处： *Pedicularis verticillata* L., Sp. Pl. 2: 608. 1753.

药材名： 轮叶马先蒿

生活型及简要特征： 多年生草本。叶轮生，一回羽状深裂至全裂；花冠紫红色，下唇和盔等长。

药用部位及功效： 根入药，益气生津、养心安神。

产地和生境： 产丰宁、沽源、蔚县。生亚高山湿草甸。

分布： 中国东北、内蒙古、四川。广布于北温带较寒地带。

植物名 **松蒿（列当科，松蒿属）**

学名及出处： *Phtheirospermum japonicum* (Thunb.) Kanitz, Exp. Asiae Orient. 12. 1878.

药材名： 松蒿

生活型及简要特征： 一年生草本。全株密被黏质腺毛；叶对生、羽状分裂；花萼均等5裂，花冠上唇边缘向外反卷。

药用部位及功效： 全草入药，清热利湿、解毒。

产地和生境：产丰宁、承德县、赤城、蔚县、青龙、迁西、阜平、赞皇。生山地灌丛、草坡和沟谷草甸。

分布：中国除新疆、青海外均有。朝鲜、日本及俄罗斯远东也有分布。

植物名 **地黄（列当科，地黄属）**

学名及出处：*Rehmannia glutinosa* (Gaert.) Libosch. ex Fisch. et Mey., Index Seminum (St. Petersburg) 1: 36. 1835.

药材名：鲜地黄、生地黄、熟地黄

生活型及简要特征：多年生草本。全株密被灰白色或淡褐色长柔毛及腺毛；根状茎鲜时黄色；茎紫红色；总状花序密被腺毛；花冠筒外紫红色、内黄色有紫斑。

药用部位及功效：块根鲜用（鲜地黄），清热生津、凉血、止血。块根烘焙用（生地黄），清热凉血、养阴、生津。生地黄炮制品入药（熟地黄），滋阴补血、益精填髓。

产地和生境：产河北各地。生道旁、荒地。

分布：中国辽宁、华北、陕西、甘肃、山东、河南、湖北、江苏等地。国内及国外均有栽培。

植物名 **阴行草（列当科，阴行草属）**

学名及出处：*Siphonostegia chinensis* Benth., Bot. Beechey Voy. 203, pl. 44. 1841.

药材名：金钟茵陈、铃茵陈

生活型及简要特征：一年生草本。植株密被锈色短毛；叶片二回羽状全裂；稀疏总状花序，上唇盔状，微带紫色，下唇黄色。

药用部位及功效：全草入药，清热利湿、凉血止血、祛瘀止痛。

产地和生境：产河北各地。生低山坡或草地。

分布：中国各省区。朝鲜、日本及俄罗斯也有分布。

桔梗科

Campanulaceae Juss.

植物名 **细叶沙参（桔梗科，沙参属）**

学名及出处：*Adenophora capillaris* subsp. *paniculata* (Nannfeldt) D. Y. Hong & S. Ge, Novon 20(4): 426. 2010.

药材名：沙参

生活型及简要特征：多年生草本。萼裂片细丝状，花冠口部稍收缢，花柱伸出花冠外很长。

药用部位及功效：根入药，养阴清热、润肺化痰、益胃生津。

产地和生境：产平泉、兴隆、康保、沽源、张北、尚义、崇礼、怀安、怀来、蔚县、阜平、满城、无极、武安。生阴坡林下或山沟较湿处。

分布：中国华北、陕西、山东、河南。

植物名 **华东杏叶沙参（桔梗科，沙参属）**

学名及出处：*Adenophora petiolata* subsp. *huadungensis* (D. Y. Hong) D. Y. Hong & S. Ge, Novon 20(4): 427. 2010.

药材名：沙参

生活型及简要特征：多年生草本。茎生叶近无柄，叶基楔形渐尖；花冠与花柱近等长。

药用部位及功效：根入药，养阴清热、润肺化痰、益胃生津。

产地和生境：产尚义、怀安、蔚县、遵化、滦南、丰南、抚宁、顺平、磁县。生山坡草地或林缘草地。

分布：中国山西、陕西、贵州、四川、河南、湖北、江西、湖南、广东、广西。

植物名 **石沙参（桔梗科，沙参属）**

学名及出处：*Adenophora polyantha* Nakai, Bot. Mag. (Tokyo) 23(723): 188. 1909.

药材名：沙参

生活型及简要特征：多年生草本。叶无柄；萼裂片全缘，花柱稍伸出花冠，花冠钟形，较狭、小。

药用部位及功效：根入药，养阴清热、润肺化痰、益胃生津。

产地和生境：产河北各地。生山沟或向阳山坡。

分布：中国辽宁、华北、陕西、甘肃、宁夏、山东、河南、安徽、江苏。

植物名 **长柱沙参（桔梗科，沙参属）**

学名及出处：*Adenophora stenanthina* (Ledeb.) Kitag., Lineam. Fl. Manshur. (I): 418. 1939.

药材名：沙参

生活型及简要特征：多年生草本。花冠细筒形，5 浅裂，裂片下部稍收缢，花盘长约 5 mm，花柱伸出花冠很长。

药用部位及功效：根入药，养阴清热、润肺化痰、益胃生津。

产地和生境：产沽源、张北、崇礼、蔚县、赞皇、沙河。生干草原或低山草地。

分布：中国华北、陕西、甘肃、宁夏。蒙古国、俄罗斯西伯利亚及远东也有分布。

植物名 **沙参（桔梗科，沙参属）**

学名及出处：*Adenophora stricta* Miq., Ann. Mus. Bot. Lugduno-Batavi 2: 192. 1866.

药材名：南沙参

生活型及简要特征：多年生草本。茎叶被短毛；花萼被密硬毛，花冠外有短硬毛。

药用部位及功效：根入药，养阴清肺、化痰、益气。

产地和生境：产双滦、沽源、怀安、怀来、赤城、遵化、滦南、临城、沙河。生草丛中。
分布：中国江苏、浙江、江西、湖南。日本也有分布。

植物名 **轮叶沙参（桔梗科，沙参属）**
学名及出处：*Adenophora tetraphylla* (Thunb.) Fisch., Mém. Soc. Imp. Naturalistes Moscou 6: 167. 1823.
药材名：南沙参
生活型及简要特征：多年生草本。茎生叶轮生；花序分枝轮生，萼裂片丝状钻形，花柱伸出花冠明显。
药用部位及功效：根入药，养阴清肺、化痰、益气。
产地和生境：产围场、平泉、滦平、双滦、张北、尚义、怀安、怀来、青龙、抚宁、卢龙、迁西、阜平、灵寿、赞皇、内丘。生山坡草地或山沟阴湿草地。
分布：中国东北、华北、西南、华东、广东、广西。朝鲜、日本、俄罗斯（西伯利亚、远东）、越南也有分布。

植物名 **荠苨（桔梗科，沙参属）**
学名及出处：*Adenophora trachelioides* Maxim., Mém. Acad. Imp. Sci. St.-Pétersbourg Divers Savans 9: 186. 1859.
药材名：荠苨
生活型及简要特征：多年生草本。根白色；叶卵状心形或三角状卵心形；花冠蓝紫色，钟形花丝边缘具白色柔毛，花柱与花冠近等长。
药用部位及功效：根入药，润燥化痰、清热解毒。
产地和生境：产承德县、宽城、兴隆、蔚县、抚宁、北戴河、昌黎、遵化、迁安、滦南、丰南、乐亭、曹妃甸、易县、沙河。生山坡草地或林缘。
分布：中国辽宁、山西、山东、安徽、江苏。

植物名 **紫斑风铃草（桔梗科，风铃草属）**
学名及出处：*Campanula punctata* Lamarck, Encycl. 1(2): 586. 1785.
药材名：聚花风铃草
生活型及简要特征：多年生草本。茎生叶常具柄，柄有翅；花冠白色，有紫黑色斑点，长钟形。
药用部位及功效：全草入药，清热解毒。
产地和生境：产平泉、兴隆、蔚县。生林缘草地，山沟草丛。
分布：中国东北、华北、陕西、甘肃、云南、四川、湖北、江苏。

植物名 **羊乳（桔梗科，党参属）**
学名及出处：*Codonopsis lanceolata* (Sieb. et Zucc.) Trautv., Trudy Imp. St.-Peterburgsk. Bot.

Sada 6: 46. 1879.

药材名：四叶参

生活型及简要特征：多年生草本。根有横纹；茎缠绕；叶常 4 枚生于短枝顶端，具短柄；花冠黄绿色，内有紫斑，宽钟形，5 浅裂，裂片先端反卷。

药用部位及功效：根入药，补虚通乳、排毒解脓。

产地和生境：产丰宁、宽城、兴隆、赤城、蔚县、易县、阜平、平山、井陉。生山沟湿草地。

分布：中国东北、华北、华东及中南各省区。朝鲜、日本及俄罗斯远东也有分布。

植物名 **党参（桔梗科，党参属）**

学名及出处：*Codonopsis pilosula* (Franch.) Nannf., Acta Horti Gothob. 5(2): 29. 1930.

药材名：党参

生活型及简要特征：多年生草本。茎缠绕，有乳汁；叶下面粉绿白色，有毛；花 1～3 朵生枝端，花冠淡黄绿色，有紫斑，宽钟形。

药用部位及功效：根入药，补中益气、健脾益肺。

产地和生境：产太行山区各地。生山沟阴湿处。

分布：中国东北、华北、西北、西南及河南等地野生，全国各地有大量栽培。朝鲜、蒙古国及俄罗斯远东也有分布。

植物名 **半边莲（桔梗科，半边莲属）**

学名及出处：*Lobelia chinensis* Lour., Fl. Cochinch. 2: 514. 1790.

药材名：半边莲

生活型及简要特征：多年生草本。花两侧对称，花丝下部离生而上部合生，花药合生。

药用部位及功效：全草入药，清热解毒、利水消肿。

产地和生境：产河北北部。生山沟。

分布：长江中下游及以南各省区。印度以东的亚洲地区也有分布。

植物名 **桔梗（桔梗科，桔梗属）**

学名及出处：*Platycodon grandiflorus* (Jacq.) A. DC., Monogr. Campan. 125. 1830.

药材名：桔梗

生活型及简要特征：多年生草本。花单生茎顶，花萼钟状，花冠蓝紫色，宽钟形，5 裂，裂片宽三角形；蒴果顶部 5 瓣裂。

药用部位及功效：根入药，宣肺、利咽、祛痰、排脓。

产地和生境：产围场、丰宁、隆化、平泉、承德县、滦平、宽城、兴隆、双桥、双滦、尚义、赤城、怀安、阳原、青龙、抚宁、卢龙、昌黎、遵化、迁安、滦南、丰南、曹妃甸、涞源、阜平、顺平、望都、满城、博野、定州、灵寿、新乐、正定、无极、深泽、元氏、赞皇、晋州、临城、武安、肥乡、大名、魏县、峰峰矿区。生山沟。
分布：长江中下游及以南各省区。印度以东的亚洲地区也有分布。

睡菜科

Menyanthaceae Dumort.

植物名 荇菜（睡菜科，荇菜属）
学名及出处：*Nymphoides peltata* (S. G. Gmelin) Kuntze, Revis. Gen. Pl. 2: 429. 1891.
药材名：莕菜
生活型及简要特征：多年生水生草本。茎密生褐色斑点，节下生根；叶片漂浮，基部呈鞘状半抱茎；花簇生节上，5 数，花冠金黄色，喉部具 5 束长柔毛。
药用部位及功效：全草入药，发汗、透疹、清热、利尿。
产地和生境：产河北各地。生于池塘或不甚流动的河溪中。
分布：分布于全国绝大多数省区。

菊科

Asteraceae Bercht. & J. Presl

植物名 高山蓍（菊科，蓍属）
学名及出处：*Achillea alpina* L., Sp. Pl. 2: 899. 1753.
药材名：蓍草，蓍实
生活型及简要特征：多年生草本。叶无柄，羽状浅裂至深裂；头状花序多数；瘦果宽倒披针形。
药用部位及功效：全草入药，祛风止痛、活血、解毒。
产地和生境：产平泉、兴隆、双桥、蔚县、康保、赤城、崇礼、怀安、遵化、阜平、涞源、平山、武安。生于山坡草地、灌丛间、林缘。
分布：我国东北、内蒙古、山西、甘肃东部、宁夏等省区。朝鲜、日本、蒙古国、俄罗斯东西伯利亚及远东地区也有分布。

植物名 蓍（菊科，蓍属）
学名及出处：*Achillea millefolium* L., Sp. Pl. 2: 899. 1753.
药材名：蓍草
生活型及简要特征：多年生草本。匍匐根茎细；叶无柄，三回羽状全裂；头状花序多数。

药用部位及功效：全草入药，解毒消肿、止血、止痛。
产地和生境：河北、北京常见栽培。生于湿草地、荒地及铁路沿线。
分布：我国各地庭园常有栽培，新疆、内蒙古及东北少见野生。广泛分布于欧洲、非洲北部、伊朗、蒙古国、俄罗斯西伯利亚，在北美广泛归化。

植物名 **和尚菜（菊科，和尚菜属）**
学名及出处：*Adenocaulon himalaicum* Edgew., Trans. Linn. Soc. London 20(1): 64. 1846.
药材名：水葫芦根
生活型及简要特征：多年生草本。根状茎匍匐；叶三角状圆形；头状花序圆锥状花序。
药用部位及功效：根及根茎入药，宣肺平喘、利水消肿、散瘀痛。
产地和生境：产涿鹿、蔚县、遵化、阜平、平山。生河岸、湖旁、峡谷、阴湿密林下。
分布：我国各省区。日本、朝鲜、印度、俄罗斯远东地区都有分布。

植物名 **铃铃香青（菊科，香青属）**
学名及出处：*Anaphalis hancockii* Maxim., Bull. Acad. Imp. Sci. St.-Pétersbourg, ser. 3 27(4): 479. 1881.
药材名：五月霜
生活型及简要特征：多年生草本。根状茎细长；叶线形；头状花序 9～15 个，复伞房状。
药用部位及功效：全草入药，清热、燥湿、杀虫。
产地和生境：产涿鹿、蔚县、涞源、峰峰矿区。生于亚高山山顶及山坡草地。
分布：我国山西、陕西、甘肃、青海、西藏、四川。

植物名 **香青（菊科，香青属）**
学名及出处：*Anaphalis sinica* Hance, J. Bot. 12(141): 261. 1874.
药材名：通肠香
生活型及简要特征：多年生草本。根状茎细或粗壮；叶长圆形或线形；头状花序多数。
药用部位及功效：全草入药，祛风解表、宣肺止咳。
产地和生境：产遵化、井陉、临城、内丘、邢台县、峰峰矿区。低山或亚高山灌丛、草地、山坡和溪岸。
分布：我国北部、中部、东部及南部。朝鲜、日本有分布。

植物名 **牛蒡（菊科，牛蒡属）**
学名及出处：*Arctium lappa* L., Sp. Pl. (ed. 2) 816. 1753.
药材名：牛蒡子、牛蒡根、牛蒡茎叶
生活型及简要特征：二年生草本。肉质直根粗大；茎粗壮；基生叶长达 30 cm。头状花序直径 1.5～2 cm。
药用部位及功效：成熟果实入药（牛蒡子），疏散风热、宣肺透疹、解毒利咽。根入药

（牛蒡根），散风热、消毒肿。茎叶入药（牛蒡茎叶），清热除烦、消肿止痛。
产地和生境：产围场、平泉、滦平、兴隆、赤城、怀安、万全、怀来、涿鹿、蔚县、青龙、迁安、涞源、新乐、邢台县。生于山坡、山谷、林缘、林中、灌木丛中、河边潮湿地、村庄路旁或荒地。
分布：我国各省区有分布。广布欧亚大陆。

植物名 黄花蒿（菊科，蒿属）
学名及出处：*Artemisia annua* L., Sp. Pl. 2: 847–848. 1753.
药材名：青蒿，青蒿子，青蒿根
生活型及简要特征：一年生草本。植株有浓烈的挥发性香气；叶二回栉齿状羽状深裂；头状花序球形。
药用部位及功效：干燥地上部分入药（青蒿），清热解毒、除蒸、截疟。果实入药（青蒿子），清热明目、杀虫。根入药（青蒿根），主劳热骨蒸、关节酸疼、大便下血。
产地和生境：产承德县、康保、张北、赤城、崇礼、万全、怀来、乐亭、易县、容城、顺平、唐县、曲阳、安新、高阳、博野、灵寿、正定、元氏、赞皇、晋州、井陉、鹿泉、栾城、冀州、临城、肥乡、大名、魏县、邯山、峰峰矿区。生河边、沟谷、路旁、荒地、山坡、林缘等处，为常见杂草之一。
分布：我国各省区。广布于欧洲、亚洲、北美洲的温带、寒温带及亚热带地区。

植物名 艾（菊科，蒿属）
学名及出处：*Artemisia argyi* H. Lév & Vaniot, Repert. Spec. Nov. Regni Veg. 8 (163–165): 138. 1910.
药材名：艾叶、艾实
生活型及简要特征：多年生草本。有浓烈香气；头状花序椭圆形；瘦果长卵形或长圆形。
药用部位及功效：叶入药（艾叶），温经止血、散寒止痛、祛湿止痒。果实入药（艾实），温肾壮阳。
产地和生境：产承德县、兴隆、双桥、康保、蔚县、抚宁、遵化、丰南、曹妃甸、唐县、清苑、博野、新乐、鹿泉、栾城、临城、隆尧、南宫、南和、沙河、肥乡、大名、魏县、邯山。荒地、路旁河边及山坡等。
分布：我国各省区。蒙古国、朝鲜、俄罗斯（远东地区）也有分布。

植物名 山蒿（菊科，蒿属）
学名及出处：*Artemisia brachyloba* Franch., Nouv. Arch. Mus. Hist. Nat., sér. 2 6: 51. 1883.
药材名：岩蒿
生活型及简要特征：半灌木状草本。主根粗大；茎丛生；头状花序卵球形；瘦果卵圆形。
药用部位及功效：全草入药，祛风除湿、清热消肿。

产地和生境： 产张北、阳原。生于草地、砾质坡地、半荒漠草原、戈壁及岩石缝中。
分布： 我国内蒙古、山西、陕西、甘肃及宁夏等。蒙古国也有分布。

植物名 茵陈蒿（菊科，蒿属）
学名及出处： *Artemisia capillaris* Thunb., Nova Acta Regiae Soc. Sci. Upsal., ser. 2 3: 209. 1780.
药材名： 茵陈、茵陈蒿
生活型及简要特征： 半灌木状草本。植株有浓烈香气；叶二回羽状全裂；头状花序卵球形；瘦果长圆形或长卵形。
药用部位及功效： 干燥地上部分入药，清湿热、退黄疸。幼嫩茎叶入药（茵陈蒿），清热利湿。
产地和生境： 产康保、沽源、崇礼、蔚县、曹妃甸、涿州、易县、定兴、容城、顺平、曲阳、望都、安新、清苑、高阳、井陉、栾城、宁晋、邢台县、任泽。生于低海拔地区河岸、海岸附近的湿润沙地、路旁及低山坡地区。
分布： 我国辽宁、陕西、四川、山东、河南、安徽、湖北、江苏、浙江、江西、湖南、福建、广东、广西、台湾。东亚、东南亚、南亚、西亚、北欧、中欧、北美、南美东部、南美南部也有分布。

植物名 龙蒿（菊科，蒿属）
学名及出处： *Artemisia dracunculus* L., Sp. Pl. 2: 849. 1753.
药材名： 椒蒿
生活型及简要特征： 半灌木状草本。叶线状披针形或线形；头状花序多数，近球形。
药用部位及功效： 根入药，祛风散寒、宣肺止咳。
产地和生境： 产阳原。生于干山坡、草原、半荒漠草原、森林草原、林缘、田边、路旁、干河谷、河岸阶地、亚高山草甸等地区。
分布： 我国东北、内蒙古、山西、陕西、甘肃、宁夏、青海及新疆。蒙古国、阿富汗、印度、巴基斯坦、克什米尔地区、俄罗斯及欧洲东部、中部及西部和北美洲各国有分布。

植物名 牛尾蒿（菊科，蒿属）
学名及出处： *Artemisia dubia* Wall. ex Bess., Tent. Abrot. 39. 1832.
药材名： 黑蒿
生活型及简要特征： 半灌木状草本。叶卵形，羽状 5 深裂；头状花序组成开展、具多级分枝的大型圆锥花序。
药用部位及功效： 全草入药，清热、祛暑、凉血止血。
产地和生境： 产兴隆、涿鹿、蔚县、遵化、武强、隆尧、内丘。生于干山坡、草原、疏林下及林缘，极为普遍。

分布：我国内蒙古、甘肃、云南、四川、西藏。印度、不丹、尼泊尔也有分布。

植物名　南牡蒿（菊科，蒿属）

学名及出处：*Artemisia eriopoda* Bunge, Enum. Pl. China Bor. 37. 1831.

药材名：南牡蒿

生活型及简要特征：多年生草本。叶纸质，一至二回羽状裂；头状花序宽卵形或近球形。

药用部位及功效：全草入药，疏风清热、除湿止痛。

产地和生境：产兴隆、崇礼、蔚县、抚宁、卢龙、北戴河、遵化、涞源、内丘。生于林缘、路旁、草坡、灌丛、溪边、疏林内或林中空地。

分布：我国吉林、辽宁、内蒙古、山西、陕西、云南、四川、山东、河南、安徽、湖北、江苏、湖南。朝鲜、日本、蒙古国也有分布。

植物名　冷蒿（菊科，蒿属）

学名及出处：*Artemisia frigida* Willd., Sp. Pl. 3(3): 1838. 1803.

药材名：小白蒿

生活型及简要特征：多年生草本。植株密被短绒毛；头状花序半球形。

药用部位及功效：带花全草入药，燥湿、杀虫。

产地和生境：产康保、张北、尚义、赤城、崇礼、万全、阳原。生于山坡、路旁、砾质旷地、固定沙丘、戈壁、高山草甸等。

分布：我国东北、内蒙古、山西、陕西、甘肃、宁夏、青海、新疆、西藏。蒙古国、土耳其、伊朗、中亚及北美洲都有。

植物名　柳叶蒿（菊科，蒿属）

学名及出处：*Artemisia integrifolia* L., Sp. Pl. 2: 848. 1753.

药材名：柳叶蒿

生活型及简要特征：多年生草本。头状花序多数，椭圆形或长圆形。

药用部位及功效：全草入药，清热解毒。

产地和生境：产兴隆、遵化。生于湿润或半湿润地区的林缘、路旁、河边、草地、草甸、森林草原、灌丛及沼泽地的边缘。

分布：我国东北、内蒙古。蒙古国、朝鲜、俄罗斯也有分布。

植物名　牡蒿（菊科，蒿属）

学名及出处：*Artemisia japonica* Thunb., Nova Acta Regiae Soc. Sci. Upsal., ser. 2 3: 209. 1780.

药材名：牡蒿、牡蒿根

生活型及简要特征：多年生草本。植株有香气；茎单生；头状花序多数，卵球形或近球形。

药用部位及功效：全草入药（牡蒿），清热、凉血、解毒。根入药（牡蒿根），祛风、补虚、杀虫截疟。

产地和生境：产兴隆、涿鹿、蔚县、遵化。生于林缘、林中空地、疏林下、旷野、灌丛、丘陵、山坡、路旁等。

分布：我国辽宁、山西、陕西、甘肃、云南、贵州、四川、西藏、山东、河南、安徽、湖北、江苏、浙江、江西、湖南、福建、广东、广西、台湾。日本、朝鲜、阿富汗、印度、不丹、尼泊尔、克什米尔地区、越南、老挝、泰国、缅甸、菲律宾及俄罗斯也有分布。

植物名　猪毛蒿（菊科，蒿属）

学名及出处：*Artemisia scoparia* Waldst. et Kit., Descr. Icon. Pl. Hung. 1: 66, pl. 65. 1802.

药材名：茵陈、茵陈蒿

生活型及简要特征：多年生草本。植株有浓烈香气；叶二至三回羽状全裂；头状花序近球形，数目极多。

药用部位及功效：干燥地上部分入药（茵陈），清湿热、退黄疸。幼嫩茎叶入药（茵陈蒿），清热利湿。

产地和生境：产兴隆、康保、尚义、赤城、北戴河、昌黎、遵化、曹妃甸、涞源、易县、顺平、唐县、望都、满城、安新、高阳、博野、灵寿、深泽、元氏、赞皇、晋州、栾城、宁晋、南宫、肥乡、邯山。生山坡、林缘、路旁、荒漠边缘。

分布：我国各省区。朝鲜、日本、伊朗、土耳其、阿富汗、巴基斯坦、印度、俄罗斯及欧洲东部和中部各国都有。

植物名　蒌蒿（菊科，蒿属）

学名及出处：*Artemisia selengensis* Turcz. ex Bess., Nouv. Mem. Soc. Imp. Naturalistes Moscou 3: 50. 1834.

药材名：蒌蒿

生活型及简要特征：多年生草本。植株具清香味；叶纸质，5或3全裂或深裂；头状花序多数。

药用部位及功效：全草入药，利膈开胃。

产地和生境：产兴隆、崇礼、安新、顺平、魏县。多生于低海拔地区的林缘、河湖岸边、沼泽地。

分布：我国东北、内蒙古、山西、陕西、甘肃、云南、贵州、四川、山东、河南、湖北、安徽、江苏、江西、湖南、广东等省区。蒙古国、朝鲜及俄罗斯也有分布。

植物名　大籽蒿（菊科，蒿属）

学名及出处：*Artemisia sieversiana* Ehrhart ex Willd., Sp. Pl. 3: 1845. 1803.

药材名：大籽蒿

生活型及简要特征：一、二年生草本。头状花序大，多数，半球形或近球形。
药用部位及功效：花蕾入药，消炎止痛。
产地和生境：产丰宁、兴隆、康保、崇礼、万全、阳原、涿鹿、蔚县、涞源、顺平、博野、邢台县。生于路旁、荒地、河漫滩、草原、森林草原、干山坡或林缘等。
分布：我国东北、内蒙古、山西、陕西、甘肃、宁夏、青海、新疆、云南、贵州、四川及西藏等省区有分布。朝鲜、日本、蒙古国、阿富汗、巴基斯坦、印度、克什米尔地区及俄罗斯等也有分布。

植物名 **白莲蒿（菊科，蒿属）**
学名及出处：*Artemisia stechmanniana* Bess., Tent. Abrot. 35. 1832.
药材名：万年蒿
生活型及简要特征：半灌木状草本。头状花序近球形，下垂。
药用部位及功效：全草入药，清热解毒、凉血止痛。
产地和生境：产河北各县城。生于山坡、路旁、灌丛地及森林草原地区。
分布：我国各省区均有分布。日本、朝鲜、蒙古国、阿富汗、印度、巴基斯坦、尼泊尔、克什米尔地区及俄罗斯也有分布。

植物名 **三脉紫菀（菊科，紫菀属）**
学名及出处：*Aster ageratoides* Turcz., Bull. Soc. Imp. Naturalistes Moscou 10(7): 154. 1837.
药材名：山白菊
生活型及简要特征：多年生草本。根状茎粗壮；高 40～100 cm；头状花序伞房或圆锥伞房状。
药用部位及功效：全草入药，清热解毒、祛痰镇咳、凉血止血、利尿。
产地和生境：产兴隆、蔚县、易县。生于林下、林缘、灌丛及山谷湿地。
分布：我国东北部、北部、东部、南部至西部、西南部及西藏南部。也分布于喜马拉雅南部、朝鲜、日本及亚洲东北部。

植物名 **高山紫菀（菊科，紫菀属）**
学名及出处：*Aster alpinus* L., Sp. Pl. 2: 872. 1753.
药材名：高山紫菀
生活型及简要特征：多年生草本。头状花序在茎端单生。
药用部位及功效：全草入药，清热解毒。
产地和生境：产围场、沽源、蔚县。生于山坡、林缘和草原。
分布：我国东北、山西及新疆北部。也分布于亚洲北部至欧洲。

植物名 **萎软紫菀（菊科，紫菀属）**
学名及出处：*Aster flaccidus* Bunge, Mém. Acad. Imp. Sci. St.-Pétersbourg Divers Savans 2:

599. 1835.

药材名：太白菊

生活型及简要特征：多年生草本。总苞半球形。

药用部位及功效：全草入药，清热解毒、止咳、明目。

产地和生境：产兴隆、阳原、蔚县。生于山坡及高原草地。

分布：我国北部、西北部及西南部。也分布于喜马拉雅山区、中亚、蒙古国及俄罗斯西伯利亚东部。

植物名 **马兰（菊科，紫菀属）**

学名及出处：*Aster indicus* L., Sp. Pl. 2: 876. 1753.

药材名：路边草

生活型及简要特征：多年生草本。茎直立；头状花序单生枝顶，总苞片狭披针形，赤紫色；瘦果扁平有毛，黑色，倒卵形，无冠毛。

药用部位及功效：全草入药，健脾利湿、解毒止血。

产地和生境：产唐县、新乐、正定、邢台县。生于低山区或平川的路旁。

分布：我国多数省区有分布。世界广布。

植物名 **山马兰（菊科，紫菀属）**

学名及出处：*Aster lautureanus* (Debeaux) Franch., Mém. Soc. Sci. Nat. Math. Cherbourg 24: 224. 1884.

药材名：山马兰

生活型及简要特征：多年生草本。叶无柄；头状花序单生于分枝顶端且排成伞房状，总苞半球形，舌状花淡蓝色，管状花黄色；瘦果倒卵形，冠毛淡红色。

药用部位及功效：全草入药，清热解毒、止血。

产地和生境：产尚义、赤城、易县、容城、顺平、满城。生于干燥山坡、草原或灌丛中。

分布：分布于东北、华北、陕西、山东、河南、江苏。朝鲜、日本及俄罗斯远东地区也有分布。

植物名 **蒙古马兰（菊科，紫菀属）**

学名及出处：*Aster mongolicus* Franch., Nouv. Arch. Mus. Hist. Nat., sér. 2 6; 41, t. 13. 1883.

药材名：蒙古马兰

生活型及简要特征：多年生草本。头状花序单生分枝顶端，苞半球形，舌状花淡蓝紫、淡蓝或白色，管状花黄色；舌状花瘦果冠毛长。

药用部位及功效：根及全草入药，清热解毒、利湿、凉血止血。

产地和生境：产北戴河、涞源、易县、鹿泉。生于山坡、灌丛、田边、路旁。

分布：吉林、辽宁、内蒙古、山西、陕西、宁夏、甘肃东部、四川西北部、山东、河南。

植物名 **紫菀（菊科，紫菀属）**

学名及出处： *Aster tataricus* L. f., Suppl. Pl. 373. 1781.

药材名： 紫菀

生活型及简要特征： 多年生草本。根状茎斜升；头状花序多数，在茎和枝端排列成复伞房状。

药用部位及功效： 根和根茎入药，润肺下气、化痰止咳。

产地和生境： 产承德县、兴隆、赤城、崇礼、万全、怀来、青龙、遵化、涞源、唐县、新乐、晋州、宁晋、临城、南宫、任泽、南和、大名。生阴坡湿地、低山草地、河边及沼泽地。

分布： 我国东北、内蒙古、山西、陕西、甘肃及河南。也分布于朝鲜、日本及俄罗斯西伯利亚东部。

植物名 **苍术（菊科，苍术属）**

学名及出处： *Atractylodes lancea* (Thunb.) DC., Prodr. 7: 48. 1838.

药材名： 苍术

生活型及简要特征： 多年生草本。茎直立；头状花序单生茎枝顶端。

药用部位及功效： 干燥根茎入药，燥湿健脾、祛风散寒、明目。

产地和生境： 产隆化、滦平、赤城、怀安、涿鹿、蔚县、青龙、抚宁、北戴河、昌黎、迁西、遵化、唐县、阜平、平山、灵寿、赞皇、安平、内丘、邢台县、涉县。生于山坡草地、林下、灌丛及岩缝隙中。

分布： 我国东北、内蒙古、山西、陕西、甘肃、四川、河南、安徽、湖北、江苏、浙江、江西、湖南等地。朝鲜及俄罗斯远东地区亦有分布。

植物名 **白术（菊科，苍术属）**

学名及出处： *Atractylodes macrocephala* Koidz., Fl. Symb. Orient.-Asiat. 5. 1930.

药材名： 白术

生活型及简要特征： 多年生草本。叶片 3～5 羽状全裂；头状花序单生茎枝顶端。

药用部位及功效： 根茎入药，健脾益气、燥湿利水、止汗、安胎。

产地和生境： 产滦平、兴隆、尚义、定兴、阜平、曲阳、望都、满城、清苑、蠡县、博野、定州、灵寿、新乐、晋州、辛集、安平、武安。栽培。

分布： 四川、浙江、江西、湖南有野生。全国各地栽培。日本有栽培。

植物名 **婆婆针（菊科，鬼针草属）**

学名及出处： *Bidens bipinnata* L., Sp. Pl. 2: 832–833. 1753.

药材名： 鬼针草

生活型及简要特征： 一年生草本。叶对生；头状花序直径 6～10 mm；瘦果顶端芒刺

3～4。

药用部位及功效：全草入药，清热解毒、祛风除湿、活血消肿。

产地和生境：产滦平、康保、崇礼、卢龙、北戴河、昌黎、涿州、易县、顺平、唐县、阜平、望都、满城、安新、博野、平山、灵寿、深泽、赞皇、武强、冀州、宁晋、邢台县、任泽、南和、肥乡、魏县、邯山。生路边荒地、山坡及田间。

分布：我国东北、华北、陕西、甘肃、西南、华中、华东、华南等地。广布于亚洲、欧洲、美洲及非洲东部。

植物名 **柳叶鬼针草（菊科，鬼针草属）**

学名及出处：*Bidens cernua* L., Sp. Pl. 2: 832. 1753.

药材名：柳叶鬼针草

生活型及简要特征：一年生草本。叶对生，通常无柄。头状花序单生茎、枝端。瘦果顶端芒刺 4 枚。

药用部位及功效：全草入药，清热解毒、活血、利尿。

产地和生境：产承德县、崇礼及涉县。生于草甸及沼泽边缘。

分布：我国东北、华北及云南、四川、西藏等省区。广布于北美、欧洲和亚洲。

植物名 **大狼耙草（菊科，鬼针草属）**

学名及出处：*Bidens frondosa* L., Sp. Pl. 2: 832. 1753.

药材名：大狼把草

生活型及简要特征：一年生草本。叶对生，具柄；头状花序单生茎端和枝端；瘦果顶端芒刺 2 枚。

药用部位及功效：全草入药，补虚清热。

产地和生境：产遵化、顺平、曹妃甸、安新、新乐、正定、鹿泉、肥乡、大名、魏县、邯山。生于田野湿润处

分布：我国各省区。原产北美。

植物名 **小花鬼针草（菊科，鬼针草属）**

学名及出处：*Bidens parviflora* Willd., Enum. Pl. 2: 848. 1809.

药材名：细叶刺针草

生活型及简要特征：一年生草本。叶对生，具柄；头状花序单生茎端及枝端，具长梗；瘦果顶端芒刺 2 枚。

药用部位及功效：全草入药，清热解毒、活血散瘀。

产地和生境：产平泉、双桥、赤城、崇礼、怀安、怀来、阳原、涿鹿、蔚县、北戴河、昌黎、遵化、迁安、滦南、易县、顺平、唐县、满城、灵寿、临城、隆尧、肥乡、大名、邯山。生于路边荒地、林下及水沟边。

分布：我国东北、华北、陕西、甘肃、西南及山东、河南等地。日本、朝鲜及俄罗斯西伯利亚地区均有分布。

植物名　鬼针草（菊科，鬼针草属）

学名及出处：*Bidens pilosa* L., Sp. Pl. 2: 832. 1753.

药材名：刺针草、盲肠草

生活型及简要特征：一年生草本。叶三出；头状花序直径 8～9 mm；瘦果黑色，顶端芒刺 3～4 枚。

药用部位及功效：全草入药，清热解毒、利湿、健脾、祛风活血。

产地和生境：产承德县、宽城、双滦、康保、万全、阳原、青龙、抚宁、遵化、滦南、丰南、容城、唐县、曲阳、望都、清苑、高阳、博野、新乐、正定、无极、深泽、元氏、赞皇、井陉、鹿泉、栾城、安平、武强、枣强、宁晋、临城、隆尧、任泽、南和、大名、魏县、邯山、峰峰矿区。生于村旁、路边及荒地中。

分布：我国华东、西南、华中、华南各省区。广布于亚洲和美洲的热带和亚热带地区。

植物名　狼耙草（菊科，鬼针草属）

学名及出处：*Bidens tripartita* L., Sp. Pl. 2: 831–832. 1753.

药材名：狼把草

生活型及简要特征：一年生草本。叶对生；头状花序单生茎端及枝端；瘦果扁，顶端芒刺通常 2 枚。

药用部位及功效：全草入药，清热解毒、养阴敛汗。

产地和生境：产平泉、兴隆、张北、崇礼、宣化、蔚县、昌黎、遵化、顺平、唐县、曲阳、高阳、平山、灵寿、赞皇。生于路边荒野及水边湿地。

分布：我国东北、华北、陕西、甘肃、新疆、西南、华东、华中等省区。广布于亚洲、欧洲和非洲北部。

植物名　金盏花（菊科，金盏花属）

学名及出处：*Calendula officinalis* L., Sp. Pl. 2: 921. 1753.

药材名：金盏菊、金盏菊根

生活型及简要特征：一年生草本。叶长圆状披针形，无柄；头状花序单生茎枝端。

药用部位及功效：全草入药（金盏菊），清热解毒、活血调经。根入药（金盏菊根），活血散瘀、行气止痛。

产地和生境：河北有栽培，供观赏。

分布：我国各省区栽培。原产欧洲。

植物名　丝毛飞廉（菊科，飞廉属）

学名及出处：*Carduus crispus* L., Sp. Pl. 2: 821–822. 1753.

药材名：飞廉

生活型及简要特征：二年生或多年生草本。头状花序总苞卵圆形，直径 1.5～2 cm。

药用部位及功效：全草或根入药，祛风、清热、利湿、凉血止血、活血消肿。

产地和生境：产滦平、兴隆、张北、万全、蔚县、涞源、望都、武安、大名、魏县、邯山、峰峰矿区。生于山坡草地、田间、荒地河旁及林下。

分布：我国各省区。欧洲、北美、俄罗斯、蒙古国、朝鲜都有分布。

植物名　天名精（菊科，天名精属）

学名及出处：*Carpesium abrotanoides* L., Sp. Pl. 2: 860. 1753.

药材名：北鹤虱、天名精

生活型及简要特征：多年生粗壮草本。头状花序多数；瘦果长约 3.5 mm。

药用部位及功效：干燥成熟果实入药（北鹤虱），杀虫消积。全草入药，清热、化痰、解毒、杀虫、破瘀、止血。

产地和生境：产曲阳、满城、武安、涉县。生于村旁、路边荒地、溪边及林缘。

分布：我国陕西及西南、华中、华东、华南各省区。朝鲜、日本、越南、缅甸、印度、伊朗和俄罗斯均有分布。

植物名　烟管头草（菊科，天名精属）

学名及出处：*Carpesium cernuum* L., Sp. Pl. 2: 859-860. 1753.

药材名：杓儿菜

生活型及简要特征：多年生草本。叶椭圆形至长椭圆形；头状花序单生，开花时下垂。

药用部位及功效：全草入药，清热解毒、消肿止痛。

产地和生境：产宽城、抚宁、卢龙、迁西、遵化、迁安、丰南、易县、曲阳、晋州、井陉、武强、临城、邢台县、武安、峰峰矿区。生于林缘、路边荒地、山坡、沟边等处。

分布：我国东北、华北、陕西、甘肃、西南、华东、华中、华南等地。欧洲至朝鲜和日本也有分布。

植物名　金挖耳（菊科，天名精属）

学名及出处：*Carpesium divaricatum* Sieb. et Zucc., Abh. Math.-Phys. Cl. Königl. Bayer. Akad. Wiss. 4 (3): 187. 1846.

药材名：金挖耳、金挖耳根

生活型及简要特征：多年生草本。茎直立；头状花序单生茎端及枝端。

药用部位及功效：全草入药（金挖耳），清热解毒、消肿止痛。根入药（金挖耳根），止痛、解毒。

产地和生境：产赤城、顺平。生于路旁及山坡灌丛中。

分布：我国华东、华南、华中、西南和东北各省区。日本、朝鲜也有分布。

植物名 **大花金挖耳（菊科，天名精属）**

学名及出处： *Carpesium macrocephalum* Franch. et Sav., Enum. Pl. Jap. 2: 405. 1879.

药材名： 大烟锅草

生活型及简要特征： 多年生草本。茎叶于花前枯萎；头状花序，开花时下垂。

药用部位及功效： 全草入药，凉血、散淤、止血。

产地和生境： 产河北西北部。生于山坡灌丛及混交林边。

分布： 我国东北、华北、陕西、甘肃南部和四川北部。日本、朝鲜、俄罗斯远东地区均有分布。

植物名 **红花（菊科，红花属）**

学名及出处： *Carthamus tinctorius* L., Sp. Pl. 2: 830. 1753.

药材名： 红花

生活型及简要特征： 一年生草本。茎直立，上部分枝；全部叶质地坚硬，革质；头状花序多数，小花红色。

药用部位及功效： 花入药，活血通经、祛瘀止痛。

产地和生境： 产张北、赤城、遵化、迁安、滦南。庭院及药圃中栽培。

分布： 我国各省区栽培。原产中亚地区。

植物名 **石胡荽（菊科，石胡荽属）**

学名及出处： *Centipeda minima* A. Br. et Aschers., Index Seminum (Berlin) 1867: App. 6. 1868.

药材名： 鹅不食草

生活型及简要特征： 一年生小草本。茎多分枝；头状花序小，扁球形，花冠淡紫红色。

药用部位及功效： 带花全草入药，祛风、散寒、胜湿、去翳、通鼻塞。

产地和生境： 产崇礼、北戴河、定兴、曲阳、望都、安新、肥乡、魏县、邯山。生于路旁、荒野阴湿地。

分布： 我国东北、华北、西南、华东、华中、华南。朝鲜、日本、印度、马来西亚、大洋洲也有分布。

植物名 **野菊（菊科，菊属）**

学名及出处： *Chrysanthemum indicum* L., Sp. Pl. 2: 889. 1753.

药材名： 野菊花

生活型及简要特征： 多年生草本。基生叶和下部叶花期脱落；舌状花黄色。

药用部位及功效： 头状花序入药，清热解毒、疏风平肝。

产地和生境： 产尚义、涿鹿、昌黎、遵化、滦南、曹妃甸、曲阳、望都、新乐、正定、临城、南和。生于山坡草地、灌丛、河边水湿地、滨海盐渍地、田边及路旁。

分布：我国东北、华北、西南、华中、华南各地。印度、日本、朝鲜、俄罗斯也有分布。

植物名 **菊（菊科，菊属）**

学名及出处：*Chrysanthemum* × *morifolium* (Ramat.) Hemsl., Gard. Chron., Ser. 3, 6: 586. 1889.

药材名：菊花、菊花叶

生活型及简要特征：多年生草本。叶卵形至披针形。头状花序总苞片多层；舌状花颜色各种，管状花黄色。

药用部位及功效：花序入药（菊花），疏风清热、平肝明目、解毒消肿。叶入药（菊花叶），清肝明目、解毒消肿。

产地和生境：产新乐、肥乡。栽培。

分布：我国各省区栽培。

植物名 **菊苣（菊科，菊苣属）**

学名及出处：*Cichorium intybus* L., Sp. Pl. 2: 813. 1753.

药材名：菊苣根，菊苣

生活型及简要特征：多年生草本。茎直立，单生；头状花序多数，舌状小花蓝色。

药用部位及功效：根入药（菊苣根），清热、健胃。地上部分入药（菊苣），清热解毒、利尿消肿。

产地和生境：产望都。生于河边、水沟边或山坡。

分布：我国黑龙江、辽宁、北京、山西、陕西、新疆、贵州、四川、西藏、河南、江苏、江西、湖南。广布欧洲、亚洲、北非。

植物名 **绿蓟（菊科，蓟属）**

学名及出处：*Cirsium chinense* Gardn. et Champ., Hooker’s J. Bot. Kew Gard. Misc. 1: 323. 1849.

药材名：小蓟

生活型及简要特征：多年生。叶边缘有针刺；头状花序少数在茎枝顶端排成不规则的伞房花序。

药用部位及功效：全草入药，凉血止血、清热消肿。

产地和生境：产平泉、北戴河、涞源。生于山坡草丛，河旁或荒地、田间。

分布：我国辽宁、内蒙古、四川、山东、江苏、浙江、江西、广东。

植物名 **莲座蓟（菊科，蓟属）**

学名及出处：*Cirsium esculentum* (Sievers) C. A. Mey., Beitr. Pflanzenk. Russ. Reiches 5: 43. 1848.

药材名：莲座蓟

生活型及简要特征：多年生草本。根生叶长圆状倒披针形；头状花序数个密集，全为管状花，紫色。

药用部位及功效：全草入药，散瘀消肿、排脓托毒、止血。

产地和生境：产张家口、承德、保定地区。生于平原或山地潮湿地或水边。

分布：我国东北、内蒙古及新疆。俄罗斯（中亚、西伯利亚）和蒙古国。

植物名　蓟（菊科，蓟属）

学名及出处：*Cirsium japonicum* Fisch. ex DC., Prodr. 6: 642. 1837.

药材名：大蓟

生活型及简要特征：多年生草本。块根纺锤状或萝卜状；茎枝有条棱，被长毛；花全部为两性管状花，花冠紫色或紫红色。

药用部位及功效：全草入药，凉血止血、行瘀消肿。

产地和生境：产康保、怀来、青龙、涞源、容城、清苑、博野、元氏、宁晋、邢台县、任泽、南和。野生于山坡、路边等处。

分布：广布陕西、云南、贵州、四川、山东、湖北、江苏、浙江、江西、湖南、福建、广东、广西和台湾。日本、朝鲜也有分布。

植物名　野蓟（菊科，蓟属）

学名及出处：*Cirsium maackii* Maxim., Mém. Acad. Imp. Sci. St.-Pétersbourg Divers Savans 9: 172–173. 1859.

药材名：牛戳口

生活型及简要特征：多年生草本。不定根可发育成萝卜状的块根；茎灰白色，有稠密的绒毛；头状花序单生茎端或在茎枝顶端排成伞房花序；花紫红，瘦果淡黄色。

药用部位及功效：全草入药，凉血止血、消肿解毒。

产地和生境：产围场、宽城、崇礼、遵化、曹妃甸、涿州、顺平、安新、肥乡、魏县、邯山、峰峰矿区。生于山坡草地、林缘及草甸。

分布：分布于东北、四川、山东、安徽、江苏、浙江。俄罗斯远东地区及朝鲜也有分布。

植物名　烟管蓟（菊科，蓟属）

学名及出处：*Cirsium pendulum* Fisch. ex DC., Prodr. 6: 650. 1837.

药材名：烟管蓟

生活型及简要特征：多年生草本。茎被蛛丝状毛；头状花序多单生于枝端，花冠紫色，冠毛灰白色，羽状；瘦果长圆形。

药用部位及功效：全草入药，解毒、止血、补虚。

产地和生境：产围场、承德县、兴隆、赤城、崇礼、涿鹿、蔚县、青龙、易县、武强。生于河岸、草地、山坡林缘。

分布：分布于东北、内蒙古、山西、陕西及甘肃。俄罗斯（东西伯利亚及远东）、朝鲜、日本有分布。

植物名 **绒背蓟（菊科，蓟属）**

学名及出处： *Cirsium vlassovianum* Fisch. ex DC., Prodr. 6: 653. 1837.

药材名： 猫腿姑

生活型及简要特征： 多年生草本。块根肥大；茎表面暗紫色或绿色，有棱；叶无柄；头状花序顶生，花全为管状，紫红色至蓝紫色，筒部比檐部短；瘦果有羽状冠毛。

药用部位及功效： 块根入药，祛风、除湿、止痛。

产地和生境： 产崇礼、蔚县、青龙。生于干山坡、草地、林缘。

分布： 分布东北、内蒙古及山西。俄罗斯远东地区、朝鲜及蒙古国有分布。

植物名 **剑叶金鸡菊（菊科，金鸡菊属）**

学名及出处： *Coreopsis lanceolata* L., Sp. Pl. 2: 908. 1753.

药材名： 线叶金鸡菊

生活型及简要特征： 多年生草本。茎直立；叶对生；头状花序腋生或顶生，舌状花黄色，管状花黄色；瘦果椭圆形。

药用部位及功效： 全草入药，解热毒、消痈肿。

产地和生境： 产康保、定兴、博野、新乐、正定、深泽、元氏、武强、冀州等地常见栽培，观赏植物。

分布： 我国各地庭院常有栽培。原产北美，世界广布。

植物名 **两色金鸡菊（菊科，金鸡菊属）**

学名及出处： *Coreopsis tinctoria* Nutt., J. Acad. Nat, Sci. Philadelph 2(1): 114–115. 1821.

药材名： 波斯菊

生活型及简要特征： 一年生至多年生草本。植株无毛；叶对生；头状花序多数，总苞半球形，舌状花黄色，舌片倒卵形，管状花红褐色；瘦果长圆形或纺锤形。

药用部位及功效： 全草入药，清热解毒、化湿。

产地和生境： 庭院广为栽培。

分布： 我国各地常见栽培，原产北美的观赏植物。

植物名 **黄瓜菜（菊科，假还阳参属）**

学名及出处： *Crepidiastrum denticulatum* (Houttyn) Pak & Kawano, Mem. Fac. Sci. Kyoto Univ., Ser. Biol. 15: 56–57. 1992.

药材名： 苦荬菜

生活型及简要特征： 一年生或二年生草本。生多数须根；冠毛白色，糙毛状；瘦果长椭圆形，黑色或黑褐色。

药用部位及功效： 全草入药，清热解毒、消肿止痛。

产地和生境：产兴隆、怀来、蔚县、青龙、遵化、易县、顺平。生于山坡林缘、林下、田边或岩石缝隙中。

分布：我国东北、山西、甘肃、贵州、四川、河南、安徽、湖北、江苏、浙江、江西、广东。俄罗斯远东地区、蒙古国、朝鲜、日本也有分布。

植物名　北方还阳参（菊科，还阳参属）

学名及出处：*Crepis crocea* (Lamk.) Babc., Univ. Calif. Publ. Bot. 19: 400. 1941.

药材名：还阳参

生活型及简要特征：多年生草本。地下根圆形；茎直立有纵槽纹；叶互生；头状花序顶生，花黄色；瘦果黑褐色，顶端有白色冠毛。

药用部位及功效：全草入药，止咳、化痰、平喘。

产地和生境：产涿鹿、蔚县、涞源、冀州。生于山地阳坡、田边、路旁。

分布：分布内蒙古、北京、山西、陕西、甘肃、青海。蒙古国、俄罗斯西伯利亚有分布。

植物名　大丽花（菊科，大丽花属）

学名及出处：*Dahlia pinnata* Cav., Icon. 1(3): 57, t. 80. 1791.

药材名：大理菊

生活型及简要特征：一年生至多年生草本。块根；叶对生；头状花序，舌状花红色、紫红色或粉红色；瘦果长椭圆形或倒卵形。

药用部位及功效：根块入药，清热解毒、散瘀止痛。

产地和生境：各地多栽培。

分布：原产墨西哥，是全世界栽培最广的观赏植物，我国栽培品种较多。

植物名　驴欺口（菊科，蓝刺头属）

学名及出处：*Echinops davuricus* Fisch. ex Hornem., Suppl. Hort. Bot. Hafn. 105. 1819.

药材名：禹州漏芦

生活型及简要特征：多年生草本。全株被白色蛛丝状毡毛；叶互生，叶片椭圆形；多数小头状花序集合成圆球形；瘦果杯状，被白色长毛。

药用部位及功效：根入药，清热、解毒、活血、止痛。

产地和生境：产围场、丰宁、康保、沽源、张北、尚义、赤城、崇礼、怀安、万全、怀来、阳原、蔚县、青龙、抚宁、遵化、涞源、顺平、曲阳、满城、平山、赞皇、内丘、峰峰矿区。生于林缘、干燥山坡、草甸。

分布：东北、华北、陕西、甘肃、山东、河南。朝鲜、内蒙古、俄罗斯也有分布。

植物名　砂蓝刺头（菊科，蓝刺头属）

学名及出处：*Echinops gmelinii* Turcz., Bull. Soc. Imp. Naturalistes Moscou 5: 195. 1832.

药材名：砂漏芦、砂漏芦根

生活型及简要特征：一年生或多年生草本。叶互生，条状披针形，基部半抱茎；复头状花序单生于枝端，白色或淡蓝色，花冠筒白色；果密生绒毛。

药用部位及功效：全草入药（砂漏芦），止血、安胎。根入药（砂漏芦根），清热解毒、通乳、排脓。

产地和生境：产张北、赤城、宣化、阳原、遵化。生于丘陵、沙地。

分布：分布东北、内蒙古、山西、陕西、甘肃、宁夏、青海、新疆、河南。俄罗斯西伯利亚及蒙古国。

植物名 **鳢肠（菊科，鳢肠属）**

学名及出处：*Eclipta prostrata* (L.) L., Mant. Pl. 2: 286. 1771.

药材名：墨旱莲

生活型及简要特征：一年生草本。茎被贴生糙毛；叶长圆状披针形或披针形；头状花序，总苞球状钟形，花冠管状，白色；瘦果暗褐色。

药用部位及功效：全草入药，补益肝肾、凉血止血。

产地和生境：各地常见。生于河边湿地、路旁。

分布：我国各省区。世界热带及亚热带地区广泛分布。

植物名 **一年蓬（菊科，飞蓬属）**

学名及出处：*Erigeron annuus* (L.) Pers., Syn. Pl. 2: 431. 1807.

药材名：一年蓬

生活型及简要特征：一年生或二年生草本。头状花序排成疏圆锥花序，总苞半球形，舌片平展，白色或淡天蓝色，两性花管状，黄色，冠毛异形。

药用部位及功效：全草入药，清热解毒、抗疟。

产地和生境：为常见杂草之一。常生于路边旷野或山坡荒地。

分布：广泛分布于吉林、四川、西藏、山东、河南、安徽、湖北、江苏、江西、湖南、福建等省区。原产北美洲。

植物名 **香丝草（菊科，飞蓬属）**

学名及出处：*Erigeron bonariensis* L., Sp. Pl. 2: 863. 1753.

药材名：野塘蒿

生活型及简要特征：一年生或二年生草本。根纤维状；单叶互生，基部叶披针形；舌状花白色；瘦果长圆形。

药用部位及功效：全草入药，清热祛湿、行气止痛。

产地和生境：产康保、遵化、滦南、丰南、曹妃甸、博野、正定、枣强、宁晋、南宫、任泽、南和、肥乡、邯山。生于路边、田野及山坡草地。

分布：分布于我国中部、西南、东部、南部各省区。原产南美，现广布于热带及亚热带地区。

植物名 **小蓬草（菊科，飞蓬属）**
学名及出处： *Erigeron canadensis* L., Sp. Pl. 2: 863. 1753.
药材名： 小飞蓬
生活型及简要特征： 一年生或二年生草本。叶互生；头状花序外围舌状花多层、白色，中央管状花白色或黄色；瘦果略有毛。
药用部位及功效： 全草入药，清热利湿、散瘀消肿。
产地和生境： 产兴隆、双桥、康保、尚义、抚宁、卢龙、昌黎、遵化、乐亭、曹妃甸、容城、顺平、唐县、阜平、曲阳、望都、安新、清苑、高阳、博野、灵寿、正定、无极、深泽、元氏、赞皇、晋州、鹿泉、武强、冀州、枣强、宁晋、隆尧、巨鹿、南宫、任泽、南和、永年、肥乡、大名、魏县、邯山、峰峰矿区。生于路边、山坡、草丛中。
分布： 我国南北各省区均有分布。原产北美洲，现在各地广泛分布。

植物名 **佩兰（菊科，泽兰属）**
学名及出处： *Eupatorium fortunei* Turcz., Bull. Soc. Imp. Naturalistes Moscou 24(1): 170. 1851.
药材名： 佩兰
生活型及简要特征： 多年生草本。根茎横走，淡红褐色；茎绿色或红紫色，被稀疏的短柔毛；花序分枝及花序梗上的毛较密；瘦果黑褐色，长椭圆形。
药用部位及功效： 地上部分入药，解暑化湿、辟秽和中。
产地和生境： 产河北各县野生或栽培。野生罕见，栽培者多。野生者生路边灌丛及山沟路旁。
分布： 分布于陕西、云南、贵州、四川、山东、湖北、江苏、浙江、江西、湖南、广东及广西。日本、朝鲜也有分布。

植物名 **轮叶泽兰（菊科，泽兰属）**
学名及出处： *Eupatorium lindleyanum* DC., Prodr. 5: 180. 1836.
药材名： 野马追
生活型及简要特征： 多年生草本。茎枝密被白色柔毛；花序分枝及花梗密被白色柔毛，总苞钟状，花白、粉红或淡紫红色；瘦果黑褐色，椭圆状，冠毛白色。
药用部位及功效： 全草入药，甭肺止咳、化痰平喘、降血压。
产地和生境： 产宽城、兴隆、涿鹿、蔚县、北戴河、遵化、乐亭、涞源、顺平、曲阳、平山、邢台县。生于山谷阴处水湿地，林下湿地或草原上。
分布： 除新疆未见记录外，遍布全国各地。俄罗斯西伯利亚地区、朝鲜、日本都有分布。

植物名 **线叶菊（菊科，线叶菊属）**
学名及出处： *Filifolium sibiricum* (L.) Kitam., Acta Phytotax. Geobot. 9(3): 157. 1940.

药材名：兔毛蒿

生活型及简要特征：多年生草本。茎无毛；基生叶莲座状；头状花序盘状，花冠管状，黄色；瘦果稍扁，黑色，无毛。

药用部位及功效：全草入药，清热解毒、安神、调经。

产地和生境：产丰宁、康保、沽源、张北、万全、怀来、阳原、满城。生于山坡草地。

分布：产东北、内蒙古、山西。朝鲜、日本、俄罗斯东西伯利亚及远东地区也有分布。

植物名 **牛膝菊（菊科，牛膝菊属）**

学名及出处：*Galinsoga parviflora* Cav., Icon. 3(2): 41–42, pl. 281. 1794.

药材名：辣子草

生活型及简要特征：一年生草本。茎被贴伏柔毛和少量腺毛；叶对生，卵形或长椭圆状卵形；头状花序半球形，舌状花 4～5，舌片白色，管状花黄色；瘦果，被白色微毛。

药用部位及功效：全草入药，清热解毒、止咳平喘、止血。

产地和生境：产平泉、宽城、兴隆、尚义、怀来、涿鹿、青龙、抚宁、卢龙、迁西、遵化、滦南、丰南、曹妃甸、易县、望都、博野、新乐、正定、深泽、元氏、晋州、临城、邢台县、武安、肥乡、大名、魏县、邯山。生林下、河谷地、荒野、水边或市郊路旁。

分布：产全国多数省区。原产南美洲，在我国归化。

植物名 **茼蒿（菊科，茼蒿属）**

学名及出处：*Glebionis coronaria* (L.) Cassini ex Spach, Hist. Nat. Vég. 10: 181. 1841.

药材名：茼蒿

生活型及简要特征：一年生草本。植株光滑无毛或几光滑无毛；叶二回羽状分裂。

药用部位及功效：茎叶入药，和脾胃、消痰饮、安心神。

产地和生境：河北有野生，现多见栽培。

分布：我国多省有栽培。

植物名 **向日葵（菊科，向日葵属）**

学名及出处：*Helianthus annuus* L., Sp. Pl. 2: 904–905. 1753.

药材名：向日葵根、向日葵茎髓、向日葵叶、向日葵花盘、向日葵花、向日葵子

生活型及简要特征：一年生草本。茎被白色粗硬毛；叶互生；头状花序极大，舌状花多数，黄色，不结实，管状花极多数；瘦果倒卵圆形或卵状长圆形。

药用部位及功效：根入药（向日葵根），清热利湿、行气止痛。茎内髓心入药（向日葵茎髓），清热、利尿、止咳。叶入药（向日葵叶），降压、截疟、解毒。花盘入药（向日葵花盘），清热、平肝、止痛、止血。花蕾入药（向日葵花），祛风、平肝、利湿。种子入药（向日葵子），透疹、止痢、透痈脓。

产地和生境：产丰宁、承德县、康保、尚义、万全、迁西、涿州、定兴、顺平、曲阳、

望都、满城、清苑、新乐、正定、深泽、元氏、晋州、鹿泉、栾城、枣强、宁晋、南宫、任泽、魏县、邯山。栽培。

分布：我国各省区。原产北美，世界各国均有栽培。

植物名 **菊芋（菊科，向日葵属）**

学名及出处：*Helianthus tuberosus* L., Sp. Pl. 2: 905. 1753.

药材名：菊芋

生活型及简要特征：多年生草本。叶对生，卵圆形或卵状椭圆形；舌状花黄色，长椭圆形，管状花花冠黄色；瘦果楔形。

药用部位及功效：块根、茎叶入药，清热凉血、消肿。

产地和生境：产隆化、双滦、康保、遵化、滦南、丰南、曹妃甸、涿州、定兴、顺平、曲阳、安新、高阳、博野、新乐、正定、晋州、安平、宁晋、隆尧、南和、肥乡、大名、魏县、邯山。栽培。

分布：我国各地广泛栽培。原产北美。

植物名 **山柳菊（菊科，山柳菊属）**

学名及出处：*Hieracium umbellatum* L., Sp. Pl. 2: 804–805. 1753.

药材名：山柳菊

生活型及简要特征：多年生草本。茎被极稀疏小刺毛；头状花序排成伞房或伞房圆锥花序，舌状小花黄色；瘦果黑紫色，圆柱形，冠毛淡黄色。

药用部位及功效：根及全草入药，清热解毒、利湿、消积。

产地和生境：产崇礼、蔚县、阜平。山坡林缘、林下或草丛中、松林及河滩沙地。

分布：我国黑龙江、辽宁、内蒙古、北京、山西、陕西、甘肃、新疆、云南、贵州、四川、西藏、山东、河南、湖北、江西、湖南。广布日本、蒙古国、伊朗、巴基斯坦、印度及俄罗斯、哈萨克斯坦、乌兹别克斯坦、欧洲。

植物名 **欧亚旋覆花（菊科，旋覆花属）**

学名及出处：*Inula britannica* L., Sp. Pl. 2: 882. 1753.

药材名：旋覆花

生活型及简要特征：多年生草本。头状花序，总苞半球形，舌状花线形，黄色，管状花花冠有三角状披针形裂片；瘦果圆柱形，冠毛白色。

药用部位及功效：干燥头状花序入药，降气、消痰、行水、止呕。

产地和生境：产平泉、滦平、兴隆、康保、张北、赤城、崇礼、万全、阳原、涿鹿、蔚县、卢龙、遵化、曹妃甸、涿州、顺平、唐县、阜平、满城、平山、灵寿、新乐、正定、赞皇、永年、肥乡、魏县、邯山。生于河流沿岸、湿润坡地、田埂路旁。

分布：我国黑龙江（黑河、克山等）、内蒙古东部和南部及新疆北部至南部。欧洲、俄罗斯、朝鲜、日本等地都有广泛的分布。

植物名 **土木香（菊科，旋覆花属）**

学名及出处： *Inula helenium* L., Sp. Pl. 2: 881. 1753.

药材名： 土木香

生活型及简要特征： 多年生草本，茎被长毛，头状花序排成伞房状花序，舌状花黄色，舌片线形，管状花，裂片披针形；瘦果四或五面形，有棱和细沟，无毛。

药用部位及功效： 根入药，健脾和胃、行气止痛、驱旱。

产地和生境： 产望都。北京市有栽培。

分布： 我国新疆，其他许多地区常栽培。欧洲（中部、北部、南部）、亚洲（西部、中部）、俄罗斯西伯利亚西部至蒙古国北部和北美广布。

植物名 **旋覆花（菊科，旋覆花属）**

学名及出处： *Inula japonica* Thunb., Nova Acta Regiae Soc. Sci. Upsal., ser. 2 4: 39. 1783.

药材名： 金沸草、旋覆花

生活型及简要特征： 多年生草本。茎被长伏毛；头状花序排成疏散伞房花序，舌状花与管状花近等长，黄色；瘦果圆柱形，被疏毛。

药用部位及功效： 干燥地上部分入药（金沸草），降气、消痰、行水。干燥头状花序入药（旋覆花），降气、消痰、行水、止呕。

产地和生境： 产隆化、承德县、滦平、宽城、兴隆、双桥、双滦、康保、张北、尚义、赤城、怀安、万全、怀来、阳原、蔚县、青龙、抚宁、卢龙、北戴河、昌黎、遵化、滦南、丰南、曹妃甸、涞源、涿州、定兴、顺平、唐县、阜平、曲阳、望都、满城、安新、清苑、高阳、博野、平山、灵寿、深泽、元氏、赞皇、井陉、鹿泉、栾城、冀州、宁晋、临城、隆尧、邢台县、任泽、永年、肥乡、大名、邯山、峰峰矿区。生于山坡路旁、湿润草地、河岸和田埂上。

分布： 我国东北部、北部、中部、东部各省极常见，四川、贵州、福建、广东也可见到。蒙古国、朝鲜、日本、俄罗斯西伯利亚有分布。

植物名 **线叶旋覆花（菊科，旋覆花属）**

学名及出处： *Inula linariifolia* Turcz., Bull. Soc. Imp. Naturalistes Moscou 10(7): 154. 1837.

药材名： 金沸草

生活型及简要特征： 多年生草本。茎被柔毛；头状花序排成伞房状，总苞半球形，舌状花舌片黄色，长圆状线形，冠毛白色，与管状花花冠等长；瘦果圆柱形。

药用部位及功效： 干燥地上部分入药，散降气、消痰、行水。

产地和生境： 产康保、沽源、张北、尚义、蔚县、抚宁、北戴河、迁西、迁安、顺平、满城、博野、深泽、沙河、永年、峰峰矿区。生于山坡、荒地、湿草地、路旁、田埂、河岸。

分布：我国东北部、北部、中部和东部各省。国外极常见。

植物名 **中华苦荬菜（菊科，苦荬菜属）**

学名及出处：*Ixeris chinensis* (Thunb.) Nakai, Bot. Mag. (Tokyo) 34: 152. 1920.

药材名：苦菜

生活型及简要特征：多年生草本。头状花序通常在茎枝顶端排成伞房花序，舌状小花黄色，干时带红色。

药用部位及功效：全草入药，清热解毒、破瘀活血、排脓。

产地和生境：产隆化、蔚县、抚宁、北戴河、涞源、容城、曲阳、高阳、大名。生于山坡路旁、田野、河边灌丛或岩石缝隙中。

分布：我国分布黑龙江、山西、陕西、贵州、四川、西藏、河南、山东、安徽、江苏、浙江、江西、福建、台湾。俄罗斯远东地区及西伯利亚、日本、朝鲜也有分布。

植物名 **剪刀股（菊科，苦荬菜属）**

学名及出处：*Ixeris japonica* (Burm. f.) Nakai, Bot. Mag. (Tokyo) 40: 575. 1926.

药材名：剪刀股

生活型及简要特征：多年生草本。全株无毛；茎基部平卧，具匍匐茎；基生叶莲座状；头状花序有梗，舌状花黄色；瘦果成熟后红棕色，冠毛白色。

药用部位及功效：全草入药，清热解毒、利尿消肿。

产地和生境：产涿州、顺平、安新、肥乡、魏县、邯山。生于海边低湿地、路旁及荒地。

分布：我国各省区。世界广布。

植物名 **额河千里光（菊科，疆千里光属）**

学名及出处：*Jacobaea argunensis* (Turcz.) B. Nordenstam, Compositae Newslett. 44: 13. 2006.

药材名：斩龙草

生活型及简要特征：多年生草本。茎被蛛丝状柔毛，叶羽状全裂或羽状深裂；瘦果圆柱形，无毛，冠毛淡白色。

药用部位及功效：全草入药，清热解毒。

产地和生境：产隆化、平泉、沽源、阳原、涿鹿、蔚县、北戴河、遵化、易县。生于草地、山坡、林缘、溪岸。

分布：东北、内蒙古、山西、陕西、甘肃、青海、四川、湖北。俄罗斯西伯利亚及远东地区、朝鲜、蒙古国也有分布。

植物名 **大丁草（菊科，大丁草属）**

学名及出处：*Leibnitzia anandria* (L.) Turcz., Ukaz. Otkryt. 8(1): 404. 1831.

药材名： 大丁草

生活型及简要特征： 多年生草本，有春、秋二型。春型植株较矮小，基部叶丛生；秋型植株高大，基部叶倒披针状长椭圆形；头状花序单生总苞筒状钟形，舌状花紫红色。

药用部位及功效： 全草入药，清热利湿、解毒消肿。

产地和生境： 产平泉、承德县、兴隆、沽源、张北、尚义、怀安、万全、阳原、涿鹿、蔚县、卢龙、北戴河、遵化、滦南、丰南、曹妃甸、涞源、易县、顺平、阜平、满城、灵寿、正定、赞皇、井陉、武强、临城、邢台县、沙河、武安、峰峰矿区。生于坡地、路旁、田边或灌木丛中。

分布： 全国各地有分布。

植物名 **长叶火绒草（菊科，火绒草属）**

学名及出处： *Leontopodium junpeianum* Kitam., Acta Phytotax. Geobot. 4(2): 102. 1935.

药材名： 兔耳子草

生活型及简要特征： 多年生草本。根状茎短；头状花序，小花雌雄异株，雄花花冠管状漏斗状，雌花花冠丝状管状，冠毛白色；瘦果有乳突或有短粗毛。

药用部位及功效： 全草入药，疏风清热、止咳化痰。

产地和生境： 产沽源、怀安、阳原、涿鹿、蔚县、涞源、顺平、平山。生于高山和亚高山的湿润草地、洼地、灌丛或岩石上。

分布： 产内蒙古南部及东部、山西中部的秦岭和吕梁山脉陕西、甘肃、青海、四川、西藏。

植物名 **火绒草（菊科，火绒草属）**

学名及出处： *Leontopodium leontopodioides* (Willd.) Beauv., Bull. Soc. Bot. Genève. 1: 371, 374, pl. 3. 1909.

药材名： 火绒草

生活型及简要特征： 多年生草本。茎通常从基部丛生，直立或斜上；叶互生披针形或条形；瘦果长圆形，有短毛，黄褐色。

药用部位及功效： 全草入药，疏风清热、利尿、止血。

产地和生境： 产丰宁、隆化、平泉、承德县、兴隆、康保、沽源、张北、尚义、崇礼、怀安、万全、怀来、阳原、涿鹿、蔚县、青龙、抚宁、卢龙、山海关、迁西、遵化、滦南、丰南、曹妃甸、唐县、曲阳、满城、平山、井陉。生于干旱草坡、石砾地、山区草地，稀生于湿润地。

分布： 东北、内蒙古、山西、陕西、甘肃、青海、新疆、山东。也分布于蒙古国、朝鲜、日本和俄罗斯西伯利亚。

植物名 **齿叶橐吾（菊科，橐吾属）**

学名及出处： *Ligularia dentata* (A. Gray) Hara, J. Jap. Bot. 15(5): 318. 1939.

药材名：齿叶橐吾

生活型及简要特征：多年生草本。丛生叶与茎下部叶肾形；头状花序多数，总苞半球形，舌状花黄色，舌片窄长圆形，管状花多数，冠毛红褐色。

药用部位及功效：根入药，舒筋活血、散瘀止痛。

产地和生境：产涉县。生于山坡、草地、林缘。

分布：山西、陕西、甘肃、贵州、四川、湖北、湖南。日本（模式标本产地）也有分布。

植物名 **蹄叶橐吾（菊科，橐吾属）**

学名及出处：*Ligularia fischeri* (Ledeb.) Turcz., Bull. Soc. Imp. Naturalistes Moscou 11: 95. 1838.

药材名：山紫菀

生活型及简要特征：多年生草本。根肉质，黑褐色；叶片肾形；总状花序，舌状花黄色，管状花多数，冠毛红褐色；瘦果圆柱形，光滑。

药用部位及功效：根入药，祛痰、止咳、理气活血、止痛。

产地和生境：产赤城、蔚县、青龙。生于水边、草甸、山坡、灌丛、林缘及林下。

分布：分布于东北、华北及陕西、甘肃、四川、河南、安徽、湖北、浙江、湖南等地。在尼泊尔、印度、不丹、俄罗斯东西伯利亚也有分布。

植物名 **拐轴鸦葱（菊科，拐轴鸦葱属）**

学名及出处：*Lipschitzia divaricata* (Turcz.) Zaika, Sukhor. & N. Kilian, PhytoKeys 137: 62. 2020.

药材名：叉枝鸦葱

生活型及简要特征：多年生草本。茎基部多分枝；叶线形或丝状；瘦果圆柱状，无毛，淡黄或黄褐色，冠毛污黄色，羽毛状，上部为细锯齿状。

药用部位及功效：鲜植物汁液入药，消肿散结。

产地和生境：产张北、怀安、涿鹿。生于山坡阳地及河谷。

分布：内蒙古、山西、陕西、甘肃、宁夏、青海、新疆、山东、湖南等地。

植物名 **母菊（菊科，母菊属）**

学名及出处：*Matricaria chamomilla* L., Sp. Pl. 2: 891. 1753.

药材名：母菊

生活型及简要特征：一年生草本。茎光滑无毛；头状花序排列成伞房状，着生于枝梢或叶腋，总苞半球形，舌状花白色、雌性，内部为两性管状花、黄色；瘦果椭圆形，无冠毛。

药用部位及功效：花或全草入药，清热解毒、止咳平喘、祛风湿。

产地和生境：栽培于庭园或野生于旷野。

分布：产我国新疆北部和西部。其他地区可见栽培。欧洲、亚洲北部和西部也有分布。

植物名 栉叶蒿（菊科，栉叶蒿属）

学名及出处： *Neopallasia pectinata* (Pall.) Poljak., Bot. Mater. Gerb. Bot. Inst. Komarova Akad. Nauk SSSR 17: 428. 1955.

药材名： 篦齿蒿

生活型及简要特征： 一年生草本。茎自基部分枝；叶片篦齿状分裂，无叶柄，羽轴向基部逐渐扩大；头状花序卵球形，单生或数个集生于叶腋。

药用部位及功效： 地上部分入药，清利肝胆、消炎止痛。

产地和生境： 产张北、万全、宣化、阳原。生于荒漠、河谷砾石地或山坡荒地。

分布： 分布于东北、内蒙古、山西、陕西、甘肃、宁夏、青海、新疆及云南西北部、四川西部、西藏东南部。蒙古国、俄罗斯中亚地区及东西伯利亚也有分布。

植物名 毛连菜（菊科，毛连菜属）

学名及出处： *Picris hieracioides* L., Sp. Pl. 2: 792. 1753.

药材名： 毛连菜、毛柴胡

生活型及简要特征： 一年生草本。全株被钩状分叉刚毛；头状花序在枝顶排成伞房状，苞叶条形，小花舌状、黄色；瘦果无喙，微弯曲，红褐色，冠毛污白色。

药用部位及功效： 根及全草入药（毛柴胡），清热解毒、散瘀、利尿。花序入药（毛连菜），理肺止咳、化痰平喘、宽胸。

产地和生境： 产隆化、平泉、承德县、兴隆、沽源、张北、赤城、崇礼、万全、怀来、阳原、涿鹿、蔚县、卢龙、遵化、涞源、易县、阜平、平山、井陉、武强、临城。生于山坡、田边、林缘、林下及沟谷中。

分布： 分布于华北、西北、西南、华东、华中等地。欧洲、地中海地区、伊朗、俄罗斯及哈萨克斯坦也有分布。

植物名 鼠曲草（菊科，鼠曲草属）

学名及出处： *Pseudognaphalium affine* (D. Don) Anderberg, Opera Bot. 104: 146. 1991.

药材名： 鼠曲草

生活型及简要特征： 一年生或二年生草本。叶抱茎，无柄；头状花序顶生，排列呈伞房状，总苞球状钟形，金黄色；瘦果椭圆形。

药用部位及功效： 全草入药，化痰止咳、祛风除湿、解毒。

产地和生境： 产北戴河、赞皇、肥乡。生于低海拔干地或湿草地上。

分布： 我国华北、西北、西南、华东、华中、华南各省区。分布于日本、朝鲜、菲律宾、印度尼西亚、中南半岛及印度。

植物名 漏芦（菊科，漏芦属）

学名及出处： *Rhaponticum uniflorum* (L.) DC., Ann. Mus. Nat. Hist. Nat. 16: 189. 1810.

药材名：漏芦

生活型及简要特征：多年生草本。主根粗大；基生叶具长柄；头状花序顶生，总苞广钟形，花全部管状花；瘦果倒圆锥形黑褐色，有宿存之羽状冠毛。

药用部位及功效：根入药，清热解毒、消痈、下乳、舒筋通脉。

产地和生境：产围场、平泉、尚义、怀来、涿鹿、蔚县、青龙、山海关、遵化、涞源、易县、顺平、满城、平山、井陉、峰峰矿区。生于林缘、干燥山坡、草丛向阳处。

分布：分布东北、内蒙古、山西、陕西、甘肃、山东等地。俄罗斯远东及东西伯利亚、蒙古国、朝鲜和日本有分布。

植物名 **金光菊（菊科，金光菊属）**

学名及出处：*Rudbeckia laciniata* L., Sp. Pl. 2: 906. 1753.

药材名：金光菊

生活型及简要特征：多年生草本。头状花序，总苞半球形，花托球形，舌状花金黄色，舌片倒披针形，管状花黄色或黄绿色；瘦果压扁。

药用部位及功效：叶入药，清湿热、解毒消痈。

产地和生境：产怀来、遵化、丰南、曹妃甸。栽培。

分布：我国各地庭园常见栽培。原产北美，是一种美丽的观赏植物。

植物名 **风毛菊（菊科，风毛菊属）**

学名及出处：*Saussurea japonica* (Thunb.) DC., Ann. Mus. Natl. Hist. Nat. 16: 203. 1810.

药材名：八楞木

生活型及简要特征：二年生草本。根纺锤状；叶片长圆形；头状花序多数，排成密伞房状，小花紫色；瘦果冠毛淡褐色，外层短，糙毛状，内层羽毛状。

药用部位及功效：全草入药，祛风活络、散瘀止痛。

产地和生境：产围场、隆化、承德县、滦平、兴隆、双桥、沽源、赤城、崇礼、怀来、阳原、涿鹿、蔚县、北戴河、易县、赞皇、临城、内丘、武安。生于山坡草地、荒地或山脚路旁。

分布：分布辽宁、内蒙古、北京、山西、陕西、甘肃、青海、云南、贵州、四川、西藏、山东、河南、安徽、湖北、浙江、江西、湖南、福建、广东。朝鲜、日本也有分布。

植物名 **乌苏里风毛菊（菊科，风毛菊属）**

学名及出处：*Saussurea ussuriensis* Maxim., Mém. Acad. Imp. Sci. St.-Pétersbourg Divers Savans 9: 167. 1859.

药材名：山牛蒡

生活型及简要特征：多年生草本。根状茎匍匐；头状花序多数，在茎和枝顶端排成伞房状，花紫红色；瘦果，冠毛白色。

药用部位及功效：根入药，祛风、散寒、止痛。

产地和生境：产兴隆、康保、赤城、崇礼、阳原、涿鹿、蔚县、青龙、内丘、邢台县。生于山地林下、林缘灌丛、河岸草甸及山坡草地或沟谷。

分布：分布于东北、华北及陕西、甘肃、青海等地。朝鲜、日本及俄罗斯远东地区有分布。模式标本采自乌苏里地区。

植物名 **华北鸦葱（菊科，蛇鸦葱属）**

学名及出处：*Scorzonera albicaulis* Bunge, Enum. Pl. China Bor. 40. 1833.

药材名：白茎鸦葱

生活型及简要特征：多年生草本。茎被白色绒毛；基生叶基部抱茎；头状花序在茎枝顶端排成伞房花序；瘦果圆柱状，顶端喙状，冠毛污黄色。

药用部位及功效：根入药，清热解毒、祛风除湿、平喘。

产地和生境：产兴隆、双桥、康保、崇礼、涿鹿、蔚县、山海关、北戴河、遵化、曹妃甸、灵寿、鹿泉。生于路旁、荒地、林缘、灌丛、草甸。

分布：分布东北、内蒙古、山西、陕西、贵州、山东、河南、安徽、湖北、江苏、浙江。俄罗斯西伯利亚、远东地区及朝鲜有分布。

植物名 **林荫千里光（菊科，千里光属）**

学名及出处：*Senecio nemorensis* L., Sp. Pl. 2: 870. 1753.

药材名：林荫千里光

生活型及简要特征：多年生草本。茎疏被柔毛或近无毛；头状花序排成复伞房花序；瘦果圆柱形，冠毛白色。

药用部位及功效：全草入药，清热解毒。

产地和生境：产宽城、兴隆、沽源、赤城、崇礼、涿鹿、蔚县、青龙、山海关、易县、阜平、平山、沙河、武安。生于山地林阴湿处及草甸上。

分布：我国东北部、西北部、北部、中部、东部。俄罗斯西伯利亚和远东地区、日本、朝鲜、蒙古国及欧洲也有分布。

植物名 **水飞蓟（菊科，水飞蓟属）**

学名及出处：*Silybum marianum* (L.) Gaertn., Fruct. Sem. Pl. 2(3): 378. 1791.

药材名：水飞蓟

生活型及简要特征：一年生或二年生草本。叶互生；头状花序，管状花紫红色、淡红色或少有白色；瘦果长椭圆形，暗褐色或黑色。

药用部位及功效：全草入药，清热利湿、疏肝利胆。

产地和生境：产遵化、滦南。栽培。

分布：我国各地公园等有栽培。原产南欧和北非。欧洲、地中海地区、北非及亚洲中部也有分布。

植物名 **华蟹甲（菊科，华蟹甲属）**

学名及出处： *Sinacalia tangutica* (Maxim.) B. Nord., Opera Bot. 44: 15. 1978.

药材名： 水葫芦七

生活型及简要特征： 多年生草本。叶卵形或卵状心形、羽状深裂；头状花序常排成多分枝宽塔状复圆锥状；瘦果圆柱形，无毛，具肋，冠毛糙毛状，白色。

药用部位及功效： 根茎入药，祛风、平肝、顺气化痰。

产地和生境： 产涞源、阜平。生于山坡草地、沟边、草甸或林缘和路边。

分布： 产山西、陕西、甘肃、宁夏、青海、四川、湖北、湖南等省区。

植物名 **钻叶紫菀（菊科，联毛紫菀属）**

学名及出处： *Symphyotrichum subulatum* (Michx.) G. L. Nesom, Phytologia 77(3): 293. 1994.

药材名： 瑞连草

生活型及简要特征： 一年生草本。茎基部略带红色；叶互生；头状花序顶生，舌状花细狭、红色；管状花多数，短于冠毛。

药用部位及功效： 全草入药，清热解毒。

产地和生境： 产遵化、滦南、丰南、曹妃甸、顺平、新乐、正定、宁晋、临城、任泽、肥乡、大名、魏县、邯山。生于山坡草地。

分布： 云南、贵州、江苏、浙江、江西等地均有逸生。北美原产。

植物名 **兔儿伞（菊科，兔儿伞属）**

学名及出处： *Syneilesis aconitifolia* (Bunge) Maxim., Mém. Acad. Imp. Sci. St.-Pétersbourg Divers Savans 165, pl. 8, f. 9–18. 1859.

药材名： 兔儿伞

生活型及简要特征： 多年生草本。根状茎匍匐；叶通常 2，叶裂片狭窄；头状花序多数，密集成复伞房状；瘦果圆柱形。

药用部位及功效： 根或全草入药，祛风除湿、解毒活血、消肿止痛。

产地和生境： 产围场、宽城、双桥、双滦、赤城、涿鹿、蔚县、青龙、山海关、遵化、曹妃甸。生于山坡荒地、林缘、路旁。

分布： 东北、华北、陕西、甘肃及华东等地。朝鲜、日本、俄罗斯也有分布。

植物名 **万寿菊（菊科，万寿菊属）**

学名及出处： *Tagetes erecta* L., Sp. Pl. 2: 887. 1753.

药材名： 万寿菊

生活型及简要特征： 一年生草本。叶对生；头状花序单生，舌状花黄色或暗橙色；瘦果，线形，基部缩小，黑色或褐色。

药用部位及功效： 花序入药，清热解毒、止咳。

产地和生境： 产康保、遵化、顺平、望都、新乐、正定、深泽、栾城、邢台县、肥乡、魏县、邯山。生于向阳温暖湿润环境。

分布：分布于全国各地（栽培）。原产墨西哥。

植物名 **蒲公英（菊科，蒲公英属）**

学名及出处：*Taraxacum mongolicum* Hand.-Mazz., Monogr. Gatt. Taraxacum 67, pl. 2, f. 13. 1907.

药材名：蒲公英

生活型及简要特征：多年生草本。植株具白色乳汁；叶莲座状；头状花序单一，顶生，全部为两性舌状花；瘦果倒披针形。

药用部位及功效：全草入药，清热解毒、利尿散结。

产地和生境：产丰宁、承德县、兴隆、康保、张北、崇礼、万全、怀来、宣化、阳原、涿鹿、蔚县、青龙、卢龙、遵化、迁安、滦南、丰南、乐亭、曹妃甸、涞源、涿州、定兴、容城、顺平、唐县、阜平、曲阳、望都、清苑、高阳、博野、灵寿、新乐、正定、无极、深泽、元氏、赞皇、晋州、井陉、武强、冀州、枣强、宁晋、隆尧、南宫、邢台县、任泽、南和、沙河、肥乡、大名、魏县、邯山、峰峰矿区。生长于山坡草地、路旁、河岸沙地及田野间。

分布：全国大部地区均有分布。朝鲜、俄罗斯、蒙古国也有分布。

植物名 **款冬（菊科，款冬属）**

学名及出处：*Tussilago farfara* L., Sp. Pl. 2: 865. 1753.

药材名：款冬花

生活型及简要特征：多年生草本。根茎褐色，横生地下；叶片宽心形或肾形；苞片椭圆形，淡紫褐色，头状花序顶生未开放时下垂；瘦果长椭圆形，冠毛淡黄色。

药用部位及功效：花蕾入药，润肺下气、化痰止咳。

产地和生境：产蔚县、易县、平山、灵寿、武安。生于山涧、河堤、水沟旁。

分布：分布内蒙古、山西、陕西、甘肃、青海、新疆、西藏、四川、河南、湖北等地。俄罗斯、印度、伊朗、西欧及北非也有分布。

植物名 **苍耳（菊科，苍耳属）**

学名及出处：*Xanthium strumarium* L., Sp. Pl. 2: 987. 1753.

药材名：苍耳子、苍耳、苍耳根、苍耳花

生活型及简要特征：一年生草本。叶三角状卵形或心形；雄头状花序球形，雌头状花序椭圆形，总苞片外层披针形；瘦果倒卵圆形。

药用部位及功效：带总苞的果实入药（苍耳子），散风除湿、通鼻窍。全草入药（苍耳），祛风、散热、除湿、解毒。根入药（苍耳根），消热解毒、利湿。花序入药（苍耳花），祛风、除湿、止痒。

产地和生境：产围场、丰宁、隆化、承德县、双桥、双滦、康保、张北、赤城、崇礼、怀安、万全、怀来、阳原、蔚县、青龙、卢龙、昌黎、遵化、滦南、丰南、涞源、涿州、定兴、容城、顺平、唐县、安新、清苑、高阳、平山、灵寿、新乐、正定、深泽、元氏、赞皇、晋州、井陉、鹿泉、安平、武强、冀州、枣强、宁晋、临城、隆尧、巨鹿、南宫、任泽、南和、沙河、武安、肥乡、大名、魏县、邯山、峰峰矿区、磁县。生于平原、丘陵、低山、荒野、路边、沟旁、田边、草地、村旁等处。

分布：全国各省区。俄罗斯、朝鲜、日本、印度、伊朗也有分布。

植物名 **黄鹌菜（菊科，黄鹌菜属）**

学名及出处：*Youngia japonica* (L.) DC., Prodr. 7(1): 194. 1838.

药材名：黄鹌菜

生活型及简要特征：一年生或二年生草本。须根肥嫩，白色；基部叶丛生，茎生叶互生；头状花序小而多；瘦果棕红色。

药用部位及功效：全草入药，清热解毒、利尿消肿、止痛。

产地和生境：产无极、肥乡、大名、邯山。生于山坡、路旁、荒野。

分布：分布陕西、甘肃、云南、四川、河南、安徽、湖北、江苏、浙江、福建、广东等地。日本、中南半岛、印度、菲律宾、马来半岛、朝鲜也有分布。

植物名 **百日菊（菊科，百日菊属）**

学名及出处：*Zinnia elegans* Jacq., Icon. Pl. Rar. 3: 15, pl. 589. 1786−1793.

药材名：百日草

生活型及简要特征：一年生草本。叶宽卵圆形或长圆状椭圆形；头状花序的总苞宽钟状、多层，舌状花深红、玫瑰、紫堇或白色，管状花黄或橙色。

药用部位及功效：全草入药，清热、利湿、解毒。

产地和生境：产卢龙、滦南、定兴、顺平、元氏、任泽。栽培。

分布：原产墨西哥，我国各地常栽培并逸生。

荚蒾科

Viburnaceae Raf.

植物名 **接骨木（荚蒾科，接骨木属）**

学名及出处：*Sambucus williamsii* Hance, Ann. Sci. Nat., Bot., sér. 5, 5: 217. 1866.

药材名：接骨木根、接骨木、接骨木花

生活型及简要特征：灌木至小乔木。奇数羽状复叶；浆果状核果。

药用部位及功效：根入药（接骨木根），祛风除湿、活血舒筋、利尿消肿。茎枝入药

（接骨木），祛风、利湿、活血、止痛。花入药（接骨木花），发汗利尿。

产地和生境： 产围场、丰宁、隆化、承德县、宽城、兴隆、双桥、双滦、康保、尚义、赤城、万全、怀来、阳原、蔚县、青龙、卢龙、遵化、涞水、涞源、涿州、易县、阜平、平山、灵寿、赞皇、井陉、武安、魏县、邯山、峰峰矿区。

分布： 中国东北、山西、陕西、甘肃、云南、贵州、四川、山东、河南、安徽、湖北、江苏、浙江、湖南、福建、广东、广西。

植物名 **荚蒾（荚蒾科，荚蒾属）**

学名及出处： *Viburnum dilatatum* Thunb., Syst. Veg. (ed. 14) 295. 1784.

药材名： 荚蒾根、荚蒾

生活型及简要特征： 灌木。无托叶，叶下面近基部两侧有数个腺体和小腺点；复伞形花序。

药用部位及功效： 根入药（荚蒾根），祛瘀消肿、解毒。枝叶入药（荚蒾），疏风解毒、清热解毒、活血。

产地和生境： 产河北南部太行山区。生山地林下或灌丛中。

分布： 中国陕西、云南、贵州、四川、河南、安徽、湖北、江苏、浙江、江西、湖南、福建、广东、广西、台湾。朝鲜和日本也有分布。

植物名 **鸡树条（荚蒾科，荚蒾属）**

学名及出处： *Viburnum opulus* subsp. *calvescens* (Rehder) Sugim., New Key Jap. Trees 478. 1961.

药材名： 鸡树条、鸡树条果

生活型及简要特征： 灌木。树皮多少呈木栓质；叶下面仅脉腋集聚簇状毛；花药紫红色。

药用部位及功效： 枝、叶入药（鸡树条），通经活络、解毒止痒。果实入药（鸡树条果），止咳。

产地和生境： 产围场、丰宁、隆化、平泉、承德县、宽城、兴隆、赤城、崇礼、怀来、蔚县、青龙、遵化、迁安、滦南、乐亭、曹妃甸、涞源、阜平、平山、赞皇、武安。生山坡、山谷、林下。

分布： 中国东北、华北、陕西、甘肃、四川、山东、河南、湖北、安徽、浙江、江西。朝鲜、日本、俄罗斯西伯利亚也有分布。

忍冬科

Caprifoliaceae Juss.

植物名 **金花忍冬（忍冬科，忍冬属）**

学名及出处： *Lonicera chrysantha* Turcz. ex Ledeb, Fl. Ross. 2 (1): 388. 1844.

药材名：黄花忍冬

生活型及简要特征：灌木。枝中空；叶菱状卵形；总花梗甚长于叶柄，花黄色；浆果基部连合，红色。

药用部位及功效：花蕾入药，清热解毒、散痈消肿。

产地和生境：产围场、宽城、双桥、康保、赤城、崇礼、蔚县、青龙、涞源、满城、平山、赞皇、武强、武安。

分布：中国东北、华北、陕西、甘肃、宁夏、青海、四川、山东、河南。朝鲜及俄罗斯西伯利亚也有分布。

植物名 **刚毛忍冬（忍冬科，忍冬属）**

学名及出处：*Lonicera hispida* Pall. ex Roem. et Schult., Syst. Veg. (ed. 15 bis) 5: 258. 1819.

药材名：忍冬藤、金银花

生活型及简要特征：落叶灌木。小枝实心，具短毛；叶具睫毛，背面有刺毛；总花梗长约 1 cm，萼筒常具腺毛和刺刚毛；浆果红色。

药用部位及功效：茎枝入药（忍冬藤），清热解毒、疏风通络。花蕾或带初开的花入药（金银花），清热解毒、凉散风热。

产地和生境：产平山、赞皇。生林缘、灌丛间。

分布：中国山西、西北、云南、四川、西藏。蒙古国、俄罗斯中亚及印度也有分布。

植物名 **忍冬（忍冬科，忍冬属）**

学名及出处：*Lonicera japonica* Thunb., Fl. Jap. 89–90. 1784.

药材名：忍冬藤、金银花

生活型及简要特征：缠绕灌木。小枝被密柔毛，中空；叶卵形至长圆状卵形，边缘有纤毛；花白色，后变黄；浆果黑色。

药用部位及功效：茎枝入药（忍冬藤），清热解毒、疏风通络。花蕾或带初开的花入药（金银花），清热解毒、凉散风热。

产地和生境：河北各地广泛栽培。

分布：除黑龙江、内蒙古、宁夏、青海、新疆、海南和西藏无自然生长外，全国各省均有。日本、朝鲜也有分布。

植物名 **异叶败酱（忍冬科，败酱属）**

学名及出处：*Patrinia heterophylla* Bunge, Mém. Acad. Imp. Sci. St.-Pétersbourg Divers Savans 2: 109. 1833.

药材名：墓头回

生活型及简要特征：多年生草本。花序最下分枝总苞叶常仅具 1～2 对侧裂片，果苞网脉常具 2 主脉。

药用部位及功效： 根或全草入药，燥湿止带、收敛止血、清热解毒。
产地和生境： 产河北大部分地区。生较干旱的山坡草丛中。
分布： 中国辽宁、内蒙古、山西、陕西、甘肃、青海、山东、河南、安徽、浙江。

植物名 **岩败酱（忍冬科，败酱属）**
学名及出处： *Patrinia rupestris* (Pall.) Juss., Ann. Mus. Natl. Hist. Nat. 10: 311. 1807.
药材名： 岩败酱
生活型及简要特征： 多年生草本。叶面不粗糙；密生聚伞花序，瘦果倒卵圆柱状，膜质苞片椭圆形或近菱状椭圆形。
药用部位及功效： 全草入药，清热解毒、活血、排脓。
产地和生境： 产河北西北部及西部。生较干燥山坡草地上。
分布： 中国东北、华北。俄罗斯也有分布。

植物名 **败酱（忍冬科，败酱属）**
学名及出处： *Patrinia scabiosifolia* Fisch. ex Trevir., Index Sem. Hort. Bot. Vratisl. App. 2: 2. 1820.
药材名： 败酱
生活型及简要特征： 植株被粗硬毛；果时苞片不明显增大成翅，瘦果仅边缘具窄薄翅。
药用部位及功效： 全草入药，清热解毒、活血排脓。
产地和生境： 产河北大部分地区。生山坡草丛中。
分布： 中国大部分省区均有。朝鲜、日本及俄罗斯也有分布。

植物名 **糙叶败酱（忍冬科，败酱属）**
学名及出处： *Patrinia scabra* Bunge, Uchen. Zap. Imp. Kazansk. Univ. 1835(4): 20, t. 1. 1835.
药材名： 墓头回
生活型及简要特征： 多年生草本。叶较坚挺，叶裂整齐稍呈镰状，被短糙毛；花冠较大，果苞宽大可达 8 mm。
药用部位及功效： 根或全草入药，燥湿止带、收敛止血、清热解毒。
产地和生境： 产河北各地。生山坡草丛中。
分布： 中国东北、华北、陕西、甘肃、宁夏、青海、山东、河南。

植物名 **窄叶蓝盆花（忍冬科，蓝盆花属）**
学名及出处： *Scabiosa comosa* Fisch. ex Roem. et Schult., Syst. Veg. (ed. 15 bis) 3: 84. 1818.
药材名： 蒙古山萝卜
生活型及简要特征： 多年生草本。叶羽状裂；头状花序顶生，小总苞杯状，花萼 5 裂，裂片针刺状。
药用部位及功效： 花入药，清热泻火。

产地和生境： 产围场、丰宁、隆化、宽城、双滦、康保、沽源、张北、万全、怀安、青龙。生干燥砂质地、干山坡及草原。

分布： 中国东北、内蒙古。蒙古国及俄罗斯也有分布。

植物名 **缬草（忍冬科，缬草属）**

学名及出处： *Valeriana officinalis* L., Sp Pl. 1: 31–32. 1753.

药材名： 缬草

生活型及简要特征： 多年生草本。茎生叶为一至三回羽状复叶；聚伞花序，花淡粉色或白色，花萼多裂，果期伸长外展成冠毛状。

药用部位及功效： 根及根茎入药，安心神、理气、止痛。

产地和生境： 产河北北部。生山坡、林下或沟边。

分布： 中国东北至西南广大地区。亚洲西部及欧洲也有分布。

植物名 **六道木（忍冬科，六道木属）**

学名及出处： *Zabelia biflora* (Turcz.) Makino, Makinoa 9: 175. 1948.

药材名： 六道木

生活型及简要特征： 落叶灌木。幼枝被倒向刺刚毛；花两朵并生于小枝末端，萼裂 4，疏生短刺刚毛。

药用部位及功效： 果实入药，祛风湿、消肿毒。

产地和生境： 产兴隆、崇礼、阳原、蔚县、青龙、迁西、遵化、涞源、阜平、平山、灵寿、赞皇、内丘、武安、涉县。生山地林下或灌木丛中。

分布： 中国辽宁、山西等地。

五加科

Araliaceae Juss.

植物名 **黄毛楤木（五加科，楤木属）**

学名及出处： *Aralia chinensis* L., Sp. Pl. 1: 273. 1753.

药材名： 楤木、楤木叶

生活型及简要特征： 灌木或乔木。小枝具刺；小叶背面具短柔毛或黄棕色粗毛；圆锥花序主轴长，分枝在主轴上总状排列。

药用部位及功效： 根皮和茎皮入药（楤木），祛风除湿、利尿消肿、活血止痛。叶入药（楤木叶），利水消肿、解毒止痢。

产地和生境： 产青龙、平山。生灌丛、林缘山坡和路旁。

分布： 中国广布。

植物名 东北土当归（五加科，楤木属）

学名及出处： *Aralia continentalis* Kitagawa, Bot. Mag. (Tokyo) 49(580): 228–229, f. 3. 1935.

药材名： 长白楤木

生活型及简要特征： 多年生草本。植物体无刺；圆锥花序紧密，花梗粗短，花柱基部合生。

药用部位及功效： 根及根茎入药，祛风除湿、活血、解毒。

产地和生境： 产蔚县、宽城、青龙、唐县、阜平。生林内和山坡草丛中。

分布： 中国吉林、辽宁、陕西、四川、西藏和河南。朝鲜和俄罗斯也有分布。

植物名 食用土当归（五加科，楤木属）

学名及出处： *Aralia cordata* Thunb., Fl. Jap. 127. 1784.

药材名： 九眼独活

生活型及简要特征： 多年生草本。植株无刺；圆锥花序较稀疏，花梗细长，花柱离生。

药用部位及功效： 根状茎入药，祛风除湿、舒筋活络、和血止痛。

产地和生境： 产兴隆、宽城。生林荫下或山坡草丛中。

分布： 中国安徽、湖北、江苏、江西、福建、广西、台湾。日本也有分布。

植物名 刺五加（五加科，五加属）

学名及出处： *Eleutherococcus senticosus* (Rupr. & Maxim.) Maxim., Mém. Acad. Imp. Sci. St.-Pétersbourg Divers Savans 9: 132. 1859.

药材名： 刺五加

生活型及简要特征： 灌木。小枝密生直刺，稀无刺；掌状复叶；伞形花序单个顶生；果实球形，具 5 棱，黑色。

药用部位及功效： 根、根茎或茎叶入药，补肾强腰、益气安神、活血通络。

产地和生境： 产承德地区、尚义、赤城、万全、阳原、蔚县、青龙、阜平、灵寿、赞皇、临城、内丘。生杂木林中或灌丛中。

分布： 中国东北、陕西。朝鲜、日本及俄罗斯也有分布。

植物名 无梗五加（五加科，五加属）

学名及出处： *Eleutherococcus sessiliflorus* (Ruprecht & Maximowicz) S. Y. Hu, J. Arnold Arbor. 61(1): 109. 1980.

药材名： 五加皮

生活型及简要特征： 灌木或小乔木。枝无刺或疏生粗刺；掌状复叶；头状花序密集；果实倒卵状椭圆球形。

药用部位及功效： 根皮入药为“五加皮”代用品，祛风湿、壮筋骨、活血祛瘀。

产地和生境： 产平泉、宽城、兴隆、赤城、蔚县、易县、临城。生林内或杂木丛中。

分布：中国吉林、山西。

植物名 **刺楸（五加科，刺楸属）**

学名及出处：*Kalopanax septemlobus* (Thunb.) Koidz., Bot. Mag. (Tokyo) 39(468): 306. 1925.

药材名：刺楸树根、刺楸树皮、刺楸茎

生活型及简要特征：落叶乔木。植株具散生的粗刺；单叶 5～7 浅裂，主脉 5～7 条；圆锥花序。

药用部位及功效：根或根皮入药（刺楸树根），凉血散瘀、祛风除湿、解毒。树皮入药（刺楸树皮），祛风除湿、活血止痛、杀虫止痒。茎枝入药（刺楸茎），祛风除湿、活血止痛。

产地和生境：产秦皇岛地区。生灌木林内和林缘向阳山坡。

分布：中国分布较广。朝鲜、日本及俄罗斯也有分布。

伞形科

Apiaceae Lindl.

植物名 **东北羊角芹（伞形科，羊角芹属）**

学名及出处：*Aegopodium alpestre* Ledeb., Fl. Altaic. 1: 354–355. 1829.

药材名：东北羊角芹

生活型及简要特征：多年生草本。根状茎细长；下部茎生叶三出式 2～3 回羽状分裂，羽片卵形或长卵状披针形。

药用部位及功效：茎叶入药，祛风止痛。

产地和生境：产涿鹿、涞源。生于杂木林下或山坡草地。

分布：分布于东北、内蒙古、山西、陕西、甘肃、新疆、湖北等省区。俄罗斯、朝鲜、日本、蒙古国也有分布，美洲有栽培。

植物名 **白芷（伞形科，当归属）**

学名及出处：*Angelica dahurica* (Fisch.) Benth. et Hook. f., Enum. Pl. Jap. 1(1): 187. 1873.

药材名：白芷、白芷叶

生活型及简要特征：多年生高大草本。茎及叶鞘常带紫色；基生叶二至三回三出式羽状裂，茎顶部叶鞘囊状；具总苞；子房及果实无毛或偶有短毛。

药用部位及功效：根入药（白芷），祛风除湿、通窍止痛、消肿排脓。叶入药（白芷叶），祛风解毒。

产地和生境：产围场、丰宁、隆化、承德县、兴隆、赤城、蔚县、迁安、涞源、易县、阜平、定州、赞皇、内丘。生于林下、林缘、溪旁、灌丛及山谷草地。

分布：分布于东北及华北地区。

植物名 **拐芹（伞形科，当归属）**

学名及出处：*Angelica polymorpha* Maxim., Bull. Acad. Imp. Sci. St.-Petersbourg, sér. 3 19(2): 185. 1873.

药材名：拐芹

生活型及简要特征：多年生草本。叶二至三回三出式羽状分裂，茎上部叶简化为无叶或带有小叶，略膨大的叶鞘；复伞形花序，花瓣匙形至倒卵形，白色。

药用部位及功效：根入药，发表祛风、温中散寒、理气止痛。

产地和生境：产滦平、兴隆、赤城、青龙、遵化。生于山沟溪流旁、杂木林下、灌丛间及阴湿草丛中。

分布：分布于东北各地及山东、江苏等省。朝鲜和日本也有分布。

植物名 **当归（伞形科，当归属）**

学名及出处：*Angelica sinensis* (Oliv.) Diels, Bot. Jahrb. Syst. 29(3–4): 500. 1900.

药材名：当归

生活型及简要特征：多年生草本。有多数肉质须根，黄棕色；叶三出式二至三回羽状分裂，基部膨大成管状的薄膜质鞘；花白色，萼齿 5。

药用部位及功效：根入药，补血活血、调经止痛、润肠通便。

产地和生境：河北各地有栽培。

分布：分布于甘肃东南部，以岷县产量多，质量好，其次为陕西、云南、四川、湖北等省，均为栽培。

植物名 **峨参（伞形科，峨参属）**

学名及出处：*Anthriscus sylvestris* (L.) Hoffm., Gen. Pl. Umbell. 40. 1814.

药材名：峨参、峨参叶

生活型及简要特征：二年或多年生草本。茎较粗壮；基生叶有长柄，叶片轮廓呈卵形，二回羽状分裂；果实长卵形至线状长圆形，光滑或疏生小瘤点。

药用部位及功效：根入药（峨参），益气健脾、活血止痛。叶入药（峨参叶），止血、消肿。

产地和生境：产怀来、蔚县、涞水、内丘。生于山坡林下或路旁以及山谷溪边石缝中。

分布：分布于辽宁、内蒙古、山西、陕西、甘肃、新疆、云南、四川、河南、安徽、湖北、江苏、浙江、江西。

植物名 **旱芹（伞形科，芹属）**

学名及出处：*Apium graveolens* L., Sp. Pl. 1: 264–265. 1753.

药材名：旱芹

生活型及简要特征：二年生或多年生草本。有强烈香气；叶片通常 3 裂达中部或 3 全裂，裂片近菱形，边缘有圆锯齿或锯齿；花瓣白色或黄绿色；分生果圆形或长椭圆形，果棱尖锐。

药用部位及功效： 全草入药，平肝、清热、祛风、利水、止血、解毒。

产地和生境： 河北各地有栽培。

分布： 南北各省区均有栽培。亚洲、欧洲、美洲及非洲也有分布。

植物名 **北柴胡（伞形科，柴胡属）**

学名及出处： *Bupleurum chinense* DC., Prodr. 4: 128. 1830.

药材名： 柴胡

生活型及简要特征： 多年生草本。基生叶倒披针形或狭椭圆形，早枯落，茎中部叶倒披针形或广线状披针形，基部收缩成叶鞘抱茎；花瓣鲜黄色；果椭圆形，棕色，棱狭翼状。

药用部位及功效： 根入药，和解表里、疏肝、升阳。

产地和生境： 产河北北部。生于向阳山坡路边、岸旁或草丛中。

分布： 分布于东北、华北、西北、华中和华东各地。

植物名 **红柴胡（伞形科，柴胡属）**

学名及出处： *Bupleurum scorzonerifolium* Willd., Enum. Pl. 300. 1809.

药材名： 柴胡

生活型及简要特征： 多年生草本。叶细线形，基生叶下部略收缩成叶柄，其他均无柄，顶端长渐尖，基部稍变窄抱茎；伞形花序自叶腋间抽出，形成较疏松的圆锥花序。

药用部位及功效： 根入药，和解表里、疏肝、升阳。

产地和生境： 产围场、丰宁、隆化、平泉、宽城、兴隆、双桥、双滦、康保、沽源、张北、万全、怀来、阳原、蔚县、青龙、抚宁、卢龙、昌黎、遵化、易县、满城、行唐、赞皇、井陉、鹿泉、栾城、磁县。生于干燥的草原及向阳山坡上，灌木林边缘。

分布： 分布于东北、内蒙古、山西、陕西、甘肃、山东、安徽、江苏、广西。俄罗斯、朝鲜、日本及蒙古国也有分布。

植物名 **田葛缕子（伞形科，葛缕子属）**

学名及出处： *Carum buriaticum* Turcz., Bull. Soc. Imp. Naturalistes Moscou 17: 713. 1844.

药材名： 狗缨子

生活型及简要特征： 多年生草本。叶片轮廓长圆状卵形或披针形，末回裂片线形；花瓣白色；果实长卵形，每棱槽内油管 1，合生面油管 2。

药用部位及功效： 根入药，散风清热、降气化痰。

产地和生境： 产丰宁、隆化、平泉、康保、张北、赤城、崇礼、怀安、万全、阳原、蔚县、涞源、易县、赞皇。生于田边、路旁、河岸、林下及山地草丛中。

分布：分布于东北、华北、西北、西藏和四川西部。

植物名 **葛缕子（伞形科，葛缕子属）**

学名及出处：*Carum carvi* L., Sp. pl. 1: 263. 1753.

药材名：青海防风

生活型及简要特征：多年生草本。叶片轮廓长圆状披针形，末回裂片线形或线状披针形；无总苞片，稀 1～3，线形；果实长卵形，果棱明显。

药用部位及功效：根入药，发表祛风、胜湿止痛。

产地和生境：产围场、康保、沽源、张北、怀安、蔚县、青龙、涞源。生于河滩草丛中、林下或高山草甸。

分布：分布于东北、华北、西北、西藏及四川西部。亚洲、欧洲、北美和北非也有分布。

植物名 **毒芹（伞形科，毒芹属）**

学名及出处：*Cicuta virosa* L., Sp. Pl. 1: 255. 1753.

药材名：毒芹

生活型及简要特征：多年生粗壮草本。羽片 3 裂至羽裂，裂片线状披针形或窄披针形，边缘疏生钝或锐锯齿；胚乳腹面微凹。

药用部位及功效：根状茎入药，拔毒、祛瘀。

产地和生境：产涿鹿杨家坪。生于山坡杂木林下、湿地或水沟边。

分布：分布于东北、内蒙古、陕西、甘肃、新疆、四川等省区。俄罗斯远东地区、朝鲜、日本、蒙古国也有分布。

植物名 **蛇床（伞形科，蛇床属）**

学名及出处：*Cnidium monnieri* (L.) Cuss., Hist. Soc. Roy. Mem. Soc. Méd. 1782−1783: 280. 1782.

药材名：蛇床子

生活型及简要特征：一年生草本。叶片轮廓卵形至三角状卵形；复伞形花序，总苞片 6～10，线形至线状披针形，边缘膜质，具细睫毛。

药用部位及功效：成熟果实入药，温肾壮阳、燥湿、祛风、杀虫。

产地和生境：产河北各地。生于田边、路旁、草地及河边湿地。

分布：分布于东北、华北、西北、华东、中南、西南。俄罗斯、朝鲜、越南及其他欧洲国家、北美也有分布。

植物名 **藁本（伞形科，山芎属）**

学名及出处：*Conioselinum anthriscoides* (H. Boissieu) Pimenov & Kljuykov, Skvortsovia 2(1): 33. 2015.

药材名：藁本

生活型及简要特征：多年生草本。叶片轮廓宽三角形，二回三出式羽状全裂，小羽片卵形，长约 3 cm，宽约 2 cm，边缘齿状浅裂。

药用部位及功效：根及根状茎入药，祛风、散寒、除湿、止痛。

产地和生境：产隆化、承德县、双滦。生于山坡林下，沟边草丛中。

分布：分布于陕西、四川、河南、湖北、浙江、江西、湖南等省，其他省区多有栽培。

植物名 **辽藁本（伞形科，山芎属）**

学名及出处：*Conioselinum smithii* (H. Wolff) Pimenov & Kljuykov, Willdenowia 33: 369. 2003.

药材名：藁本

生活型及简要特征：多年生草本。叶具柄，叶片轮廓宽卵形；复伞形花序顶生或侧生，总苞片 2，边缘狭膜质，早落，伞辐 8～10。

药用部位及功效：根及根状茎入药，祛风、散寒、除湿、止痛。

产地和生境：产河北燕山和太行山系一带各县区。生于山坡林下、草甸及沟边等阴湿处。

分布：分布于吉林、辽宁、山西、山东。

植物名 **细叶藁本（伞形科，山芎属）**

学名及出处：*Conioselinum tenuissimum* (H. Boissieu) Pimenov & Kljuykov, Willdenowia 33(2): 372. 2003.

药材名：细叶藁本

生活型及简要特征：多年生草本。叶片 3～4 回三出式羽状全裂，末回裂片宽线形，长 0.5～3 cm，宽 1～3 mm，先端具小尖头；萼齿不明显。

药用部位及功效：根和根茎入药，疏风除湿、散寒止痛。

产地和生境：产围场、丰宁、承德县。生于多石质山坡林下。

分布：分布于辽宁。朝鲜也有分布。

植物名 **芫荽（伞形科，芫荽属）**

学名及出处：*Coriandrum sativum* L., Sp. Pl. 1: 256. 1753.

药材名：芫荽

生活型及简要特征：一年生或二年生草本。有强烈气味的草本；叶片一或二回羽状全裂，羽片广卵形或扇形半裂，边缘有钝锯齿、缺刻或深裂；果实圆球形，背面主棱及相邻的次棱明显。

药用部位及功效：全草入药，发表透疹、健胃。

产地和生境：河北各地栽培。

分布：东北、陕西、云南、贵州、四川、西藏、山东、安徽、江苏、浙江、江西、湖南、广东、广西等省区均有栽培。

植物名 **野胡萝卜（伞形科，胡萝卜属）**

学名及出处： *Daucus carota* L., Sp. Pl. 1: 242. 1753.

药材名： 野胡萝卜根、南鹤虱

生活型及简要特征： 二年生草本。根细，多分枝，浅棕色；基生叶薄膜质，长圆形，二至三回羽状全裂，末回裂片线形或披针形；果实圆卵形，棱上有白色刺毛。

药用部位及功效： 根入药（野胡萝卜根），健脾化滞、凉肝止血、清热解毒。成熟果实入药（南鹤虱），杀虫消积。

产地和生境： 产尚义、满城。生于山坡路旁、旷野或田间。

分布： 分布于贵州、四川、安徽、湖北、江苏、浙江、江西等省。东南亚地区及欧洲也有分布。

植物名 **胡萝卜（伞形科，胡萝卜属）**

学名及出处： *Daucus carota* var. *sativus* Hoffm., Deutschl. Fl. 1: 94. 1791.

药材名： 胡萝卜

生活型及简要特征： 本变种与原变种区别在于根肉质，长圆锥形，粗肥，呈红色或黄色。

药用部位及功效： 根入药，健脾、化滞。

产地和生境： 河北广泛栽培。

分布： 全国各地广泛栽培。

植物名 **硬阿魏（伞形科，阿魏属）**

学名及出处： *Ferula bungeana* Kitagawa, J. Jap. Bot. 31(10): 304. 1956.

药材名： 沙前胡

生活型及简要特征： 多年生草本。基生叶莲座状，有短柄，柄的基部扩展成鞘，叶片轮廓为广卵形至三角形，二至三回羽状全裂，末回裂片长椭圆形或广椭圆形，再羽状深裂，小裂片楔形至倒卵形。

药用部位及功效： 根入药，解表、清热、祛痰、镇咳。

产地和生境： 产张家口地区。生长于沙丘、沙地、戈壁滩冲沟、旱田、路边以及砾石质山坡上。

分布： 分布于东北、内蒙古、山西、陕西、甘肃、宁夏、河南等省区。

植物名 **茴香（伞形科，茴香属）**

学名及出处： *Foeniculum vulgare* Mill., Gard. Dict. (ed. 8) Foeniculum no. 1. 1768.

药材名： 茴香

生活型及简要特征： 草本。茎直立，光滑，灰绿色或苍白色，多分枝；叶片轮廓为阔三角形，4～5 回羽状全裂，末回裂片线形。

药用部位及功效：果实入药，温肾散寒、和胃理气。

产地和生境：河北各地栽培。

分布：我国各省区都有栽培。原产地中海地区。

植物名 **珊瑚菜（伞形科，珊瑚菜属）**

学名及出处：*Glehnia littoralis* Fr. Schmidt ex Miq., Ann. Mus. Bot. Lugduno-Botavi 3: 61. 1867.

药材名：北沙参

生活型及简要特征：多年生草本。全株被白色柔毛；叶多数基生，厚质，有长柄；复伞形花序顶生；果实近圆球形或倒广卵形，果棱有木栓质翅。

药用部位及功效：根入药，养阴清肺、益胃生津。

产地和生境：产北戴河。生长于海边沙滩或栽培于肥沃疏松的砂质土壤。

分布：分布于我国辽宁、山东、江苏、浙江、福建、广东、台湾等省。俄罗斯、朝鲜、日本也有分布。

植物名 **羌活（伞形科，羌活属）**

学名及出处：*Hansenia weberbaueriana* (Fedde ex H. Wolff) Pimenov & Kljuykov, Willdenowia 38: 169. 2008.

药材名：羌活

生活型及简要特征：多年生草本。叶为三出式三回羽状复叶，末回裂片长圆状卵形至披针形，边缘缺刻状浅裂至羽状深裂，茎上部叶常简化，无柄，叶鞘膜质，长而抱茎。

药用部位及功效：根及根状茎入药，散寒、祛风、除湿、止痛。

产地和生境：产涿鹿。生于山坡林缘及灌丛内。

分布：分布于陕西、甘肃、青海、四川、西藏。

植物名 **短毛独活（伞形科，独活属）**

学名及出处：*Heracleum moellendorffii* Hance, J. Bot. 16: 12. 1878.

药材名：牛尾独活

生活型及简要特征：多年生草本。叶有柄，叶片轮廓广卵形，三出式分裂；复伞形花序顶生和侧生；分生果圆状倒卵形，顶端凹陷，背部扁平，每棱槽内油管 1，合生面油管 2。

药用部位及功效：根入药，祛风散寒、胜湿止痛。

产地和生境：产围场、丰宁、沽源、赤城、崇礼、阳原、蔚县、青龙、遵化、涞源、阜平、平山、内丘、邢台县、武安。生长于阴坡山沟旁、林缘或草甸子。

分布：分布于东北、内蒙古、陕西、云南、山东、安徽、湖北、江苏、浙江、江西、湖南等省区。

植物名 石防风（伞形科，石防风属）

学名及出处：*Kitagawia terebinthacea* (Fisch. ex Treviranus) Pimenov, Bot. Zhurn. (Moscow & Leningrad) 71: 944. 1986.

药材名：石防风

生活型及简要特征：多年生草本。基生叶二回羽状全裂；复伞形花序多分枝，花瓣白色，具淡黄色中脉，萼齿细长锥形，很显著。

药用部位及功效：根入药，散风清热、降气祛痰。

产地和生境：产围场、丰宁、平泉、承德县、滦平、宽城、赤城、阳原、涿鹿、蔚县、昌黎、遵化、涞源、阜平、邢台县、邯郸地区。生长于山坡草地、林下及林缘。

分布：分布于东北、内蒙古等省区。也分布于俄罗斯。

植物名 密花岩风（伞形科，岩风属）

学名及出处：*Libanotis condensata* (L.) Crantz, Class. Umbell. Emend. 105–106. 1767.

药材名：山胡萝卜

生活型及简要特征：多年生草本。茎通常单一，圆柱形，空管状，不分枝，或有时上部有少数分枝；小总苞片多数，披针状线形或线形，比花柄长。

药用部位及功效：根入药，祛风、通络、止痛。

产地和生境：产围场、沽源、张北、赤城、涿鹿、蔚县。生于山坡草地、路旁或林中。

分布：分布于内蒙古、山西（宁武）、新疆（阿尔泰山）等省区。

植物名 川芎（伞形科，藁本属）

学名及出处：*Ligusticum sinense* 'Chuanxiong' S. H. Qiu & et al., Acta Phytotax. Sin. 17(2): 102. 1979.

药材名：川芎

生活型及简要特征：多年生草本。根状茎发达，形成不规则的拳形团块，茎下部节膨大呈盘状；复伞形花序顶生或侧生，萼齿不发育，花瓣白色。

药用部位及功效：根状茎入药，活血行气、祛风止痛。

产地和生境：河北有栽培。

分布：栽培植物，主产四川（灌县），在内蒙古、陕西、甘肃、云南、贵州、湖北、江苏、浙江、江西、广西等省区均有栽培。

植物名 水芹（伞形科，水芹属）

学名及出处：*Oenanthe javanica* (Blume) DC., Prodr. 4: 138–139. 1830.

药材名：水芹

生活型及简要特征：多年生草本。茎分枝不多；复伞形花序顶生，伞辐 6～16；果实近于四角状椭圆形或筒状长圆形，分生果横剖面近于五边状的半圆形。

药用部位及功效：全草入药，清热利湿、止血、降血压。

产地和生境：产河北各地。多生于浅水低洼地方或池沼、水沟旁。

分布：分布于我国各地。印度、缅甸、越南、马来西亚、印度尼西亚的爪哇及菲律宾等地也有分布。

植物名 **大齿山芹（伞形科，山芹属）**

学名及出处：*Ostericum grosseserratum* (Maxim.) Kitagawa, J. Jap. Bot. 12(4): 233–235. 1936.

药材名：山水芹菜

生活型及简要特征：多年生草本。茎有钝而较浅的沟纹；叶缘有缺刻状浅齿，常裂至主脉的 1/2～2/3；花瓣白色；分生果合生面有油管 2～4。

药用部位及功效：根入药，补中健脾、湿肺止咳。

产地和生境：产丰宁、隆化、滦平、宽城、兴隆、阳原、蔚县、青龙、迁西、涞源、顺平、阜平、平山、内丘、武安。生长于山坡、草地、溪沟旁、林缘灌丛中。

分布：分布于吉林、辽宁、山西、陕西、河南、安徽、江苏、浙江、福建等省。也分布于俄罗斯远东地区、朝鲜及日本。

植物名 **山芹（伞形科，山芹属）**

学名及出处：*Ostericum sieboldii* (Miq.) Nakai, J. Jap. Bot. 18: 219. 1942.

药材名：山芹

生活型及简要特征：多年生草本。基生叶及上部叶均为二至三回三出式羽状分裂，叶片轮廓为三角形，末回裂片菱状卵形至卵状披针形。

药用部位及功效：全草入药，解毒消肿。

产地和生境：产赤城、怀安、涿鹿、蔚县、涞源、易县、赞皇。生于海拔较高的山坡、草地、山谷、林缘和林下。

分布：分布于我国东北及内蒙古、山东、安徽、江苏、浙江、江西、福建等省区。也分布于俄罗斯远东地区、朝鲜和日本。

植物名 **前胡（伞形科，前胡属）**

学名及出处：*Peucedanum praeruptorum* Dunn, J. Linn. Soc., Bot. 35(247): 497–498. 1903.

药材名：前胡

生活型及简要特征：多年生草本。茎上部分枝多有短毛，髓部充实；复伞形花序多数，顶生或侧生，花瓣白色，萼齿不显著。

药用部位及功效：根入药，散风清热、降气化痰。

产地和生境：产临城、内丘。生于山坡林缘，路旁或半阴性的山坡草丛中。

分布：分布于甘肃、贵州、四川、华中地区、安徽、江苏、浙江、福建（武夷山）、广西。

植物名 棱子芹（伞形科，棱子芹属）

学名及出处： *Pleurospermum uralense* Hoffmann, Gen. Pl. Umbell. ix. 1814.

药材名： 棱子芹根

生活型及简要特征： 多年生草本。叶三出式二回羽状全裂；顶生复伞形花序；果实卵形，果棱狭翅状，边缘有小钝齿，表面密生水泡状微突起。

药用部位及功效： 根入药，燥湿止带。

产地和生境： 产赤城、蔚县、青龙。生林下及林缘草地、山沟溪流旁。

分布： 分布于吉林、辽宁、内蒙古、山西。

植物名 岩茴香（伞形科，岩茴香属）

学名及出处： *Rupiphila tachiroei* (Franch. et Sav.) Pimenov et Lavrova, Byull. Moskovsk. Obshch. Isp. Prir., Otd. Biol. 91(2): 97. 1986.

药材名： 岩茴香

生活型及简要特征： 多年生草本。叶片轮廓卵形，三回羽状全裂，末回裂片线形；萼齿显著，钻形。

药用部位及功效： 根入药，疏风发表、行气止痛、活血调经。

产地和生境： 产隆化、平泉、兴隆、怀来、阳原、蔚县、涞水、涞源、易县、阜平、平山、灵寿、赞皇、内丘、邢台县、武安。生于河岸湿地、石砾荒原及岩石缝间。

分布： 分布于吉林、辽宁、山西、河南等省。朝鲜、日本也有分布。

植物名 变豆菜（伞形科，变豆菜属）

学名及出处： *Sanicula chinensis* Bunge, Mém. Acad. Imp. Sci. St.-Pétersbourg Divers Savans 2: 106. 1835.

药材名： 变豆菜

生活型及简要特征： 多年生草本。萼齿部分为皮刺所掩盖，花柱与萼齿等长或稍长，不反曲；果实长 4～5 mm，皮刺基部膨大。

药用部位及功效： 全草入药，解毒、止血。

产地和生境： 产河北各地。生长在阴湿的山坡路旁、杂木林下、溪边等草丛中。

分布： 分布于东北、西北、西南、华中、华东各省区。俄罗斯西伯利亚东部、朝鲜、日本也有分布。

植物名 防风（伞形科，防风属）

学名及出处： *Saposhnikovia divaricata* (Turcz.) Schischk., Fl. SSSR. 17: 54. 1951.

药材名： 防风

生活型及简要特征： 多年生草本。基生叶丛生，叶二回或近于三回羽状分裂；复伞形花序多数，萼齿短三角形，花瓣白色；双悬果幼时有疣状突起，成熟时渐平滑。

药用部位及功效：根入药，解表祛风、胜湿、止痉。
产地和生境：产河北各地。生于草原、丘陵、多砾石山坡。
分布：分布于东北、内蒙古、山西、陕西、甘肃、宁夏、山东等省区。

植物名 泽芹（伞形科，泽芹属）

学名及出处：*Sium suave* Walt., Fl. Carol. 115. 1788.
药材名：泽芹
生活型及简要特征：多年生草本。近基部的节上生根；叶一回羽状分裂；复伞形花序顶生和侧生，花白色，萼齿细小；果实卵形，分生果的果棱近翅状。
药用部位及功效：全草入药，散风寒、止头痛、降血压。
产地和生境：产围场、张家口地区、青龙、抚宁、北戴河。生于沼泽、湿草甸子、溪边、水边较潮湿处。
分布：分布于我国东北、华北、华东各省。西伯利亚、亚洲东部和北美也有分布。

植物名 小窃衣（伞形科，窃衣属）

学名及出处：*Torilis japonica* (Houtt.) DC., Prodr. 4: 219. 1830.
药材名：窃衣
生活型及简要特征：一年或多年生草本。叶柄下部有窄膜质的叶鞘；复伞形花序顶生或腋生，花序梗有倒生的刺毛，萼齿细小；果实圆卵形，通常有内弯或呈钩状的皮刺。
药用部位及功效：果实或全草入药，杀虫止泻、收湿止痒。
产地和生境：产青龙、易县、邯山、魏县、肥乡。生长在杂木林下、林缘、路旁、河沟边以及溪边草丛。
分布：除黑龙江、内蒙古及新疆省区外，全国各地均产。亚洲的温带地区、欧洲、北非也有分布。

植物名 窃衣（伞形科，窃衣属）

学名及出处：*Torilis scabra* (Thunb.) DC., Prodr. 4: 219–220. 1830.
药材名：窃衣
生活型及简要特征：一年生或多年生草本。总苞片通常无，或有 1 钻形或线形的苞片，伞辐 2～4；果实长圆形。
药用部位及功效：果实或全草入药，杀虫止泻、收湿止痒。
产地和生境：产阳原、涿鹿、青龙、抚宁、遵化、阜平、内丘。生长在山坡、林下、路旁、河边及空旷草地上。
分布：分布于陕西、甘肃、贵州、四川、安徽、湖北、江苏、浙江、江西、湖南、福建、广东、广西等省区。日本也有分布，北美有引种栽培。

主要参考文献

国家药典委员会，2020. 中华人民共和国药典［S］. 北京：中国医药科技出版社 .

国家中医药管理局《中华本草》编委会，1999. 中华本草：1—10 卷［M］. 上海：上海科学技术出版社 .

河北植物志编辑委员会，1989—1991. 河北植物志：1—3 卷［M］. 石家庄：河北科学技术出版社 .

南京中医药大学，2014. 中药大辞典［M］.2 版 . 上海：上海科学技术出版社 .

王国强，2014. 全国中草药汇编［M］.3 版 . 北京：人民卫生出版社 .

王振杰，赵建成，2010. 河北山地高等植物区系与珍稀濒危植物资源［M］. 北京：科学出版社 .

肖培根，连文琰，1999. 中药植物原色图鉴［M］. 北京：中国农业出版社 .

赵建成，郭书彬，李盼威，2011. 小五台山植物志［M］. 北京：科学出版社 .

赵建成，孔照普，2008. 河北木兰围场植物志［M］. 北京：科学出版社 .

赵建成，谢晓亮，2015. 河北珍稀濒危药用植物资源［M］. 北京：科学出版社 .

赵建成，裴林，李琳，2018. 河北省野生重点药用植物潜在分布区预测及其生态适宜性评价［M］. 北京：中国医药科技出版社 .

赵建成，王振杰，李琳，2005. 河北高等植物名录［M］. 北京：科学出版社 .

中国科学院《中国植物志》编辑委员会，1959—2004. 中国植物志：1—80 卷［M］. 北京：科学出版社 .

中国科学院《中国植物志》编写组，2024.FRPS《中国植物志》全文电子版［EB/OL］. https: //www.iplant.cn/frps.

基源植物中文名索引

J

K

N

O

P

Q

Y

Z

基源植物学名索引

B

C

D

H

I

J

K

L

M

N

O

P

Q

R

S

T

U

V

W

X

Y

Z

五味子 *Schisandra chinensis* (Turcz.) Baill.

北马兜铃 *Aristolochia contorta* Bunge

虎掌 *Pinellia pedatisecta* Schott

半夏 *Pinellia ternata* (Thunb.) Ten. ex Breitenb.

穿龙薯蓣 *Dioscorea nipponica* Makino

北重楼 *Paris verticillata* M. Bieb.

有斑百合 *Lilium concolor* var. *pulchellum* (Fisch.) Baker

藜芦 *Veratrum nigrum* L.

细叶百合 *Lilium pumilum* Redouté

手参 *Gymnadenia conopsea* (L.) R.Br.

绶草 *Spiranthes sinensis* (Pers.) Ames

射干 *Belamcanda chinensis* (L.) Redouté

薤白 *Allium macrostemon* Bunge

鸢尾 *Iris tectorum* Maxim.

知母 *Anemarrhena asphodeloides* Bunge

玉竹 *Polygonatum odoratum* (Mill.) Druce

白屈菜 *Chelidonium majus* L.

白头翁 *Pulsatilla chinensis* (Bunge) Regel

毛茛 *Ranunculus japonicus* Thunb.

金莲花 *Trollius chinensis* Bunge

莲 *Nelumbo nucifera* Gaertn.

芍药 *Paeonia lactiflora* Pall.

小丛红景天 *Rhodiola dumulosa* (Franch.) S. H. Fu

狭叶红景天 *Rhodiola kirilowii* (Regel) Maxim.

蒺藜 *Tribulus terrestris* L.

蒙古黄芪 *Astragalus membranaceus* var. *mongholicus* (Bunge) P. K. Hsiao

甘草 *Glycyrrhiza uralensis* Fisch. ex DC.

葛 *Pueraria montana* var. *lobata* (Willd.) Maesen & S. M. Almeida ex Sanjappa & Predeep

歪头菜 *Vicia unijuga* A. Br.

苦参 *Sophora flavescens* Aiton.

西伯利亚远志 *Polygala sibirica* L.

远志 *Polygala tenuifolia* Willd.

灰栒子 *Cotoneaster acutifolius* Turcz.

龙牙草 *Agrimonia pilosa* Ldb.

甘肃山楂 *Crataegus kansuensis* E. H. Wilson

山楂 *Crataegus pinnatifida* Bunge

金露梅 *Dasiphora fruticosa* (L.) Rydb.

路边青 *Geum aleppicum* Jacq.

沙棘 *Hippophae rhamnoides* L.

啤酒花 *Humulus lupulus* L.

构 *Broussonetia papyrifera* (L.) L'Hért. ex Vent.

毛榛 *Corylus mandshurica* Maxim.

假贝母 *Bolbostemma paniculatum* (Maxim.) Franquet

栝楼 *Trichosanthes kirilowii* Maxim.

南蛇藤 *Celastrus orbiculatus* Thunb.

梅花草 *Parnassia palustris* L.

黄海棠 *Hypericum ascyron* L.

乳浆大戟 *Euphorbia esula* L.

泽漆 *Euphorbia helioscopia* L.

叶下珠 *Phyllanthus urinaria* L.

亚麻 *Linum usitatissimum* L.

柳兰 *Chamerion angustifolium* (L.) Holub

省沽油 *Staphylea bumalda* DC.

黄檗 *Phellodendron amurense* Rupr.

苘麻 *Abutilon theophrasti* Medicus

田麻 *Corchoropsis crenata* Sieb. & Zucc.

扁担杆 *Grewia biloba* G. Don

狼毒 *Stellera chamaejasme* L.

荠 *Capsella bursa-pastoris* (L.) Medik.

播娘蒿 *Descurainia sophia* (L.) Webb. ex Prantl

糖芥 *Erysimum amurense* Kitag.

独行菜 *Lepidium apetalum* Willd.

槲寄生 *Viscum coloratum* (Kom.) Nakai

拳参 *Bistorta officinalis* Raf.

金荞麦 *Fagopyrum dibotrys* (D. Don) Hara

红蓼 *Persicaria orientalis* (L.) Spach

扛板归 *Persicaria perfoliata* (L.) H. Gross

何首乌 *Pleuropterus multiflorus* (Thunb.) Nakai

萹蓄 *Polygonum aviculare* L.

羊蹄 *Rumex japonicus* Houtt.

波叶大黄 *Rheum rhabarbarum* L.

石竹 *Dianthus chinensis* L.

瞿麦 *Dianthus superbus* L.

麦蓝菜 *Gypsophila vaccaria* (L.) Sm.

孩儿参 *Pseudostellaria heterophylla* (Miq.) Pax

麦瓶草 *Silene conoidea* L.

山蚂蚱草 *Silene jenisseensis* Willd.

牛膝 *Achyranthes bidentata* Blume

青葙 *Celosia argentea* L.

垂序商陆 *Phytolacca americana* L.

胭脂花 *Primula maximowiczii* Regel

红花鹿蹄草 *Pyrola asarifolia* subsp. *incarnata* (DC.) Haber & H. Takah.

照山白 *Rhododendron micranthum* Turcz.

杜仲 *Eucommia ulmoides* Oliv.

迎红杜鹃 *Rhododendron mucronulatum* Turcz.

达乌里秦艽 *Gentiana dahurica* Fisch.

秦艽 *Gentiana macrophylla* Pall.

扁蕾 *Gentianopsis barbata* (Froel.) Ma

花锚 *Halenia corniculata* (L.) Cornaz

罗布麻 *Apocynum venetum* L.

地梢瓜 *Cynanchum thesioides* (Freyn) K. Schum.

杠柳 *Periploca sepium* Bunge

徐长卿 *Vincetoxicum pycnostelma* Kitag.

紫草 *Lithospermum erythrorhizon* Sieb. et Zucc.

金灯藤 *Cuscuta japonica* Choisy

枸杞 *Lycium chinense* Mill.

天仙子 *Hyoscyamus niger* L.

连翘 *Forsythia suspensa* (Thunb.) Vahl

玄参 *Scrophularia ningpoensis* Hemsl.

角蒿 *Incarvillea sinensis* Lam.

益母草 *Leonurus japonicus* Houttuyn

白苞筋骨草 *Ajuga lupulina* Maxim.

薄荷 *Mentha canadensis* L.

丹参 *Salvia miltiorrhiza* Bunge

裂叶荆芥 *Schizonepeta tenuifolia* (Benth.) Briq.

并头黄芩 *Scutellaria scordifolia* Fisch. ex Schrank

荆条 *Vitex negundo* var. *heterophylla* (Franch.) Rehd.

通泉草 *Mazus pumilus* (Brum. f.) Steenis

黄花列当 *Orobanche pycnostachya* Hance

列当 *Orobanche coerulescens* Steph.

地黄 *Rehmannia glutinosa* (Gaert.) Libosch. ex Fisch. et Mey.

阴行草 *Siphonostegia chinensis* Benth.

羊乳 *Codonopsis lanceolata* (Sieb. et Zucc.) Trautv.

党参 *Codonopsis pilosula* (Franch.) Nannf.

桔梗 *Platycodon grandiflorus* (Jacq.) A. DC.

牛蒡 *Arctium lappa* L.

黄花蒿 *Artemisia annua* L.

紫菀 *Aster tataricus* L. f.

苍术 *Atractylodes lancea* (Thunb.) DC.

驴欺口 *Echinops davuricus* Fisch. ex Hornem.

土木香 *Inula helenium* L.

漏芦 *Rhaponticum uniflorum* (L.) DC.

款冬 *Tussilago farfara* L.

忍冬 *Lonicera japonica* Thunb.

刺五加 *Eleutherococcus senticosus* (Rupr. & Maxim.) Maxim.

白芷 *Angelica dahurica* (Fisch. ex Hoffm.) Benth. et Hook. f.

北柴胡 *Bupleurum chinense* DC.

蛇床 *Cnidium monnieri* (L.) Cuss.

珊瑚菜 *Glehnia littoralis* Fr. Schmidt ex Miq.

防风 *Saposhnikovia divaricata* (Turcz.) Schischk.